河南省"十四五"普通高等教育规划教材

河南科技大学教材出版基金资助

新编
微生物学实验技术

秦翠丽　主编

化学工业出版社

·北京·

内容简介

本书全面系统介绍了微生物学基本实验技术及其在微生物相关领域的生产实践与食品卫生检测方面的应用。全书包括十五章九十八个实验，内容涵盖显微镜使用技术，微生物染色技术，培养基制备技术，消毒、灭菌与除菌技术，微生物的接种与分离培养技术，微生物的生长与环境条件，微生物的生理生化试验，分子微生物学实验技术，微生物菌种选育技术，菌种保藏技术，病毒常用实验技术，常用免疫学实验技术，动物实验技术，生产实践中常用微生物分离与性能鉴定技术，食品微生物指标检测技术等；附录部分，列出了微生物学实验常用染色液、指示剂、试剂、溶液、缓冲液、培养基配制方法，以及微生物学实验中一些常用数据表。本书在编写过程中，注重实验内容的系统性、应用性与科学性，可作为从事生物与食品等相关工作人员的工具书和参考书。

图书在版编目（CIP）数据

新编微生物学实验技术/秦翠丽主编. —北京：化学工业出版社，2023.3

河南省"十四五"普通高等教育规划教材

ISBN 978-7-122-42893-6

Ⅰ.①新… Ⅱ.①秦… Ⅲ.①微生物学-实验-高等学校-教材 Ⅳ.①Q93-33

中国国家版本馆 CIP 数据核字（2023）第 022612 号

责任编辑：邵桂林
文字编辑：朱丽秀　李　雪　张熙然　李娇娇
责任校对：李雨晴
装帧设计：关　飞

出版发行：化学工业出版社
　　　　　（北京市东城区青年湖南街 13 号　邮政编码 100011）
印　　装：三河市延风印装有限公司
710mm×1000mm　1/16　印张 19¼　字数 365 千字
2023 年 5 月北京第 1 版第 1 次印刷

购书咨询：010-64518888　　售后服务：010-64518899
网　　址：http://www.cip.com.cn
凡购买本书，如有缺损质量问题，本社销售中心负责调换。

定　　价：79.00 元　　　　　版权所有　违者必究

编写人员名单

主编
秦翠丽

副主编
（按姓名笔画排序）

尤晓颜　牛明福　侯颖　宫强

前 言

　　微生物学实验技术是微生物学的重要组成部分，其方法独特、实践性强、应用面广、技术综合等，已渗透到现代生命科学的相关领域并推动其发展。加强微生物学实验教学，对培养同学们观察能力、动手能力，提高辩证思维能力和创新能力具有重要作用，并可为日后从事微生物学相关的教学、科研和生产实践打下扎实基础。

　　本书 2008 年第 1 版名称是《微生物学实验技术》，2014 年进行修订并更名为《新编微生物学实验技术》，2020 年列为河南省"十四五"规划教材。《新编微生物实验技术》是在总结生物工程、生物制药、食品质量与安全、食品科学与工程、乳品工程专业多年实验教学经验基础上，结合往届毕业生就业去向，参考兄弟院校的实验教材及相关资料编写而成。本书对微生物学的各类实验技术和操作技能进行了较系统的论述，一方面，着重加强同学们对微生物学基本实验技能和动手操作能力的训练；另一方面，着重加深同学们对微生物学实验技术在生产实践中应用重要性的认识。全书内容总体可概括为以下三个方面：

　　一、基本操作技能训练的实验：主要包括无菌操作技术、细菌染色与镜检技术、培养基制备与灭菌技术、微生物接种与分离纯化技术、菌种鉴定与保藏技术等。

　　二、加深理论知识理解的实验：主要包括各类微生物形态观察、生理生化试验、生长曲线测定、环境因素对微生物的影响、微生物菌种选育及常用免疫学技术等。

　　三、生产实践中常用到的实验：主要包括生产实践中常用微生物分离与性能鉴定技术，以及动物实验技术、食品微生物指标检测技术等内容。

　　本次修订在保留 2014 年版主要内容和特点的基础上，新增加了 18 个实验：培养基的制备 2 个、现代分子微生物实验 7 个、病毒常用实验技术 3 个、常用免疫学实验技术 6 个；参照最新国标对食品微生物指标检测技术一章的 5 个实验进行了更新完善，力求使教材内容更加全面，更好与社会发展接轨，更好适应新时代高级专业技术人才培养的需要。

　　本书的具体编写情况为：秦翠丽编写第一章、第二章、第十三章，牛明福编写第十一章、第十四章、第十五章，尤晓颜编写第七章、第八章、第九章、第十章，侯颖编写第十二章、附录，宫强编写第三章，第四章、第五章、第六章。

本书的编写和出版得到了河南科技大学教务处、化学工业出版社有限公司、河南科技大学食品与生物工程学院、河南科技大学动物医学院、河南农业大学植物保护学院、洛阳师范学院生命科学学院、洛阳师范学院食品与药品学院、普莱柯生物工程有限公司、华兰生物工程有限公司等单位的大力支持，对此表示衷心的感谢。

本书在编写过程中还得到了河南科技大学食品与生物工程学院康怀彬、古绍彬教授，河南科技大学动物医学院汪洋教授，河南农业大学植物保护学院郝有武博士，洛阳师范学院生命科学学院陈万光教授、食品与药品学院贾礼博士，普莱柯生物工程有限公司田克恭研究员，华兰生物工程有限公司王伟洁助理研究员等的大力帮助和热心支持，河南科技大学食品与生物工程学院龚明贵、张勇法、李市场、孙晓菲、张红梅、赵君峰等博士为本书的资料整理和编写工作付出了很多辛勤劳动，在此向他们一并表示衷心的感谢。

本书编写人员均为教龄在 10 年以上的教学与科研一线骨干教师，他们在长期的微生物学教学与研究工作中积累了丰富的实践经验，本书是他们集体智慧的结晶，但由于学识水平所限，教材中的疏漏和不当之处在所难免，敬请读者批评指正。

编者

2022 年 12 月 12 日

目 录

实验须知 / 001

第一章　显微镜使用技术 /003

实验一　普通光学显微镜的使用 / 003
实验二　暗视野显微镜的使用 / 009
实验三　相差显微镜的使用 / 011
实验四　荧光显微镜的使用 / 012
实验五　电子显微镜的使用 / 017

第二章　微生物染色技术 /023

实验一　单染色法 / 023
实验二　复染色法 / 025
实验三　特殊染色法 / 027
实验四　负染色法 / 031
实验五　微生物细胞内贮藏物质的
　　　　染色 / 032
实验六　霉菌菌丝染色 / 034

第三章　培养基制备技术 /035

实验一　细菌常用培养基的配制 / 036
实验二　真菌常用培养基的配制 / 037
实验三　选择性培养基的配制 / 038
实验四　鉴别性培养基的配制 / 040

第四章　消毒、灭菌与除菌技术 /043

实验一　加热及紫外线消毒与灭菌 / 043
实验二　过滤除菌 / 047
实验三　化学药物消毒与灭菌 / 049
实验四　玻璃器皿的洗涤、包扎与
　　　　灭菌 / 051

第五章 微生物的接种与分离培养技术 / 054

实验一 微生物的接种 / 054
实验二 微生物的分离纯化方法 / 059
实验三 微生物的培养方法 / 063
实验四 微生物的培养特征观察 / 067

第六章 微生物的生长与环境条件 / 071

实验一 微生物细胞大小的测量 / 071
实验二 微生物数量的测定——血细胞计数板法 / 073
实验三 细菌生长曲线的测定 / 075
实验四 酵母菌死活细胞的鉴别 / 076
实验五 环境因素对微生物生长的影响 / 077

第七章 微生物的生理生化试验 / 082

实验一 细菌的生理生化试验 / 082
实验二 酵母菌的生理生化试验 / 088
实验三 霉菌的生理生化试验 / 093

第八章 分子微生物学实验技术 / 096

实验一 细菌质粒的提取与检测 / 097
实验二 细菌基因组 DNA 的提取 / 099
实验三 细菌 DNA 中（G+C）mol%含量的测定 / 101
实验四 利用 16S rRNA 序列鉴定微生物 / 104
实验五 核酸分子杂交技术检测微生物 / 106
实验六 利用 ITS 序列鉴定真菌 / 108
实验七 微生物群落结构多样性的分析 / 110

第九章 微生物菌种选育技术 / 114

实验一 诱变育种的基本程序及操作要点 / 114
实验二 紫外线诱变最适剂量的测定 / 121
实验三 高产蛋白酶曲霉的选育 / 124
实验四 营养缺陷型突变株的筛选 / 126
实验五 抗噬菌体菌株的选育 / 128
实验六 酵母菌细胞原生质体融合 / 130
实验七 电诱导酵母菌与短梗霉属间的融合 / 133

第十章 菌种保藏技术 / 136

实验一 常用简易保藏法 / 136
实验二 冷冻真空干燥保藏法 / 139
实验三 液氮超低温冷冻保藏法 / 141
实验四 厌氧性细菌保藏法 / 143

实验五　噬菌体保藏法 / 144　　　　　　实验七　蒸馏水或其他溶液保藏法 / 148
实验六　食用菌菌种保藏法 / 145

第十一章　病毒常用实验技术 / 150

实验一　病毒形态观察与大小测定 / 150　　实验六　病毒的细胞分离培养法 / 160
实验二　病毒包涵体的观察 / 151　　　　　实验七　病毒的半数细胞感染量
实验三　噬菌体的分离与纯化 / 153　　　　　　　　（$CCID_{50}$）测定 / 164
实验四　噬菌体效价的测定 / 155　　　　　实验八　病毒蚀斑分析实验 / 167
实验五　病毒的鸡胚接种 / 157

第十二章　常用免疫学实验技术 / 171

实验一　抗原的制备 / 171　　　　　　　实验八　中和试验 / 189
实验二　免疫血清的制备 / 173　　　　　　实验九　细菌内毒素测定实验（鲎试剂凝
实验三　凝集反应 / 176　　　　　　　　　　　　　胶法） / 191
实验四　沉淀反应 / 178　　　　　　　　　实验十　外周血单个核细胞的分离与
实验五　补体结合反应 / 180　　　　　　　　　　　观察 / 195
实验六　血凝试验与血凝抑制试验 / 184　　实验十一　巨噬细胞吞噬功能实验 / 196
实验七　免疫酶测定法 / 186　　　　　　　实验十二　人体结核菌素试验 / 198

第十三章　动物实验技术 / 200

实验一　实验动物保定法 / 201　　　　　　实验三　实验动物采血法 / 207
实验二　实验动物接种法 / 203　　　　　　实验四　感染动物观察 / 209

第十四章　生产实践中常用微生物分离与性能鉴定技术 / 212

实验一　乳酸菌的分离与性能鉴定 / 212　　实验九　黑曲霉糖化酶菌株的分离 / 223
实验二　醋酸菌的分离与性能鉴定 / 215　　实验十　米曲霉的分离 / 224
实验三　谷氨酸产生菌的分离与性能　　　　实验十一　土壤中自生固氮菌的分离 / 225
　　　　鉴定 / 216　　　　　　　　　　　实验十二　豆科植物根瘤中根瘤菌的
实验四　枯草芽孢杆菌的分离及初筛 / 218　　　　　　分离 / 226
实验五　酒曲中酵母菌的分离 / 219　　　　实验十三　土壤中苏云金杆菌的分离 / 227
实验六　啤酒酵母的分离 / 220　　　　　　实验十四　土壤中放线菌的分离及其抑菌
实验七　根霉的分离 / 221　　　　　　　　　　　　活性的测定 / 228
实验八　柠檬酸产生菌的分离 / 222　　　　实验十五　光合细菌的分离 / 230

实验十六　产甲烷细菌的富集与分离 / 232　　实验十七　香菇纯种的分离 / 234

第十五章　食品微生物指标检测技术 / 237

实验一　食品中菌落总数的测定 / 237

实验二　食品中大肠菌群 MPN 的
　　　　测定 / 241

实验三　食品中沙门菌的检验 / 243

实验四　食品中金黄色葡萄球菌的定性
　　　　检验 / 251

实验五　食品中副溶血性弧菌的检验 / 254

附录 / 260

附录一　常用染色液、指示剂及试剂的
　　　　配制 / 260

附录二　溶液与缓冲液的配制 / 265

附录三　常用培养基配制 / 272

附录四　微生物学实验中常用数据表 / 290

附录五　最可能数检索表 / 292

附录六　常见沙门氏菌抗原表 / 292

参考文献 / 298

实验须知

微生物学实验主要是对肉眼看不见的微小生物进行实验操作，有一整套独特的不同于其他实验的操作技术。实验过程中同学们应该按照不同实验相关要求认真操作，掌握正确的操作方法与技能，以便将来能在与微生物相关的科研或实际工作中发掘、利用和改善有益微生物，控制、消灭或改造有害微生物，从而造福人类社会。

为了提高教学效果、保证实验教学质量与安全，根据微生物学实验工作特点提出如下注意事项，请同学们遵照执行。

① 每次实验课前应该认真预习实验教材相关内容，观看老师在智慧教学平台推送的与实验内容相对应的操作视频等资料，厘清实验的目的要求、原理与方法，并找出自己不理解的问题等。

② 进入实验室前必须穿戴好工作服，非必要物品不要带进实验室，必须带进的物品（如书包、帽子、围巾等）应放在不影响实验操作的地方。

③ 实验室内严禁吸烟、吃东西，切忌舌舔标签、笔尖或手指等，以免感染。

④ 实验台面应注意保持干净、整洁，必要时可用 0.1%新洁尔灭溶液擦拭桌面。

⑤ 需要严格无菌操作的实验，应注意做好以下几方面以防止污染：

a. 操作前双手的清洗、消毒：无菌操作之前应注意对双手进行清洗、消毒。

b. 操作时防止空气对流：进行接种等操作时，要关闭门窗，尽量不要走动、讲话，防止空气对流、唾沫四溅而造成杂菌污染。

c. 含菌器具的正确清洗：用过的带菌移液管、滴管、涂棒等，实验后应立即投入 5%石炭酸（苯酚）或其他消毒液中浸泡 20min，再进行清洗；带菌的培养皿、三角瓶、试管等，应煮沸 10min 或高压灭菌后再进行清洗，以免污染环境。

⑥ 需要进行培养的材料，应注意标明菌名、接种日期、组别（或操作者姓名），放在指定的温箱中进行培养，按时观察并如实记录实验结果，按时上交实验报告。

⑦ 仪器设备应注意按使用要求进行操作，用毕注意清洁后按原样放置。

⑧ 注意节约药品、器材、水、电，并注意其使用安全。

⑨ 实验结束要注意整理和清洁台面,清洗双手（必要时需对双手先消毒后清洗）后离开实验室。值日生负责打扫实验室及进行安全检查（门窗、水、电等）。

⑩ 意外事故处理：

（a）手部污染菌液：手部皮肤等若不小心污染了菌液（非致病菌），先用 70%乙醇棉球擦拭，再用肥皂水洗净；若污染了致病菌，应将手浸于 2%～3%来苏尔或 0.1%新洁尔灭溶液中，10～20min 后洗净。

（b）打碎玻璃器皿：若不小心打碎玻璃器皿而把菌液洒到实验台面或地上时，应立即以 5%石炭酸液或 0.1%新洁尔灭溶液覆盖，30min 后擦净。若意外划破皮肤，则要先去除玻璃碎片，再用蒸馏水洗净后涂上碘酒或红汞。

（c）易燃品着火：若不小心使包装纸、衣服等易燃品着火，应先切断火源或电源，搬离其他易燃物品（如乙醚、乙醇等），再用湿布覆盖灭火，必要时可用灭火器。

（d）皮肤烫伤：可用 5%鞣酸、2%苦味酸或 2%龙胆紫溶液涂抹烫伤处。

（e）化学药品灼伤：

硫酸等强酸性药剂灼伤：先用大量清水洗涤，再用 5% $NaHCO_3$ 或 5% NaOH 中和。

NaOH 等强碱性药剂灼伤：先用大量清水洗涤，再用 5%硼酸或 5%乙酸中和。

石炭酸药剂灼伤：用 95%乙醇洗涤。

眼睛灼伤：应用大量清水冲洗，再根据化学药品性质分别处理。例如：碱灼伤可用 5%硼酸洗涤、酸灼伤可用 5% $NaHCO_3$ 洗涤，在此基础上再滴入 1～2 滴橄榄油或液体石蜡加以湿润即可。

第一章

显微镜使用技术

显微镜是微生物学研究中必不可少的工具。正确掌握显微镜使用技术，对于从事微生物有关的科学研究和生产实践是十分重要的。

显微镜种类繁多，有普通光学显微镜、相差显微镜、暗视野显微镜、荧光显微镜、倒置显微镜、偏光显微镜和电子显微镜等。

本章重点学习普通光学显微镜、暗视野显微镜、相差显微镜、荧光显微镜和电子显微镜的结构、原理和使用方法。

实验一　普通光学显微镜的使用

一、目的要求

1. 了解普通光学显微镜的构造和油浸镜的工作原理。
2. 掌握普通光学显微镜的使用与维护方法。
3. 掌握细菌形态的观察方法。

二、实验说明

1. 普通光学显微镜的构造

普通光学显微镜是一种最常用的明视野显微镜，它的构造主要包括机械和光学两部分，其各部分构件名称如图 1-1 所示。

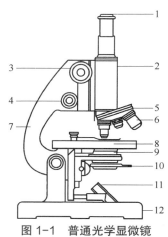

图 1-1　普通光学显微镜

1—目镜；2—镜筒；3—粗调螺旋；4—细调螺旋；5—物镜转换器；6—物镜；7—镜臂；8—载物台；9—聚光器；10—可变光阑；11—反光镜；12—镜座

（1）机械部分　包括镜座、镜臂、载物台、镜筒、转换器、粗调螺旋、细调螺旋、推进器、聚光器升降螺旋等部件。

① 镜座是显微镜的底座，用以支撑整个显微镜。

② 镜臂是携带或移动的把手，上连镜筒，下连镜座，用以支撑镜筒；与镜座连接处为一关节，可使镜身倾斜。

③ 镜筒是由金属制成的中空圆筒，上端放置目镜，下端连接转换器，形成目镜与物镜间的暗室。

④ 物镜转换器是由两个金属碟所合成的一个转换装置。它有 3～4 个安装物镜的螺旋口，可依物镜放大倍数高低，顺序安装 3～4 个物镜。根据需要，可转动转换器将其中的某一物镜和镜筒接通，与镜筒上方的接目镜配合，构成一个放大系统。转换器的两个金属圆盘中，上面那个圆盘的正后方装有一个弹簧舌片，下面那个圆盘侧面与每个物镜相应的位置各有一个小凹缝。转换物镜时，必须使弹簧舌片嵌入此凹缝中，才是达到了正确位置。

⑤ 载物台位于镜筒下方，呈方形或圆形，用以载放被检物体标本。台面中央有一圆孔，为光线通路，台面上还装有推进器，用以固定或移动标本的位置，使镜检标本正好位于视野中央。有些显微镜无推进器而用弹簧夹固定标本。

⑥ 粗调螺旋及细调螺旋在镜筒的两旁（或载物台下）用以移动镜筒上下升降，目的是使被观察物与物镜的距离恰好等于物镜的工作距离。要使镜筒做较大幅度的升降，可用粗调螺旋；要使镜筒做甚微的升降，则用细调螺旋。

细调螺旋每转一圈，镜筒升降 $100\mu m$。很多显微镜的细调螺旋上附有刻度，每转动一小格相当于升降 $2\mu m$。当细调螺旋旋转到极限时，则不应继续用力旋转，而应重新调节粗调螺旋，使物镜与标本距离稍微拉开一些，然后反拧细调螺旋便可将物镜调至最适高度。

⑦ 聚光器升降螺旋是装在载物台下的一个可使聚光器升降的部件，用它可以调节反光镜反射出来的光线。

（2）光学部分　又可分为照明和放大两个系统，前者包括反光镜、聚光器和虹彩光圈，有的还有特殊的光源部件；后者包括接物镜和接目镜。

① 反光镜位于显微镜的最下方，有平、凹两面，可以自由转动方向，其作用是将投射到它上面的光线反射到聚光器透镜的中央，穿过透镜，照明标本。当外源光

线较强时应使用平面反光镜，光线较弱时使用凹面镜。

② 聚光器位于反光镜上方，由一组透镜组成，其作用是将反光镜反射来的光线聚为一束强的光锥于载玻片标本上。聚光器可根据需要上下移动调节，一般用低倍镜时应降低聚光器；用油浸镜时，聚光器应升至最高。

③ 虹彩光圈位于聚光镜的下方，由十几张金属薄片组成，中心部分形成圆孔，推动光圈把手，可开大或缩小，用以调节射入聚光镜光线的多少，使照明达到最适程度。

④ 接物镜通常称为镜头，是显微镜的重要部件，它不仅可以放大标本，而且具有辨析性能。高效能的物镜由一组（有的十个以上）特殊的透镜组成。这些透镜有的是用来辨析和放大目的物，有的是用来校正透镜所造成的像差（光线通过透镜时，通过中轴的像和通过边缘部分的像有不重合的现象，会使所成的像不清楚而与真像有差别）。因此，它决定着显微镜的性能。一台显微镜通常有三个接物镜，一个是低倍镜（8×～10×），一个是高倍镜（40×～60×），这两个都是干燥系接物镜（干燥系是指接物镜与被检物之间的介质是空气），第三个接物镜为油浸系接物镜（90×～100×），简称油浸镜或油镜（油浸系是指接物镜与被检物之间的介质是某种油类物质）。

接物镜的放大倍率可以通过镜头侧面刻有的放大倍数来辨认，也可以由其外形来辨认，一般低倍物镜较短，高倍物镜较长，油浸镜也较长。另外，不同接物镜上面带有不同颜色的线作为标记，使用时一定要认清楚。

各种物镜上都刻有放大倍数、数值孔径（numerical aperture，NA）及所要求盖玻片厚度等主要参数，如图 1-2 所示。

⑤ 接目镜通常称为目镜，位于镜筒的上端，由两块透镜组成。它只能将物镜所造成的实像进一步放大形成虚像映入眼部，不具有辨析性能。通常每台显微镜都备有几种不同放大倍数的接目镜，如 5×、10×、16×，可根据需要选择其中一种使用。有的接目镜，为便于指示物像，镜中装有一条黑色细丝作为指针。

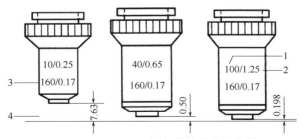

图 1-2　XSP-16A 型显微镜的主要参数

1—放大倍数；2—数值孔径；3—镜筒长及指定盖玻片厚度（单位：mm）；4—工作距离（单位：mm）

2. 显微镜的性能

（1）数值孔径　显微镜分辨能力的高低取决于光学部分的各种条件，但起决定性影响的是物镜。物镜的性能可用数值孔径（NA）来表示。数值孔径又叫镜口率，它与显微镜的分辨力成正比，与焦深成反比，与镜像亮度平方根成正比。

$$NA = n \cdot \sin\frac{\alpha}{2}$$

式中，n 为物镜与标本间的介质折射率；α 为物镜的镜口角，即光源投射到透镜上的光线与光轴之间的最大夹角，如图 1-3 所示。

事实上，α 总是小于 $180°$，所以 $\sin\frac{\alpha}{2}$ 的最大值小于 1。由于空气的折射率为 1，所以干燥物镜的数值孔径总是小于 1，一般为 0.05～0.95。油镜物镜如用香柏油（折射率为 1.515）作介质，则数值孔径最大可接近 1.5。虽然理论上数值孔径的极限等于所用介质的折射率，但实际上从透镜的制造技术看是达不到的。通常在实用范围内，高级油镜的最大数值孔径为 1.414（图 1-4）。

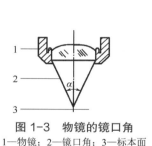

图 1-3　物镜的镜口角
1—物镜；2—镜口角；3—标本面

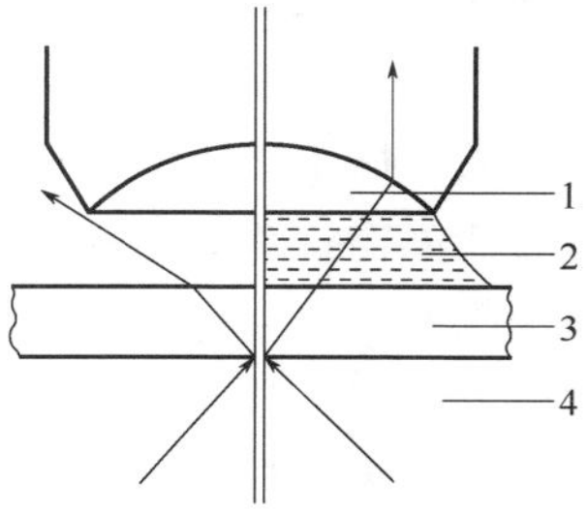

图 1-4　油镜的作用
1—油镜头，$n≈1.52$；2—香柏油，$n≈1.52$；3—载玻片，$n≈1.52$；4—空气，$n=1$

（2）分辨力　分辨力指分辨物体细微结构的能力。通常用 D 表示，$D = \dfrac{\lambda}{2NA}$，λ 为可见光波长，平均为 $0.55\mu m$。若用数值孔径为 0.65 的物镜，则 $D = \dfrac{0.55}{2 \times 0.65} \approx 0.42\mu m$，这表明被检物体或其上某结构在 $0.42\mu m$ 以上时可被观察到，若小于 $0.42\mu m$ 就看不清楚。若选用数值孔径为 1.25 物镜，则 $D=0.22\mu m$，若被检物体大于此数值，即可看见。由此可见 D 值愈小，分辨力愈高，物像愈清晰。因此降低波长，增大折射率和加大镜口角可提高分辨力。紫外光显微镜和电子显微镜就是利用短波光和电子波来提高分辨力以检视较小的物体。

（3）放大倍数　显微镜放大倍率（V）等于物镜放大倍率（V_1）和目镜放大倍率（V_2）的乘积 $V=V_1 \times V_2$。

（4）焦深 在显微镜下观察一个标本，焦点对在某一像面时，物像最清晰，这个像面为目的面。在视野内除目的面外，还能在目的面的上面和下面看见物像，这两个面之间的距离称为焦深。物镜的焦深和镜口率及放大倍率成反比，即镜口率和放大倍率愈大，焦深愈小。因此调节高倍镜比调节低倍镜要更加仔细，否则容易使物像滑过而找不到。

三、实验器材

（1）菌种及标本 培养 24～36h 的枯草芽孢杆菌斜面菌种、酵母菌标本片、细菌标本片。

（2）器材及其他 显微镜、载玻片、盖玻片、酒精灯、接种环、凹玻片、香柏油、二甲苯。

四、方法步骤

1. 普通光学显微镜的使用

（1）取镜 打开镜箱，右手握住镜臂，取出显微镜，用左手托住镜座，放于平稳的实验台上。

（2）姿势 镜检者姿势应端正，一般用左眼观察，右眼进行绘图和记录，两眼应同时睁开，以减少疲劳。

（3）对光

① 正确选用光源。在实验室内一般可采用 20～30W 的日光灯或特制的显微镜灯作光源，还可用晴天对着窗户的自然光，但不能用直射光。普通灯泡的光有黄色光影响观察，需在聚光镜下加一块滤光片滤去黄光。

② 调节方法。将低倍物镜转到镜筒下方，旋转粗调螺旋，使镜头和载物台距离 0.5cm 左右。左眼看目镜，同时用手调节反光镜（一般用平面镜，光线弱时可用凹面镜）、光圈与升降聚光器，使视野内光线均匀明亮。若用显微镜灯，则调节光源开关、光圈及升降聚光镜即可。

一般染色标本用油镜检查时，光度宜强，可将光圈开大，聚光镜上升到最高，反光镜调至最强。未染标本，在低倍镜或高倍镜下观察时，应适当地缩小光圈，使光度减弱，否则光线过强不宜观察。

（4）低倍镜观察 将待测标本置于载物台上，移动推动器，使观察标本处于物镜正下方。转动粗调螺旋，使载物台上升（或镜筒下降）到距标本 0.5cm 处，左眼看目镜，然后慢慢地下降载物台（或上升镜筒）直至出现模糊物像后，用细调螺旋调至物像清晰为止。

（5）高倍镜观察　将高倍物镜（40×～60×）转至镜筒正下方，调节光圈和聚光器，使光亮度适中，再转动细调螺旋，获得清晰的物像，仔细观察染色标本片，再移动推进器，选择满意的检查部位，进行观察或转换油镜观察。

（6）油镜的观察　细菌或其他标本的细微结构，都需要用油镜观察，由于油镜的工作距离很短（0.19mm 左右），故使用时必须特别小心。

① 转换油镜。用粗调螺旋将镜筒提升（或载物台下降）约 2cm，再转油镜至中央。

② 加香柏油。往标本的镜检部位滴 1～2 滴香柏油，然后从侧面注视并转动粗调螺旋使镜筒慢慢地下降（或载物台慢慢上升），使油镜浸入香柏油中，镜头几乎与标本接触（注意切勿压在标本上，以免压碎玻片，甚至损坏油镜镜头）。

③ 调焦。由目镜观察，全开光圈，调整聚光器和光源使视野光线达到最亮。然后，慢慢转动粗调螺旋使镜筒徐徐上升（或载物台慢慢下降）。当视野出现模糊物像时，改用细调螺旋调至物像最清晰为止。

④ 观察。观察时要多观察几个视野，视野内的菌体呈均匀分布时，再仔细观察菌体的形态及排列方式。

（7）镜检后显微镜的保养

① 擦油镜。使用完毕后，提升镜筒（或下降载物台），转动物镜转换器，使油镜镜头偏位。先用擦镜纸擦去镜头上的油，再用擦镜纸蘸少许乙醚酒精混合液（乙醚 3 份+无水乙醇 7 份）或二甲苯，擦去镜头上残留油迹，最后再用擦镜纸擦拭干镜头即可（切忌用手或其他纸擦镜头）。

② 还原各部位。下降聚光器，打开虹彩光圈，使反光镜镜面垂直于镜座，以免积聚灰尘。转动转换器，使物镜呈"八"字形叉开置于载物台上，并转动粗调螺旋将镜筒（或载物台）降至最低，然后将显微镜送回箱中。

③ 存放。显微镜应放在干燥阴凉的地方，不能放在强烈的日光下暴晒，梅雨季节应在显微镜箱内放置干燥剂（硅胶），如长期不用，则光学部分应卸下放在干燥箱中，以免受潮发霉。

2. 活细菌观察

活的细菌在显微镜下是透明的，不易观察。因此观察时应减弱光照、增加反差，才能获得较好的效果。如果光照很强，细菌和周围液体的差别就难以辨别。观察活细菌常用下面两种方法。

① 取凹玻片一块放在实验台上，用尖头镊子夹盖玻片一块平放桌上，滴一小滴蒸馏水于盖玻片中央，用无菌操作方法取少许菌体放在水滴中，小心地把盖玻片翻

转过来，使水滴悬在盖玻片底下，再把它放在凹玻片的凹窝上，轻轻地按一下，使其和凡士林粘紧使水滴刚好悬在凹窝上（图1-5）。

图1-5 悬滴制片法

镜检时，先用低倍镜对着水滴的边沿，用粗调螺旋慢慢下降载物台（或提升镜筒）。由于水滴与玻片的折光率不同，这样就容易调节好焦距，便于找到菌体。然后转高倍镜，用细调螺旋仔细调节焦距，观察活细菌的运动和形态。

② 取载玻片一块，加灭菌生理盐水一滴，按无菌操作技术取少许菌在水滴中沾几下，当水滴微浑时即将接种环在酒精灯火焰上灼烧以去除多余菌体，然后盖上盖玻片。镜检是先用低倍镜调焦，然后转高倍镜观察。

实验二 暗视野显微镜的使用

一、目的要求

1. 了解暗视野显微镜的工作原理。
2. 掌握暗视野显微镜的使用方法。

二、实验说明

1. 工作原理

暗视野显微镜是使用一种特殊的暗视野聚光镜或暗视野聚光器，不让光线直接照射被检物体并进入物镜，而是使光线只能从周缘进入并汇聚在被检物体的表面，利用被检物体表面的反射光线来观察物体的轮廓。暗视野显微镜适合观察在明视野中不易观察的折射率很强的物体，以及普通明视野显微镜看不到的微小颗粒（0.02～0.04μm），如细菌的运动或鞭毛等。

2. 暗视野显微镜的类型

暗视野显微镜主要有两种类型，一种是折射型，即在普通光学显微镜放置滤光片的地方放上一个中心有光挡的小铁环就成为一个暗视野聚光镜；另一种是反射型，有不同形式的产品。

三、实验器材

（1）菌种　枯草芽孢杆菌或大肠杆菌。

（2）仪器及其他　普通光学显微镜、暗视野聚光器、显微镜灯、盖玻片（厚度 <0.17mm）、载玻片（厚度 1.0～1.2mm）、香柏油、二甲苯、擦镜纸等。

四、方法步骤

（1）安装暗视野聚光器　取下普通聚光器，换上暗视野聚光器，上升聚光器使其透镜顶端与载物台平齐。

（2）调节光源　光源宜强，将光源开到最大，聚光器光圈调至1.4。如显微镜本身不带光源，可用显微镜灯，调整好光源和反光镜，使强光束正好落在反光镜中央并反射进入聚光器。

（3）制片　取载玻片一块，加一滴幼龄菌液，盖上盖玻片（注意不要有气泡，载玻片和盖玻片应非常清洁，无油脂、无划痕，以免反射光线）。

（4）置片　加香柏油于聚光器透镜的顶部，下降聚光器，然后把制片放置在载物台上，把标本移至镜下，升高聚光器，使镜油与载玻片背面相接触（应避免产生气泡）。

（5）调焦和调中　用低倍镜进行。调节聚光器的高低，最初可出现一个中间有一黑点的光环，再调至成为一个光点，光点愈小愈好。然后用聚光器的调节螺丝进行调节，使光点位于视野中心，如图1-6所示。

（6）用油镜观察　操作方法见本章实验一，并可进一步微调聚光器和反光镜使暗视野照明处于最佳状态，并仔细调节粗、细调螺旋，使菌体更清晰。

（a）　　　　　　　　（b）　　　　　　　　（c）

图1-6　暗视野聚光器的中心调节及调焦

（a）聚光器光轴与显微镜光轴不一致；（b）光轴一致，但聚光器焦点与被检物不一致；（c）焦点与被检物一致

五、实验结果

描述所观察菌体的运动情况。

实验三　相差显微镜的使用

一、目的要求

1. 了解相差显微镜的构造和原理。
2. 掌握相差显微镜的使用方法。

二、实验说明

1. 构造与工作原理

相差显微镜的外形和成像原理与普通显微镜相似，不同的是相差显微镜有相差聚光器（内有环状光阑）和相差物镜（内装相板）及调节环状光阑和相板合轴的调整望远镜。

相差聚光器有一个转盘，内有大小不同的环状光阑，在边上刻有 0、10、20、40、100 等字样。"0"表示没有环状光阑，其他数字表示环状光阑的不同大小，应和相应（10×、20×、40×、100×）相差物镜配合使用。环状光阑是一透明的亮环，光线通过环状光阑形成一个圆筒的光柱。

相差物镜上有"ph"或一个红圈作为标志。相差物镜的内焦平面上装有一个相板，相板上有一层金属物质及一个暗环，不同放大倍数的相差物镜其暗环的大小不同。

相差显微镜利用环状光阑和相板，使通过反差很小的活细胞的光形成直射光和衍射光，直射光波相对地提前或延后 1/4 波长，并发生干涉，使通过活细胞的光波由相位差变为振幅（亮度）差，活细胞的不同构造就表现出明暗差异，使人们能观察到活细胞的细微结构。

2. 类型与用途

相差显微镜可以产生正反差（标本比背景暗）和负反差（标本比背景明亮）现象，特别适用于活细胞内部细微结构的观察。

三、实验器材

（1）菌种　酿酒酵母。

（2）器材及其他　普通光学显微镜、相差聚光器、相差物镜、合轴调整望远镜、载玻片（厚约 1mm）、盖玻片（厚度 0.17～0.18mm）、香柏油、二甲苯、擦镜纸等。

四、方法步骤

（1）安装相差装置　取下普通光学显微镜的聚光器和物镜，分别装上相差聚光器和相差物镜。

（2）制片　在洁净的载玻片中央加一滴无菌水，从斜面上取一环酵母置水滴中轻轻混合，盖上盖玻片；若是液体培养物，则可先将其摇匀，然后用滴管吸取，加一滴于载玻片中央，盖上盖玻片，勿产生气泡。将此水浸片放在载物台上。

（3）放置滤色镜　在光源前放置蓝色或黄绿色滤色镜。

（4）视场光阑的调节

① 将相差聚光器转盘转到"10"位，用10×相差物镜观察，将视场光阑关至最小。

② 转动旋钮上下移动聚光器，以观察到清晰的视场光阑的多边影像。

③ 转动调节旋钮使视场光阑影像调中。

④ 将视场光阑开大，进一步调节使视场光阑多角形与视场圆内接，再稍开大视场光阑至各边与视场圈外切。

（5）环状光阑与相板合轴调节

① 取下目镜，换上合轴调整望远镜。将相差聚光器转盘转于"10"位（与10×物镜相配）。

② 调整望远镜的焦距至清晰地观察到聚光器的环状光阑（亮环）和相差物镜的相板（暗环）的像。

③ 调节聚光器环状光阑的合轴调整旋钮，使亮环完全进入暗环并与暗环同轴。

（6）相差观察

① 取下合轴调整望远镜，装上目镜即可进行观察。若改用不同放大倍数的相差物镜，如20×、40×，应重新进行合轴调整。若用100×相差物镜，标本和物镜间应加入镜油，然后进行合轴调整。

② 用40×、100×相差物镜对酿酒酵母细胞结构进行观察，绘制酿酒酵母细胞的结构，特别是核结构。

实验四　荧光显微镜的使用

一、实验目的

1. 了解荧光显微镜的构造与工作原理。

2. 掌握荧光显微镜的使用方法。

二、实验说明

1. 荧光显微镜的构造和工作原理

荧光显微镜不同于普通光学显微镜,其构造和光路见图1-7。主要由光源、滤板、不吸收紫外线的聚光器和镜头等部件组成。

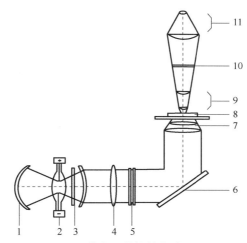

图1-7 荧光显微镜的构造和光路

1—反射镜;2—高压汞灯;3—吸(阻)热滤板;4—凸透镜;5—激发滤板;6—反射镜;
7—聚光器;8—标本;9—接物镜;10—二次滤片;11—接目镜

（1）光源 为可产生紫外线的光源,常用的有超高压汞灯(如HBO200)和轻便光源(又称高色温溴钨灯)两种。

① 超高压汞灯。能发射丰富的紫外线、蓝紫光及绿光,适用于异硫氰酸荧光素（FITC）及罗丹明类荧光素的激发,对后者尤为适宜。

② 轻便光源。以蓝紫光作为激发光,可配合各类国产或进口显微镜作荧光显微镜观察。

（2）滤板 滤板按其作用可分为吸热滤板、激发滤板、红光阻断滤板和吸收滤板。关于滤板的型号,各厂家所用的名称不甚一致。而在同一名称的滤板中,其透光曲线也因生产厂家的不同而异。因此,滤板的选择和配合,往往需要根据具体情况而定。

滤板一般都按基本色调命名,前面的字母代表色调,后面的字母代表玻璃,数字代表型号。如德国产品（Schott）BG12,就是一种蓝色玻璃,B 是 Blue（蓝色）的第一个字母,G 是 Glass（玻璃）的第一个字母。我国的产品名称统一用拼音字母表示。如 BG12 的蓝色滤板名为 QB24，Q 是青色（蓝色）拼音的第一个字母，B 是玻璃拼音的第一个字母。常用的滤板见表 1-1。

① 吸热滤板。为无色耐热玻璃，能阻断红外线透过而隔热，安装在灯室的反光镜前面。

② 红光阻断滤板。能阻断波长 600nm 以上的红光，使视野背景无红色。BG38 就是这种滤板，是蓝色玻璃，与 UG1 联合应用能使背景保持暗色。

③ 激发滤板。又称初二级滤板，能透过紫外线和可见光波长的光域，以激发荧光色素。

④ 吸收滤板。又称二级滤板或压制滤板，其作用是阻断激发光，而透过荧光，使标本在暗的背景上呈现荧光，易于观察，并能保持眼睛免受强激发光的刺激。吸收滤板在使用透射光时安装在接物镜后面的光路上，或直接套在接目镜上。吸收滤板分为三类。第一类是紫外线压制滤板，能阻挡紫外线通过，通常使用 JB4（GG3、K430）或 JB6（GG6、K460）。第二类是蓝紫光压制滤板，由橙黄色滤板和淡绿黄色滤板组成，通常用 JB8（OG4-K510 或 OG5-K530），能阻挡紫外线及蓝紫光。第三类是绿光压制滤板，为红色滤板，能阻挡紫外线、蓝紫光及绿光。

表 1-1　荧光显微镜常用滤板型号和透光特点

基本色调	型号			2mm 厚透光的波长范围和峰值/nm
	国产（上海电器元件厂）	德国（Schott）	日本	
黑紫	ZWB1	UG1	BV1	300～400（365）
黑紫	ZWB3	UG5	—	280～420（360）
靛蓝	ZB2	BG1	BG1	300～500（380）
靛蓝	ZB3	BG3	BG3	260～520（400）
靛蓝	QB24	BG12	BG12	310～570（420）
淡蓝	QB10、QB12	BG38	—	310～720（460）
橙黄	CB3	OG1（K530）	OG1	530 左右
橙黄	JB8	OG4（K510）	FY5	510 左右
绿橙	JB7	GG11（K490）	FY3、FY4	480 左右
淡绿	JB4	GG3（K430）	US10	420 左右

各种滤板的选择与配合，必须根据荧光色素的要求，以及光路、聚光器等特点，合理组合，如表 1-2 所示。

（3）聚光器　有明视野、暗视野及相差荧光聚光器几种。聚光器不应吸收紫外线，在与光源、光路、激发滤板适当组合时，可在黑暗的背景上获得满意的荧光。

表 1-2　吸收滤板、激发滤板与显微镜照明方式的配合

激发光	激发滤板		吸收滤板		照明方式
	型号	厚度/mm	型号	厚度/mm	
紫外线	ZWB3（UG5）	1	JB6（K460）	2	暗视野
			JB7（K490）		
		3	JB4（K430）		
			JB6（K460）		
			JB7（K490）		
	ZWB1（UG1）	1	JB4	2	暗视野
			JB6		
		2	JB4		暗视野或明视野
			JB6		
		4	JB4		
			JB6		
紫蓝光	QB24（BG12）	1.5	CB3(K530)	2	暗视野或明视野
		3			暗视野或明视野
		5			暗视野或明视野
		6～8			明视野
紫外紫光	ZB2（BG3）	3	JB7（K490）	2	暗视野
			JB8（K510）		暗视野或明视野

注：紫外线和紫外线激发滤板均需要另加 4～5mm 厚的 QB10（BG38）以压制 ZB2、ZWB1、ZWB3 的红色尾波。

① 明视野聚光器。应用镜口率为 0.9 的明视野聚光器，能透过波长为 300nm 以上的光线，且透光度较大，适用于各种放大倍数的物镜。这种聚光器用于非油镜的观察，但背景较亮，对比较差，对观察罗凡明类染色标本较适宜。

② 暗视野聚光器。背景暗，观察荧光清楚。由于光线不直接进入物镜，而靠标本散射才进入物镜，故用 200W 高功率灯泡，背景仍然是暗的，同时荧光强度增大，对于荧光较弱的标本也可看清。暗视野聚光器分干系和油浸系两种。干系不需要滴油，使用方便；油浸系需滴油（载玻片及聚光器上均需滴油），用于需要放大倍率高的细微结构观察。

③ 相差荧光聚光器。在相差转盘上，装环状滤板光阑，使紫外线通过。其优点是在标本的相差相上同时有荧光相，有助于确定荧光颗粒在组织细胞内的位置。一般以低电压照明灯与高压汞灯联合照明。低压灯的滤板用 RG1/2mm，使背景及标本的相差相呈红色，与 FITC 的翠绿色荧光对比明显。

（4）接物镜与目镜

① 接物镜。以普通的消色差物镜为宜。由于显微镜标本图像的亮度与物镜镜口率的平方成正比，而与放大倍数成反比，故为提高荧光图像的亮度，应尽量使用镜口率大的物镜。在低倍放大时，由于亮度足够强，镜口率影响不大。但在高倍放大时，则影响十分明显。因此，对于荧光不够强的标本，应利用尽可能大的镜口率的物镜，配合以尽可能低倍的目镜（如 4×、5×、6.3× 等）。在使用普通生物显微镜改装的荧光显微镜时，选择应用最大镜口率尤为重要。

② 目镜。在荧光显微镜中，通常多用低倍目镜，很少用 10× 以上的目镜。目镜筒多用单筒，因其亮度比双筒高一倍以上。而在单筒中又以直筒为好，因为它避免了斜筒中因反射棱镜造成的光损失。近年来，由于制造工艺的改进和强光源的作用，上述限制已基本被克服。

（5）光路　按照光线对标本的照明光系，可分为透射光照明和落射光照明。对于透射光照明，光线从标本下方经聚光器汇聚后透过标本，进入物镜。这种照明适合观察可透光标本。普通生物显微镜就是利用透射光的显微镜。对于落射光照明，光线从标本的上方经过套在物镜外围特殊的垂直照明器，由物镜透镜的周围落射到标本上，经标本反射进入物镜。这种照明适合观察透明度不好的标本以及各种活体组织。落射光荧光显微镜无镜台下装置（即无反射镜和聚光器），而使用垂直暗视野照明器。

2. 使用荧光显微镜的注意事项

① 荧光显微镜应安放在防震台上，室内温度变化应尽量小。

② 应严格按照荧光显微镜出厂说明书要求进行操作，不要随意改变程序。

③ 应在暗室中进行观察，特别是对于荧光较弱的标本更应如此。高压汞灯点燃10～15min 后，光源方能稳定，此时观察者的眼睛也适应暗室，再开始观察标本。

④ 为防止紫外线对眼睛的损害，在调试光源时应戴防护眼镜。

⑤ 每次启动光源后操作不应超过 2h，否则光源强度将逐渐下降，荧光减弱。如使用过程中高压汞灯熄灭，欲继续使用，需待灯泡冷却后方能重新启动。

⑥ 荧光显微镜光源使用寿命有限，故标本应尽量集中检查，天气热时应加电扇降温。

⑦ 应先用低倍镜找出要观察的部位，然后转换成高倍镜仔细观察，但同一标本区不宜连续观察 3 分钟以上，以免荧光猝灭。

三、实验器材

（1）标本片　卡介苗荧光染色标本。

（2）器材及其他　荧光显微镜、檀香木油、防护眼镜、二甲苯、擦镜纸等。

四、方法步骤

① 进入荧光显微镜工作室，戴上防护眼镜。

② 启动光源，调试光源。

③ 将荧光标本放到载物台合适的位置上。

④ 先用低倍镜找出要观察的部位，然后转换成高倍镜仔细观察。若用油镜观察，应先在标本片及聚光器上滴加檀香木油，然后再进行观察（注意观察卡介苗菌体产生的荧光颜色）。

⑤ 观察完后，将油镜头擦干净。

实验五　电子显微镜的使用

一、目的要求

1. 了解电子显微镜的构造与工作原理。
2. 熟悉电子显微镜的使用方法。

二、实验说明

在用可见光作为光源的各种光学显微镜中，进入光学系统中的可见光，其波长是恒定的。显微镜的分辨能力与波长相关，如欲提高分辨力则需缩短光波的波长，而这是无法实现的。因此，光波波长是限制显微镜增大分辨力不可逾越的障碍。1932年德国西门子公司的 E. Ruska 及其同事，以波长为 0.01~0.9nm 的电子束作为光源，以电磁透镜替代玻璃透镜研制出第一台透射电子显微镜。电子显微镜的问世为研究者打开了进入极微世界的大门，是 20 世纪最重要的发明之一。电子显微镜较常见的有透射电子显微镜（transmission electron microscope）和扫描电子显微镜（scanning electron microscope）。目前的电子显微镜，其分辨能力已达 3×10^{-10}nm，甚至 1.4×10^{-10}nm 的水平（可以直接看到原子），放大倍数亦可达 250000 倍以上，再利用显微摄影技术放大 10 倍，就能得到 2500000 倍放大的图像。伴随着电镜性能的日臻完善和样品制备技术的不断提高，人们不仅可以窥知各类细胞生物详尽的细胞器、超显微非细胞生物——病毒的形态以及生物大分子物质的细微结构，而且还能将生物的形态结构、化学组成和生理活动联系在一起，进行综合性的功能研究，电子显微镜使生命科学的研究进入了分子时代，成为现代生命科学研究重要的工具和手段。

（一）透射电子显微镜

1. 透射电子显微镜的结构

透射电镜由电子透镜系统、真空系统和电源系统组成。

（1）电子透镜系统　电子透镜系统是电镜的主体，由照明装置、样品室、成像放大装置和观察记录装置组成，起着照明、成像和观察记录作用。

照明装置由电子枪和聚光器组成。电子枪即电镜的电子发射源，相当于光学显微镜的照明光源，位于镜筒的顶部。聚光器一般由两个电磁透镜组成。其作用是将来自电子枪的电子束汇聚在标本上，通过对聚光器的调节，可以控制照明电子斑的大小、电流密度和孔径角。

成像放大装置由样品室、物镜、中间镜及投影镜等组成。样品室位于聚光镜之下，用于放置和移动样品。物镜、中间镜和投影镜对样品进行放大成像。电子束穿过标本后经物镜一级放大，再经中间镜和投影镜二级和三级放大，最后成像于荧光屏或感光胶片上。

观察记录装置位于镜筒底部，包括观察窗和照相室。

（2）真空系统　避免电子与空气中分子发生碰撞产生电离放电而导致电子轨迹的改变。真空系统由旋转式机械泵、油扩散泵、阀门、真空管道和真空检测装置组成。

2. 透射电子显微镜的成像原理

透射电子显微镜的构造原理与光学显微镜相似，在电子显微镜的顶端，装有由钨丝制成的电子枪。钨丝通过高压电流，产生高热，放出电子流，这就相当于光学显微镜的光源。电子流向下通过第一磁场（称为电磁电容场，相当于光学显微镜的集光镜），其焦点被控制集中到标本上。电子流通过标本形成差异，在经过第二磁场（称为接物磁场，相当于物镜）时，被放大成一个居间像。居间像往下去被第三磁场（称为放映圈，相当于目镜）放映在荧光屏上，变成肉眼可见的光学影像，就可在观察窗看到，光学影像也可以在电子显微镜内摄于照相底片上，供冲晒和放大观察。

3. 透射电镜样品制备

透射电镜的制样过程比较复杂，具体说来，大致可分为取材（组织或细胞）、固定、漂洗、脱水、浸透、修整定位、超薄切片及染色等几个步骤。

① 预固定：样品取材后在醛类固定液（4%多聚甲醛等）预固定几小时或更长的时间。

② 漂洗：缓冲液漂洗（0.1mol/L 磷酸缓冲液）几小时或过夜，中间更换 5 次缓冲液。

③ 固定：1%四氧化锇固定液固定 2h 左右。

④ 漂洗：0.1mol/L 磷酸缓冲液或蒸馏水漂洗 3 次，每次 5min。

⑤ 脱水：梯度乙醇或丙酮脱水，其顺序为 30%、50%、70%、90%乙醇各 1 次，90%丙酮 1 次，100%丙酮 3 次，每次 10～15min。脱水时间可根据组织的种类和大小适量增减。

⑥ 浸透：1∶1 丙酮包埋剂浸透 1～2h，1∶2 丙酮包埋剂浸透过夜，纯包埋剂浸透 1h。

⑦ 包埋：可根据实际情况选用 4 号胶囊、平板或其他方式。

⑧ 聚合：37℃聚合 12h，然后 60℃聚合 24～36h。

⑨ 染色：切片经饱和醋酸铀染色 30min，柠檬酸铅染色 5～8min。

样品制备的注意事项：在整个制样过程，必须细致、谨慎，严格按照操作步骤进行，所用的器皿和器械必须经常清洁，所用的药品及试剂都是分析级，而且必须用双蒸水配试剂。

一般透射电镜的电子束穿透能力较弱，样品的厚度在常规电镜（100 kV）下不能超过 100nm，通常为 60nm 左右。一般的生物组织如不经过特殊处理，是不能切得如此薄的。超薄切片除了在厚度上要满足上述要求，便于电子束的穿透外，还需要达到以下要求，才可能获得清晰的电子显微镜照片：组织、细胞的精细结构保存良好，没有明显的收缩、缺漏、抽提、添加等人工假象；超薄切片应具有一定的硬度和韧性，能够耐受电子束，观察过程中，切片不发生变形，切片包埋介质不会升华；超薄切片应均匀，没有皱褶、刀痕、震颤（chatter）及染色剂沉淀等缺陷。切片还应具有良好的反差。因此，只有经过固定、包埋、切片、染色等步骤，组织标本才能既保存微细结构，又具有适当的硬度、韧性和反差，才能达到上述要求。

由于电镜的分辨力和放大倍率远远高于光镜，适合用来观察细菌、病毒粒子的形态及生物大分子等。

（二）扫描电子显微镜

1. 扫描电子显微镜的结构

扫描电子显微镜，是 20 世纪 50 年代发展起来的一种电子显微镜，具有图像景深大、立体感强、对样品适应性强的优点。

在构造上，扫描电镜由电子光学系统、信号检测及显示系统、真空系统和电力供应系统等组成。这些系统在装配时分成两部分：一是主机部分，装有镜筒、样品室、真空装置等；二是控制部分，装有荧光屏、控制和调节装置。

2. 扫描电子显微镜的工作原理

电子枪发射的电子束经聚光镜聚焦后在偏转线圈作用下，对样品表面进行"光栅状扫描"。由于样品表面形态、结构特征上的差异，反射的二次电子数量有所不同，从而被检测器接受并转换为视频信号，经放大和处理后显示在显示屏上。

电子枪发射的电子束经加速电压加速后由第一聚光镜、第二聚光镜组成的电子光学系统形成一个直径小于 10nm 的极细电子束并聚焦于样品表面。当电子束以适当角度打在样品表面时，将产生二次电子、背散射电子、X 射线、透射电子等电子信息。信息的大小与样品的性质及表面形态有关。根据不同的目的，利用不同的信息，可形成不同的像。在观察样品形态时，检取的主要是二次电子及部分背散射电子。让电子束逐点扫描样品表面，并用探测器检取电子信息，再经放大器放大后调制显像管的光点亮度。由于显像管的偏转线圈电流与扫描线圈电流同步，因此，探测器检出的信息便在显像管荧光屏上形成反映样品表面形态或性质的扫描电子图像。

扫描电镜的放大倍数为显像管扫描线长度与样品扫描线长度之比。因此，只要调节扫描线圈中电流的大小，就可以改变放大倍数。目前，扫描电镜的分辨率一般为 4~6nm。

扫描电镜一般有两个显像管，一个是长余晖的，可减少闪烁现象，观察时使用；另一个是短余晖的，照相时使用。两者由转换开关选择。

3. 扫描电镜的特点

① 当透射电镜的放大倍数增加时，透镜的焦深和景深随之减小；而扫描电镜在改变放大倍率时，焦距不变，景深的变化也很小，这对于观察和照相都很方便。对于复杂而粗糙的样品表面，仍可以得到清晰聚焦的图像，并且立体感强，具有明显的真实感。

② 扫描电镜不受样品厚度的影响，能直接观察较大体积样品表面的三维立体结构。这就弥补了透射电镜的不足，因为透射电镜分辨率虽高，但样品必须是薄切片，因而只能观察物体的二维平面结构。

③ 样品制备非常方便，如果是金属导电样品，直接就可以观察；如是非导电材料，只要镀上一层导电金属碳膜，就可以观察。因此，样品处理比光镜和透射电镜要简单得多。

④ 扫描电镜可以在很大放大倍率范围内工作，可以从几倍至几十万倍，相当于从普通的放大镜一直延伸到透射电镜的放大范围，并且即使在高倍观察整个样品时，也能得到高度清晰的像，这给观察带来很大的方便。使用者可以首先大概地观察整个样品的概貌，然后转换以观察某些选择的结构细节。

⑤ 当扫描电镜与电子衍射技术或 X 射线显微分析技术相结合时，即构成分析电镜，可在观察形态结构的同时对样品不同部位的化学元素构成进行综合分析。

⑥ 由于扫描电镜的图像不是由透镜形成的几何光学图像，而是按照信号顺序依次记录的，这就可以避免透镜成像的缺陷所带来的对图像分辨率的影响，而且容易

把图像信号记录在磁带或磁盘上，便于以后需要时再现或用计算机进行图像分析与处理，进一步提高图像质量。

（三）电镜的操作技巧

（1）观察前的准备工作　做好电镜观察记录，将给资料的保存、整理、总结、查询及引用带来极大的方便。在电镜开机前，要仔细地考虑需观察样品的个数、观察顺序，并准备好记录本、笔等。

在电镜观察开始前，根据可能观察到的电镜放大倍数，进行一系列的电镜日常调试：光斑对中、光阑对中、消像散、电压中心及电流中心调整，尽可能地将电镜工作状态调至最佳。

（2）电镜观察过程中的注意事项

① 根据样品排列的先后，逐次选定样品的观察顺序。

② 观察样品时，先在低倍镜下将样品仔细地浏览一遍，然后选取切片相对完好的部位进行进一步放大观察。

③ 观察样品时要耐心地由低倍到高倍进行观察。图像的放大倍率与所要观察样品结构的分辨率（nm）有如下关系：放大倍数×分辨率=20000。应根据需要正确地选择观察所需的放大倍率。放大倍数过低，会影响观察所需的分辨率；而放大倍率过大，会使得观察视野大大降低，相应的消像散、聚焦的难度也大大增加。

④ 感兴趣部位及放大倍数选定后，准备拍照前要聚焦。聚焦是操作电镜最关键的技术之一。一般都有辅助聚焦装置即聚焦摇摆器，但摇摆器只对放大10000倍以下的聚焦有辅助作用，放大10000倍以上的图像聚焦，一般以手动聚焦为准。

⑤ 对有兴趣的部位照相记录，同时认真地在记录本上做好文字记录。

（四）电镜的日常维护及检修

（1）电子光学系统的日常维护　通常每使用半年要对样品杆清洁一次。可使用抛光膏将沾在样品杆上的脏物除去，然后用丙酮或乙醚清洁干净。一般情况下，电镜工作1～2年后，可能发生脏物阻挡电子通道（光路）或（聚光镜、物镜）光阑污染等严重影响电镜观察，这时，须尽快请专业维修人员进行检修清洗。

（2）真空系统的日常维护　机械泵在使用2年后，要进行换油和清洗。一般是先将机械泵内的油放掉，然后用汽油仔细清洗。清洗后的机械泵最好能放置两个星期以上，待汽油完全挥发，加入专用机械泵油即可。

当电镜真空抽不上时，要考虑真空系统是否出故障。真空系统故障的判断及检修较复杂，故障原因较多，密封圈老化或沾有异物、脏物导致密封不严是最常见的故障。因此，在打开镜筒后，不论时间长短，均应用无水乙醇清洗密封圈，然后在密封圈上均匀地涂抹一层高真空油脂。其余的真空系统故障应及时请专业维修人员检修。

（3）机械系统的日常维护　电镜的机械系统精密度非常高，因此在日常操作过程中，一定小心谨慎，不可鲁莽操作。特别是在操作样品台转把时，不要大力快速旋转，以免样品台撞击变形。

（4）电子控制系统的日常维护　电镜的电子控制系统一般由集成电路构成，其故障率极低一般不易损坏。因此，在这种情况下保持电镜室的环境就变得非常重要，包括温度、湿度。将电镜室的温度、湿度控制在仪器能够正常工作的范围内。每年应该对电子控制系统（如集成电路板、机箱等）进行清扫，可用吸尘器与小刷子仔细清扫灰尘等。

第二章

微生物染色技术

由于微生物细胞含有大量水分（一般在 80%甚至 90%以上），对于光线的吸收和反射与水溶液差别不大，与周围背景没有明显的明暗差。所以，除了观察活体微生物细胞的运动性和直接计算菌数外，绝大多数情况下都必须经过染色后，才能在显微镜下进行观察。因此，染色技术是微生物学实验中的一项基本技术。

微生物学上所用的染料都是苯环上含有发色基团和助色基团的有机化合物。发色基团使化合物本身具有染色的能力,而助色基团有电离特性,可以与被染物结合,使被染物着色。

染料按其电离后染料离子所带电荷的性质不同，分为酸性染料（带负电）、碱性染料（带正电）、中性（复合）染料（不带电荷）三种。常用的酸性染料有伊红、刚果红、藻红、苯胺黑、苦味酸和酸性品红等，主要用于染细胞质（呈碱性）。常见的碱性染料有亚甲蓝、甲基紫（结晶紫）、碱性品红、中性红、孔雀绿和番红等，常用于细菌染色（菌体蛋白在中性、碱性或弱酸性溶液中，电离后带负电荷）。常见的中性（复合）染料有瑞氏染料和吉姆萨染料等，常用来染螺旋体和立克次体。

微生物的染色方法很多，一般分为单染色法和复染色法,此外还有特殊染色法、负染色法、活体染色法等。

实验一　单染色法

一、目的要求

学习并掌握单染色法的染色原理与方法。

二、实验说明

单染色法，即用一种染液对载玻片进行染色。该法简便易行，适合进行微生物的形态观察。

在一般情况下，细菌菌体多带负电荷，易于和带正电荷的碱性染料结合而被染色。因此，常用碱性染料对细菌进行染色。

三、实验器材

（1）菌种　葡萄球菌。

（2）试剂　碱性亚甲蓝染色液。

（3）仪器及其他　接种环、酒精灯、火柴、载玻片、洗瓶、废液缸、吸水纸。

四、方法步骤

（1）准备玻片　载玻片应清洁透明，无油渍。如有残余油渍，可按下列方法处理：

① 滴上 95% 酒精 2～3 滴，用洁净纱布反复擦净，然后在酒精灯火焰上轻轻拖过几次。

② 如果玻片事先已浸泡在 75% 酒精中，那么就可用镊子将其取出，直接在酒精灯火焰上拖过几次。

（2）涂片　根据材料的不同，涂片方法也有区别。

① 液体材料。液体培养物、组织汁液或牛乳等，直接用接种环以无菌操作法取一环材料，置于玻片中央均匀地涂抹成适当大小的薄层（直径约 1cm）。

② 固体材料。固体培养物、牛乳凝块或奶酪等，则先用滴管在载玻片中央加一滴无菌水，然后同样以无菌操作法用接种环从固体材料上挑取一环，在液滴中混合均匀，涂抹成适当大小的薄层。

（3）干燥　把涂片放在室温下自然干燥。有时为了干得快些，可以将涂片小心地在酒精灯的火焰上微微挥动使其干燥（注意载玻片的温度以不超过手背的耐受力为宜）。

（4）固定　将已干燥的涂片（涂菌面向上）慢慢地从酒精灯的火焰上通过 2～3 次，目的是将活菌杀死，使菌体黏附在玻片上，染色时不致脱落，同时改变菌体对染液的通透性，增加染色效果。

（5）染色　滴 1～2 滴碱性亚甲蓝染液于涂片的部位，染色 1～3min。

（6）水洗　倾去染色液，用洗瓶或直接用自来水从玻片上端轻轻地冲洗掉多余染液（不可直接冲洗染色部位，以免将菌体冲掉），直至冲洗水滴无色或浅色为止。

（7）干燥　用吸水纸吸去载玻片上多余的水分让其自然干燥或在酒精灯火焰上方微热烘干即可镜检。

实验二　复染色法

一、目的要求

学习并掌握常用的复染色法的染色原理与方法。

二、实验说明

复染色法是指用两种或两种以上的染液进行染色的方法。复染色法有协助鉴别细菌的作用，因此又被称为鉴别染色法。一般常见的复染色法有革兰氏染色法、抗酸染色法、荧光染色法等。

三、常见复染色法

1. 革兰氏染色法

（1）原理　革兰氏染色法是一种重要的鉴别细菌的方法，根据各种细菌对这种染色法的反应不同，可把细菌分为革兰氏阳性和革兰氏阴性两大类。该方法对于细菌的分类、鉴定及生产应用都有重要意义。

其染色原理是利用细菌的细胞壁组成成分和结构的不同。革兰氏阳性菌的细胞壁肽聚糖层厚，交联而成的肽聚糖网状结构致密，经乙醇脱色处理发生脱水反应，使孔径缩小，通透性能降低，结晶紫与碘形成的大分子复合物保留在细胞内而不被脱色，结果使细胞呈现紫色；而革兰氏阴性菌肽聚糖层薄，网状结构交联少，脂类含量较高，经乙醇处理后，脂类被溶解，细胞壁孔径变大，通透性增加，结晶紫与碘的复合物被溶出细胞壁，使细胞脱色。此时，再经品红或沙黄等红色染料复染后细胞呈红色。

在革兰氏染色中，有两个值得注意的问题。一是酒精脱色的时间要掌握恰当，随涂片厚薄不同，脱色的时间也不完全一样，一般以不溶出色素为止。若脱色过度则阳性菌被误染为阴性菌，而脱色不够阴性菌则被误染为阳性菌。二是培养物的老幼对染色结果也有影响，革兰氏染色检查的菌，必须是新培养物。

（2）材料

① 菌种。葡萄球菌菌液、大肠杆菌菌液（培养 12～20h）。

② 试剂。草酸铵结晶紫染液、革兰氏碘液、95%酒精、番红染色液。

③ 器材及其他。酒精灯、接种环、载玻片、特种铅笔、洗瓶、废液缸、吸水纸。

（3）步骤

① 涂片、干燥、固定同单染色法。

② 初染。滴加草酸铵结晶紫于涂片部位，染色时间为 1min。

③ 水洗。用水轻轻冲洗，冲去多余的染料。

④ 滴加。滴加革兰氏碘液 1~2min，紫色部分变黑为止。

⑤ 水洗。倾去革兰氏碘液，水洗。

⑥ 脱色。滴加 95%的酒精，约 30~60s（色素不溶出为止）。

⑦ 水洗。倾去 95%的酒精，水洗。

⑧ 复染。滴加番红染液 1~2min。

⑨ 水洗。倾去番红染液，水洗。

（4）结果　葡萄球菌呈紫色，大肠杆菌呈红色。

2. 抗酸染色法

（1）原理　抗酸染色法是重要的鉴别染色法之一，抗酸质主要为分枝杆菌属的细菌。此外，放线菌、类白喉杆菌的某些菌株、细菌芽孢和酵母菌子囊孢子及某些动物细胞等，也都具有抗酸性质。

抗酸染色法的原理，一般认为石炭酸（苯酚）和品红是按分配系数分配于细菌、染色液和脱色剂中。分枝杆菌属含有多量脂类，提取和保留的石炭酸与染料较多。用酸脱色时，染料、石炭酸溶解于抗酸菌细胞内的量比溶解于脱色剂中的多，故菌体仍保存有染料。而非抗酸菌则不具有此特性，脱色时，染料和石炭酸易离开菌体。

常用的抗酸染法是齐-尼（Ziehl-Neelsen）氏法。

（2）材料

① 菌种。卡介苗菌液、大肠杆菌 18~24h 培养物。

② 试剂。石炭酸品红染色液、碱性亚甲蓝染液、3%盐酸酒精。

③ 器材及其他。酒精灯、接种环、载玻片、洗瓶、废液缸、吸水纸。

（3）步骤

① 分别制作卡介苗及大肠杆菌涂片，干燥后固定。

② 初染滴加石炭酸品红染液，并徐徐加热使染液冒蒸汽，但切不可煮沸。染液因蒸发减少时，应及时添加，如此维持约 5min。

③ 水洗。倾去染液，待冷却后水洗。

④ 脱色。用 3%盐酸酒精脱色 0.5~1min。

⑤ 水洗。用水轻轻冲洗。

⑥ 复染。滴加碱性亚甲蓝染液复染 0.5~1min。

⑦ 水洗。用水轻轻冲洗。

⑧ 干燥。自然干燥或吸水纸吸干即可镜检。

（4）结果　结核杆菌呈红色，杂菌呈蓝绿色。

3. 荧光染色法

（1）原理　绝大多数微生物经紫外线照射后，能发出很微弱的蓝色荧光。经荧光染色后，不发荧光或荧光极弱的所有微生物，都可以产生明亮的荧光，然后用荧光显微镜进行观察。

常用的荧光染料有金胺、罗丹明 B 和异硫氰酸荧光素等。

（2）材料

① 菌种。卡介苗菌液。

② 试剂。金胺染液（1∶1000，含 5%石炭酸）、高锰酸钾液（1∶1000）、碱性亚甲蓝染液、8%盐酸酒精。

③ 器材及其他。酒精灯、接种环、载玻片、洗瓶、废液缸、吸水纸等。

（3）步骤

① 涂片、干燥、固定同单染色法。

② 初染。滴加金胺染液，微微加热，使染液冒蒸汽并维持 5min。

③ 水洗。用洗瓶或自来水轻轻冲洗。

④ 脱色。滴加 8%盐酸酒精脱色 15～20h。

⑤ 水洗。用洗瓶或自来水轻轻冲洗。

⑥ 用高锰酸钾液处理 5s。

⑦ 水洗。用洗瓶或自来水轻轻冲洗。

⑧ 复染。用碱性亚甲蓝染液染 30s，用以熄灭涂片中不应发光的部分。

⑨ 水洗。用洗瓶或自来水轻轻冲洗。

⑩ 干燥。自然干燥或吸水纸吸干即可镜检。

（4）结果　卡介苗菌体产生明亮的黄绿色荧光。

实验三　特殊染色法

一、目的要求

学习并掌握各种特殊染色法的染色原理与方法。

二、实验说明

细菌的细胞壁、拟核等基本构造和荚膜、芽孢、鞭毛等特殊构造，使用一般染色法不能染上颜色，必须用特殊的染色方法才能着色，进行镜下观察。这些特殊染色法也有协助鉴别细胞的作用。

三、常见特殊染色法

1. 细菌细胞壁染色法

（1）原理　细菌的细胞壁很薄，只有几十纳米厚。细菌细胞壁由氨基酸、葡萄糖等黏质化合物组成，一般染料不能使其着色。着色前，必须用冰醋酸固定标本，然后用单宁酸进行媒染，再经染色即可。

（2）材料

① 菌种。荧光假单孢杆菌（培养 18～24h）。

② 试剂。布鲁氏菌细胞壁染色固定液、5%的单宁酸、结晶紫染液。

③ 器材及其他。酒精灯、接种环、载玻片、洗瓶、废液缸、吸水纸等。

（3）步骤

① 涂片。同单染色法。

② 固定。加布鲁氏菌细胞壁染色固定液，固定 1～2h。

③ 水洗。用洗瓶或自来水轻轻冲洗。

④ 媒染。5%单宁酸媒染 30min。

⑤ 水洗。用洗瓶或自来水轻轻冲洗。

⑥ 染色。结晶紫染液染 1min。

⑦ 水洗。用洗瓶或自来水轻轻冲洗。

⑧ 干燥。自然干燥或吸水纸吸干即可镜检。

（4）结果　细胞质淡紫色，细胞壁深棕黑色。

2. 微生物细胞核染色法

（1）原理　细胞核的主要成分是脱氧核糖核酸（DNA）。细菌细胞中没有真正的细胞核，只有一个明显的核区，其由一条与类组蛋白相联系的双链 DNA 构成的染色体组成；真核细胞的细胞核由一条或一条以上的双链 DNA 与组蛋白等结合成的染色体构成，并由核膜包裹。对细菌和酵母菌核染色时，可采用乙酸和 KOH，在一定的条件下对细胞进行水解，再用甲苯胺蓝染色。

（2）材料

① 菌种。芽孢杆菌（培养 8～12h）、酒精酵母（28℃培养 12h）。

② 试剂。40%乙酸、0.1mol/L KOH、0.1%甲苯胺蓝染液、10%乙醇。

③ 器材及其他。酒精灯、接种环、载玻片、吸水纸、洗瓶、废液缸等。

（3）步骤

① 涂片、干燥同单染色法。

② 水洗。先用 40%乙酸覆盖涂片 2min。水洗后，再用 0.1mol/L KOH 覆盖涂片（30℃左右的温箱中保温 1h），水洗。

③ 染色。用 0.1%甲苯胺蓝染色 2min。

④ 冲洗。用 10%乙醇冲去甲苯胺蓝。

⑤ 干燥。室温下风干即可镜检。

（4）结果　细菌拟核和酵母菌的核为深蓝色，细胞质为浅蓝色。

3. 芽孢染色法

（1）原理　细菌的芽孢具有一层结构致密的芽孢壁，通透性差、着色较难。用普通染色法染色菌体着色而芽孢呈现不染色的轮廓，但经特殊处理（加热染色或腐蚀性药物处理），色素即可透过芽孢壁而使芽孢着色，且芽孢一经着色便不易褪色，脱色时只能脱掉菌体的颜色而保留芽孢的颜色。因此，如再换另一种颜色的染液复染菌体，便会使菌体和芽孢呈不同颜色的鲜明对照。

（2）材料

① 菌种。枯草芽孢杆菌。

② 试剂。7.6%的孔雀绿染液、0.5%的番红染液、石炭酸品红染液、亚甲蓝染液。

③ 器材及其他。吸水纸、水浴锅或小烧杯、酒精灯、接种环、载玻片等。

（3）步骤

① 孔雀绿番红芽孢染色法。

a. 涂片经火焰固定，滴数滴孔雀绿染液于涂片上，加热至产生蒸汽并维持 3～5min（加热时要慢慢来回移动，添加染液勿使涂片干燥）。

b. 水洗后，再用番红染液复染 1～2min。

c. 水洗、干燥、镜检。菌体呈红色，芽孢呈绿色。

② 石炭酸品红染色法。

a. 试管一支，加蒸馏水 3～4 滴，取 1～2 环芽孢杆菌于水中，并充分振荡制成均匀的悬浮液。

b. 滴加等量 3～4 滴石炭酸品红染液摇匀，水浴煮沸 10min 以上。

c. 取上述加热后的染色菌悬液 2～3 环于载玻片上制成涂片，然后经过干燥、火焰固定、水洗。

d. 亚甲蓝复染 3～4min，经水洗、干燥、镜检，芽孢呈红色。

4. 鞭毛染色法

（1）原理　鞭毛是细菌的运动器官，鞭毛的着生部位是细菌分类的重要特征之一。由于鞭毛非常纤细，直径 0.01～0.02μm，在普通光学显微镜下看不到，必须经特殊的染色方法，使染料堆积在鞭毛上，将鞭毛加粗，才能在普通光学显微镜下观察到细菌鞭毛的着生部位和形状。

（2）材料

① 菌种。变形杆菌或枯草杆菌（活化 4～5 代，每代培养 18h）。

② 试剂。银盐染色液（A、B，24h 内使用效果好）、李夫森氏染液。

③ 器材及其他。酒精灯、接种环、恒温箱、载玻片、洗瓶、废液缸、吸水纸等。

（3）步骤

① 银盐染色法。

a. 涂片。注意菌悬液不宜过多。

b. 干燥。自然干燥，切勿在火焰上烘烤且不宜用火焰加热固定。

c. 染色。滴加银盐染液 A，染色 4～6min，水洗后再滴加银盐染液 B，并加热至冒气，维持 30～60s。加热时应及时补充蒸发掉的染料。

d. 水洗、干燥、镜检，鞭毛为褐色，菌体为深褐色。

② 改良李夫森氏染色法。

a. 菌液的制备。以无菌操作用接种环挑取经活化 4～5 代的斜面与冷凝水交接处的菌液数环，移至盛有 1～2mL 无菌水的试管中，使菌液轻度混浊。将该试管放 28～35℃的温箱中静置 10～15min（放置时间不易太长，否则鞭毛会脱落），让幼龄菌的鞭毛松展开，取出进行分区涂片。

b. 涂片。用削尖的玻璃铅笔在洁净的玻片上划分 3～4 个相等的区域。取一滴菌液放每个小区的一端，将玻片倾斜，让菌液流向另一端，并用滤纸吸去多余的菌液。在空气中自然干燥。

c. 染色。加李夫森氏染液于第一区，使染料覆盖涂片，隔数分钟后再将染料加入第二区，以后以此类推（相隔时间可自行决定）。其目的是确定最合适的染色时间，而且节约材料。在染色过程中要仔细观察，当整个玻片出现铁锈色沉淀和染料表面出现金色膜时，即用水轻轻地冲洗。一般约染色 10min，水洗。

d. 水洗。在没有倾去染料的情况下，就用蒸馏水轻轻地冲洗，否则会增加背景的沉淀。

e. 干燥、镜检，菌体和鞭毛均染成红色。

5. 荚膜染色法

（1）原理　细菌的荚膜不易着色，但通透性较好，染料可通过荚膜使菌体着色。所以，染色后在有颜色的菌体周围有一浅色或无色的透明圈，即为荚膜。为了更清楚地观察荚膜常用负染色法（即用有色的背景来衬托出没有染上颜色的荚膜）。此外，也可用简单染色法进行细菌荚膜观察（常用染料为瑞氏染液、吉姆萨染液等）。

（2）材料

① 菌种。硅酸盐细菌或圆褐固氮菌（在阿什比无氮培养基上培养2～3d）。

② 试剂。石炭酸品红染液、1%黑素或绘图墨水、95%酒精。

③ 器材及其他。酒精灯、载玻片、接种环、吸水纸等。

（3）步骤

① 负染色法。

a. 涂片，自然干燥（不可用火焰烘干）。

b. 固定。加95%酒精1滴固定（不可加热），待酒精自然挥发掉为止。

c. 初染。石炭酸品红染液染3～4min。

d. 水洗，晾干。

e. 复染。用接种环取少许黑素于载玻片一端，另取一块边缘光滑的载玻片与黑素接触，并向玻片两侧稍滑动几下使黑素散开，再以均匀速度向涂片部位推动，通过涂片部位使之成一均匀而且厚薄适中的薄层，自然干燥（也可用绘图墨水1滴，滴于涂片部位附近，再用另一玻片的一端接触墨滴，使之向旁边散开，然后拉过涂片部位，注意墨滴不可太大）。

f. 镜检。背景呈黑色，菌体呈红色，菌体外包一层透明圈，即为荚膜。

② 简单染色法　同本章实验一。

实验四　负染色法

一、目的要求

学习并掌握负染色法的染色原理与方法。

二、实验说明

细菌细胞经染色后，虽然可以在显微镜下观察，但染色时因受加热及化学药品处理的影响，其形状多少会有所改变。细菌细胞的折射率小，为透明体，若将背景染上颜色，则会将菌体明显地衬托出。负染色法即采用使菌体不易着色的酸性染料（如刚果红或中国墨汁等），使菌体不着色而背景着色。由于用此法死菌可被染色，故可区分菌的死活。

三、实验材料

（1）菌种　葡萄球菌、大肠杆菌。

（2）试剂　刚果红染液、1%HCl。

（3）器材及其他　酒精灯、接种环、载玻片、洗瓶、废液缸、吸水纸等。

四、方法步骤

（1）菌液制备　挑取斜面培养物，接种于盛 5mL 灭菌水的试管中制成菌悬液（注意不要混入培养基碎片），菌悬液浓度以目视混浊即可。

（2）染色　滴刚果红染液 1～2 滴于载玻片上，加同体积菌悬液，混匀涂成薄层，室温下自然干燥。

（3）冲洗　用 1% HCl 冲洗。

（4）干燥　自然干燥后，即可镜检。

（5）结果　菌体无色，背景蓝色。如不用 1% HCl 处理，背景则为红色。因为刚果红盐类经盐酸处理后，成为游离酸，呈蓝色，使对比更为清楚。

实验五　微生物细胞内贮藏物质的染色

一、目的要求

学习并掌握微生物细胞内贮藏物质的染色原理与方法。

二、实验说明

微生物在生活过程中，可合成脂肪、淀粉、肝糖颗粒、异染颗粒等颗粒状物质，贮藏于细胞内，当环境中营养物质缺乏时，又可将其作为碳源、能源等利用。微生物细胞内贮藏物的特性、化学组成及染色反应等，都是菌种鉴定的依据之一。

三、几种常见贮藏物质的染色

1. 异染颗粒染色法

（1）原理　异染颗粒主要由大分子的偏磷酸盐形成，易被亚甲蓝染色，并呈现与细胞质其他部分不同的颜色，如红色、紫红色等，因此叫异染颗料。异染颗粒存在于白喉杆菌、鼠疫杆菌、巴氏杆菌等细胞中。

（2）材料

① 菌种。白喉杆菌。

② 试剂。阿尔伯特染液（甲液、乙液）、庞特氏染液。

③ 器材及其他。酒精灯、接种环、载玻片、洗瓶、废液缸、吸水纸等。

（3）步骤

① 阿尔伯特（Albort）法。

a. 涂片、干燥、固定同单染色法。

b. 染色。用甲液染 5min，水洗；再用乙液染 1min，水洗。

c. 干燥、镜检。菌体呈蓝绿色，异染颗粒呈蓝黑色。

② 庞特氏法。

a. 涂片、干燥、固定同单染色法。

b. 染色。滴加庞特氏染液染 5min，水洗。

c. 干燥、镜检。菌体呈蓝色，异染颗料呈深蓝色。

2. 啤酒酵母脂肪粒的染色

（1）原理　脂肪粒可被苏丹黑 B 氧化成蓝黑色，以此可与其它贮藏物质区别。

（2）材料

① 菌种。啤酒酵母。

② 试剂。苏丹黑 B 染液、二甲苯、0.5%番红液。

③ 器材及其他。酒精灯、接种环、载玻片、洗瓶、废液缸、吸水纸等。

（3）步骤

① 涂片、干燥、固定同单染色法。

② 初染。用苏丹黑 B 染液染色 5min。

③ 洗片。水洗、干燥后，再用二甲苯洗涂片至透明，干燥。

④ 复染。用 0.5%番红液再染 30s，水洗。

⑤ 干燥、镜检。酵母细胞质呈粉红色，脂肪粒呈蓝黑色。

3. 啤酒酵母肝糖颗粒的染色

（1）原理　肝糖原又称动物淀粉。酵母菌在糖类较多的培养基上生长时，可合成并贮存较多的肝糖颗粒。肝糖颗粒遇碘可呈红色。

（2）材料

① 菌种。啤酒酵母。

② 试剂。碘液。

③ 器材及其他。酒精灯、接种环、载玻片、盖玻片等。

（3）步骤

① 涂片、干燥、固定同单染色法。

② 染色。加 1～2 滴碘液，然后盖上盖玻片，即可镜检。

③ 镜检。酵母菌体呈淡黄色，肝糖颗粒呈深红色。

实验六　霉菌菌丝染色

一、目的要求

学习并掌握霉菌菌丝的染色原理与方法。

二、实验说明

酵母菌和细菌制片时，用水作菌悬液最好。但水对于大多数霉菌是不适应的。因为水分蒸发太快；菌丝常因渗透作用而膨胀，细胞变形；水还易使菌丝、孢子和气泡混合成团，难以观察。霉菌菌丝制片时，最理想的介质是乳酸-苯酚液（Lactophenol）。

霉菌菌丝染色常常不均匀，因为不同菌丝对染料的亲和力不一样。幼龄菌丝易着色，色深；老龄菌丝不易着色，色浅。

霉菌菌丝最简单的染色方法是将染料与介质混合，但又只有少数几种染料能与乳酸-苯酚液均匀混合，如棉蓝（cotton blue）、苦味酸等。

三、实验材料

（1）菌种　青霉培养物、曲霉培养物。

（2）试剂　乳酸石炭酸棉蓝染液。

（3）器材及其他　酒精灯、接种钩、接种针、载玻片、盖玻片等。

四、方法步骤

① 滴一滴乳酸石炭酸棉蓝染液于洁净的载玻片中央。

② 用接种钩挑取少量的培养物，置于液滴中。

③ 用两根接种针小心撕开菌丝，直到全部浸湿，然后盖上盖玻片（尽量避免气泡产生），即可镜检。

④ 结果菌丝呈蓝色，深度随菌龄增加而减弱。

第三章

培养基制备技术

　　培养基是根据微生物的营养需要，人工配制的适合微生物生长繁殖或积累代谢产物的营养基质，主要用于微生物的分离、培养、菌种鉴定以及发酵生产等方面。

　　培养基的分类方法较多，采用不同的分类方法可将其分为不同的类型。

　　根据组成成分不同，可将培养基分为天然培养基、合成培养基和半合成培养基。天然培养基是指利用动物、植物、微生物或其他天然有机成分配制而成的培养基，其确定的组分及含量不甚清楚。合成培养基是指利用已知成分及已知含量的高纯度化学药品配制而成的培养基。半合成培养基是指培养基的营养组分一部分是天然成分，一部分是化学试剂。

　　根据物理状态不同，可将培养基分为液体培养基、固体培养基和半固体培养基。液体培养基是指配制成的培养基在常温常压下呈液体状态。固体培养基是指在液体培养基中加入一定量的凝固剂（常加 1.5%～2% 的琼脂粉）而制成的培养基。半固体培养基是指在液体培养中加入少量的凝固剂（加 0.5% 左右的琼脂粉）而制成的培养基。

　　根据用途不同，可将培养基分为基本培养基、加富培养基、选择性培养基、鉴别培养基、生化培养基、种子培养基、发酵培养基等。基本培养基是指营养成分基本上满足一般微生物生长繁殖需要的培养基。加富培养基是在基本培养基的基础上，加入某种特殊的营养物质，使某种微生物能够迅速生长，而有利于其从混合菌中分离出来，达到富集培养这种微生物的目的。选择培养基是在培养基中加入某种化学物质，抑制不需要的微生物生长，以达到从混杂的微生物中分离出所需要微生物的目的。鉴别培养基是指在培养基中加入能与某种微生物的无色代谢产物发生显色反应的指示剂，从而使该菌菌落呈现出一些肉眼可鉴别的特征性培养性状的培养基。生化培养基是指用于测定微生物生理生化特性的培养基。种子培养基是为获得较多的强壮而整齐的种子细胞而配制的培养基。发酵培养基是指用于积累微生物代谢产物的培养基。

培养基制备是微生物教学、科研和生产实践中最基本的工作，在制备过程中应遵循以下原则和要求：①根据微生物的营养需要配制培养基；②培养基的容器（不宜用铁锅和铜锅），不含抑制微生物生长的物质；③培养基的酸碱度、渗透压应符合所培养微生物的生长要求；④制成的培养基绝大多数都应该是透明的，以便观察微生物的生长性状或其代谢活动所产生的变化；⑤培养基制成后必须进行彻底灭菌；⑥配制培养基还应考虑到经济原则。

本章主要介绍细菌、真菌培养常用基础培养基、选择性培养基和鉴别培养基的制备方法，其余不同微生物分离培养、性能检测、鉴定等所用培养基的配制详见附录三。

实验一　细菌常用培养基的配制

一、目的要求

学习并掌握细菌常用基础培养基的制备原理与方法。

二、实验说明

培养细菌常用的基本培养基一般是指营养肉汤培养基和营养琼脂培养基。它们通常由牛肉膏（作为碳源、氮源，提供维生素和无机盐）、蛋白胨（主要作为氮源）、氯化钠（作为无机盐并具有维持一定渗透压的作用）和水组成，含有大多数细菌生长繁殖所需要的营养物质。一般细菌的最适 pH 在 7.0～8.0 之间。

三、实验材料

（1）药品与试剂　牛肉膏、蛋白胨、氯化钠、琼脂粉、1mol/L HCl 溶液、1mol/L NaOH 溶液等。

（2）器材及其他　高压蒸汽灭菌锅、天平、电磁炉、搪瓷缸、烧杯、试管、量筒、三角瓶、漏斗、玻璃棒、吸管、称量纸、棉线绳、棉塞、pH 试纸、吸耳球、记号笔等。

四、方法步骤

1. 营养肉汤

（1）称量　按附录三营养肉汤的配方称取牛肉膏、蛋白胨、氯化钠，共置于烧杯中。

（2）溶解　先加水适量，加热使其溶解，再补足水至总量。

（3）调pH　用1mol/L NaOH或1mol/L HCl调溶液的pH至7.4，测定pH可用pH试纸或酸度计（营养琼脂pH7.2，配置时一般比要求的pH高出0.2，因为高压灭菌后pH常降低0.2）。

（4）过滤　用滤纸过滤（如液体清亮，可省略此步）。

（5）分装与包扎　将培养基分装于试管或三角瓶中，分装可用漏斗或吸管进行，分装时不要使培养基黏附瓶口或试管口，以免造成污染。分装完后塞上棉塞并包扎好。

（6）灭菌　121℃灭菌15～20min。

（7）无菌检查　灭菌后的培养基，需进行无菌检查。最简便的方法为取1～2管（瓶）灭菌后的培养基，置37℃温箱中培养1～2d。如果培养基中没有菌落或者异物产生，即说明无菌，方可使用。

2. 营养琼脂

（1）称量　按附录三营养琼脂配方称取除琼脂外的各组分，共置于烧杯中。

（2）溶解、调pH、过滤　同营养肉汤。

（3）融化琼脂　按2%的量称取并加入琼脂粉，继续加热至琼脂完全溶解（加热过程中要不断搅拌以防琼脂沉淀和溢出杯外），补足因加热蒸发失去的水分。

（4）分装与包扎　根据需要趁热分装于试管或三角瓶中，并包扎好。

（5）灭菌　与营养肉汤不同的是灭菌完后，如需要做斜面固体培养基则应趁热立即摆成斜面，待凝固后备用。

（6）无菌检查　同营养肉汤。

实验二　真菌常用培养基的配制

一、目的要求

学习并掌握真菌常用基本培养基的制备原理与方法。

二、实验说明

真菌对营养物质的要求不严格，一般应含较多量的糖类，最适pH在4～6之间。真菌培养常用的基本培养基有豆芽汁培养基和马铃薯蔗糖琼脂培养基。

三、实验材料

（1）原料与药品　市售新鲜黄豆芽、马铃薯、蔗糖、琼脂。

（2）器材及其他　高压蒸汽灭菌锅、天平、吸管、试管、烧杯、量筒、三角瓶、试管架、电磁炉、不锈钢锅、漏斗、漏斗架、纱布、玻璃棒、记号笔等。

四、方法步骤

1. 豆芽汁培养基

（1）称量　按附录三豆芽汁培养基配方称取黄豆芽、量取蒸馏水（或自来水），共置于不锈钢锅中。

（2）煮汁与过滤　将锅放到电磁炉上，煮沸 30min，用纱布过滤，并补足失去的水分。

（3）加糖　按 5%的量加入蔗糖，搅拌使其溶解。

（4）分装、加塞、包扎。

（5）灭菌　115℃灭菌 30min，无菌检查后备用。

2. 马铃薯蔗糖琼脂培养基

（1）称量　按附录三马铃薯蔗糖琼脂培养基称取马铃薯、蔗糖、琼脂，量取自来水放入不锈钢锅中。

（2）煮汁　将洗净去皮的马铃薯切成 $1cm^3$ 的小块，放入锅内，置电磁炉上加热，煮沸 10～20min。

（3）过滤　用 4 层纱布过滤，并补足因加热蒸发失去的水分。

（4）融化琼脂　按 2%的量分别加入蔗糖和琼脂，再置电磁炉上加热煮沸，并不断加以搅拌直至琼脂完全融化，补足失去的水分。

（5）分装与包扎　根据需要趁热分装于试管或三角瓶中，并包扎好。

（6）灭菌　115℃灭菌 30min，无菌检查后备用。

实验三　选择性培养基的配制

一、目的要求

学习并掌握选择性培养基的制备原理与方法。

二、实验说明

选择性培养基根据微生物的特殊营养要求或者在培养基中加入某些化学物质抑制不需要的微生物生长，可以达到从混杂微生物中分离出所需要微生物的目的，广泛用于菌种筛选等领域。选择性培养基有加富性选择培养基和抑制性选择培养基两种。

阿什比（Ashby）无氮培养基属于加富性选择培养基。该培养基中只含有基本的碳源和无机盐，没有氮源，一般的细菌不能在此培养基上生长，一些固氮的细菌可以利用空气中的氮气作为氮源，在此培养基上生长，从而达到分离固氮菌的目的。

马丁（Martin）培养基属于抑制性选择培养基。该培养基中的孟加拉红和链霉素主要是细菌和放线菌的抑制剂，对真菌无抑制作用，因而真菌在这种培养基上可以得到优势生长，从而达到分离真菌的目的。

三、实验材料

（1）原料与药品　甘露醇、磷酸二氢钾、七水硫酸镁、氯化钠、葡萄糖、蛋白胨、琼脂、孟加拉红、链霉素等。

（2）器材及其他　高压蒸汽灭菌锅、天平、吸管、试管、烧杯、量筒、三角瓶、试管架、电磁炉、称量纸、玻璃棒、记号笔等。

四、方法步骤

1. 阿什比（Ashby）无氮培养基

（1）称量　按附录三阿什比（Ashby）无氮培养基配方称取甘露醇、磷酸二氢钾、七水硫酸镁、氯化钠、二水硫酸钙和碳酸钙，共置于烧杯中。

（2）溶解　先加水适量，再加热使其溶解。

（3）融化琼脂　按2%的量称取并加入琼脂粉，继续加热至琼脂完全溶解，补足因加热蒸发失去的水分。

（4）分装与包扎　根据需要趁热分装于试管或三角瓶中，并包扎好。

（5）灭菌　115℃灭菌30min，无菌检查后备用。

2. 马丁（Martin）培养基

（1）称量　按附录三马丁（Martin）培养基制作方法称取葡萄糖、蛋白胨、磷酸二氢钾、七水硫酸镁、孟加拉红，共置于烧杯中。

（2）溶解　先加水适量，再加热使其溶解。

（3）融化琼脂　按 2%的量称取并加入琼脂粉，继续加热至琼脂完全溶解，补足因加热蒸发失去的水分。

（4）分装与包扎　根据需要趁热分装于试管或三角瓶中，并包扎好。

（5）灭菌　115℃灭菌 30min，无菌检查后备用。

（6）链霉素的加入　临用时，将培养基融化后待温度降至 45℃左右时，在 100mL培养基中加 1%链霉素液 0.3mL，使每毫升培养基中含链霉素 30μg。

实验四　鉴别性培养基的配制

一、目的要求

学习并掌握鉴别性培养基的制备原理与方法。

二、实验说明

鉴别性培养基因为在培养基中加入某些能与目的菌无色代谢产物发生显色反应的指示剂，因此通过肉眼辨别颜色就能从近似菌落中找出目的菌菌落。常见的鉴别培养基有伊红亚甲蓝乳糖培养基、亚硫酸铋培养基和麦康凯培养基等。

伊红亚甲蓝乳糖培养基，因含乳糖可被大肠菌群利用产酸，使大肠菌群菌体带 H^+，进而与伊红和亚甲蓝两种染料结合，使菌落染上深紫色，起到将大肠菌群与其他细菌区别开来的作用。

麦康凯培养基中的结晶紫和胆盐可抑制革兰氏阳性菌的生长，但大肠杆菌和沙门菌的生长不受影响，且它们可发酵乳糖产酸使培养基的 pH 变成酸性，进而使其菌落呈红色，而不发酵乳糖的细菌菌落没有颜色的变化，因此该培养基可用于鉴别肠道致病菌。

亚硫酸铋培养基中的煌绿和亚硫酸钠能抑制大肠杆菌、变形杆菌和革兰氏阳性菌的生长，但对伤寒、副伤寒沙门菌等的生长没有影响。伤寒沙门菌及其他沙门菌能利用葡萄糖，将亚硫酸盐还原成硫化物并与硫酸亚铁反应使得菌落呈黑色，此外还可把铋离子还原成金属铋，使菌落呈现金属光泽，从而使沙门菌得到分离。

三、实验材料

（1）原料与药品　蛋白胨、乳糖、磷酸氢二钾、伊红 Y、亚甲蓝、胰蛋白胨、亚硫酸铋、硫酸亚铁、磷酸氢二钠、葡萄糖、胆盐、胨、氯化钠、琼脂等。

（2）器材及其他　高压蒸汽灭菌锅、天平、吸管、试管、烧杯、量筒、三角瓶、试管架、电磁炉、称量纸、玻璃棒、记号笔等。

四、方法步骤

1. 伊红亚甲蓝琼脂培养基

（1）称量　按附录三伊红亚甲蓝琼脂培养基配方称取蛋白胨、磷酸氢二钾，共置于烧杯中。

（2）溶解　先加水适量，再加热使其溶解。

（3）调 pH　用 1mol/L NaOH 或 1mol/L HCl 调溶液的 pH 至 7.2。

（4）融化琼脂　按 2%的量称取并加入琼脂粉，继续加热至琼脂完全溶解，补足因加热蒸发失去的水分。

（5）分装与包扎　根据需要趁热分装于三角瓶中，并包扎好。

（6）灭菌　115℃灭菌 30min，无菌检查后备用。

（7）乳糖、伊红和亚甲蓝的加入　临用时加入乳糖并加热融化琼脂，冷却至 50～55℃，按每 100mL 培养基加入 2mL 2%伊红溶液和 1.3mL 0.5%亚甲蓝溶液。

2. 麦康凯琼脂

（1）称量　按附录三麦康凯培养基称取蛋白胨、胆盐和氯化钠，共置于烧杯中。

（2）溶解　先加水适量，使各物质溶解。

（3）调 pH　用 1mol/L NaOH 或 1mol/L HCl 调溶液的 pH 至 7.2。

（4）融化琼脂　将琼脂加入 600mL 蒸馏水中，加热溶解后与上述溶液混合，并补足水分。

（5）分装与包扎　根据需要趁热分装于三角瓶中，并包扎好。

（6）灭菌　115℃高压灭菌 30min 备用。

（7）乳糖、结晶紫、中性红的加入　临用时加热溶化琼脂，趁热加入乳糖，冷至 50～55℃时，按每 100mL 培养基加入 1mL 0.01%结晶紫溶液和 0.5mL 0.5%中性红水溶液，摇匀后倾注平板。

注：结晶紫及中性红水溶液配好后须经高压灭菌。

3. 亚硫酸铋培养基

（1）称量　按附录三亚硫酸铋培养基称取蛋白胨、牛肉膏、葡萄糖、硫酸亚铁、磷酸氢二钠，共置于烧杯中；称取柠檬酸铋铵和亚硫酸钠置于另一烧杯中。

（2）溶解　两个烧杯中均加水适量，使各物质溶解。

（3）融化琼脂　按 2%的量称取琼脂粉，并用适量水加热至琼脂完全溶解后冷却至 80℃。

（4）煌绿的加入　将上述三液合并，并补充水至 1000mL，并用 1mol/L NaOH 或 1mol/L HCl 调 pH 至 7.2～7.7，加 0.5%煌绿水溶液 5mL，摇匀，冷却至 50～55℃，倾注平板。

注：此培养基不需要高压灭菌。制备过程不宜过分加热，以免降低其选择性。应在临用前一天制备，储存于室温下暗处，超过 48h 不宜使用。

第四章

消毒、灭菌与除菌技术

在微生物学工作中，对接种室和培养室进行消毒，对培养基和器皿彻底灭菌是防止杂菌污染、确保工作顺利进行的基本技术之一，也是保证科研和生产正常进行的关键措施。所谓消毒，是指采用物理或化学方法杀死物体表面和内部的有害微生物，是一种常用的卫生措施。所谓灭菌，是指用物理或化学方法杀灭物体上所有的微生物，故经过灭菌后的物体是无菌的。

目前，消毒与灭菌的方法很多，有加热法、过滤法、紫外线辐射法、化学药剂处理法等。人们可根据微生物特点、待处理材料特性、实验目的和要求选择消毒和灭菌的具体方法。

此外，在微生物学实验和实际生产中，也常常用到除菌，除菌是用机械方法（如过滤、离心分离、静电吸附等），除去液体或气体中的微生物，从而达到无菌净化的目的。

实验一　加热及紫外线消毒与灭菌

一、目的要求

了解加热及紫外线消毒与灭菌的原理，掌握其操作方法。

二、实验说明

加热可使菌体蛋白变性、酶失活，从而达到灭菌的目的。加热灭菌可分为干热灭菌和湿热灭菌两类。在相同温度下湿热灭菌比干热灭菌效果好，这是因为在湿热条件下蒸汽穿透力强；菌体吸收水分，蛋白质易变性；热蒸汽与较低温度的物体表面接触可凝结为水并放出潜热，这种潜热能迅速提高灭菌物体的温度。

紫外线灭菌是利用人工制造的能辐射出 254nm 波长紫外线的专用灯进行的。其灭菌作用主要导致 DNA 链上形成胸腺嘧啶二聚体和胞嘧啶水合物，阻碍 DNA 的复制。另外，空气在紫外线辐射下被氧化生成的 H_2O_2 和 O_3 也有灭菌作用。紫外线穿透能力弱，一般只用于空气和物体表面的消毒和灭菌。

三、实验器材

干燥箱、高压蒸汽灭菌锅、紫外灯、酒精灯、待灭菌的培养基和玻璃器皿等。

四、方法步骤

1. 加热消毒与灭菌

（1）干热灭菌法

① 火焰灭菌法。直接利用火焰灼烧使微生物死亡，这种方法灭菌彻底、迅速，适用于一般金属器械、试管口、三角瓶口的灭菌以及带有病原菌的一些物品或带有病原菌的动植物体的彻底灭菌废弃处理。

② 干燥加热空气灭菌法。将空气加热到 140～160℃，保持 1～3h 可杀死所有的微生物。可利用电烘箱进行，常用于一些玻璃器皿、金属及其他干燥耐热物品的灭菌。

（2）湿热灭菌法

① 煮沸灭菌法。被灭菌的物品放入水中煮沸，温度接近 100℃，保持 15～20min，可杀死微生物营养体。若要杀死芽孢，则需煮沸很长时间。本方法适用于可以浸泡在水中的物品灭菌。

② 间歇灭菌法。采用连续 3 次的常压蒸汽灭菌，以达到杀死微生物营养体和芽孢的目的。先将需灭菌的物品放在 100℃的条件下维持 30～60min，以杀死微生物的营养体。然后取出置 30℃条件下培养 1d，使芽孢萌发成营养体，次日再以同样方法处理，连续进行 3 次灭菌，可杀死所有营养体与芽孢。这种方法适用于不宜高压灭菌的物质，某些需要高压蒸汽灭菌的材料在缺少高压蒸汽灭菌设备时也可采用。

③ 巴氏消毒法（也称巴氏灭菌法）。巴斯德最先提出来的。一些食品在高温作用下会使其营养和色、香、味受到损害，因而不宜用较高的温度灭菌，可采用巴氏消毒法，即采用较低的温度处理，以达到消毒或防腐、延长保藏期的目的。消毒温度为 62～63℃，时间为 30min 或 71℃下 15min，以杀死材料中的病原菌和一部分微生物的营养体。

④ 高压蒸汽灭菌法。使用密闭的高压蒸汽灭菌锅，通过加热使容器内的水受热产生水蒸气，由于容器密闭蒸汽不能外溢，因而使蒸汽压力不断增大，蒸汽温度也

随之增高，因此可以提高杀菌力，并缩短灭菌时间。该方法是最为有效且广泛应用的灭菌方法，常用于培养基、无菌水以及耐高温的物品和不适宜干热灭菌的物品等，食品加工中也常用本法。实验室中对一般培养基和无菌水常采用 121℃，维持 20min 灭菌。如果培养基中含有不耐高温的成分，则应采用 112～115℃，维持 20min 灭菌。对蒸汽不易穿透的物质如土壤等则应提高压力并延长灭菌时间。高压蒸汽灭菌锅蒸汽压力（表压）与温度之间的关系见表 4-1。

表 4-1　高压蒸汽灭菌锅蒸汽压力（表压）与蒸汽温度的关系

蒸汽压力（表压）		蒸汽温度/℃
MPa	kg/cm²	
0.00	0.00	100
0.025	0.25	107.0
0.050	0.50	112.0
0.075	0.75	115.5
0.100	1.00	121.0
0.150	1.50	128.0
0.200	2.00	134.5

下面以手提式高压蒸汽灭菌锅为例说明其使用方法：

a. 加水。将盖打开并把内筒拿出，然后向灭菌锅内加水，使水面达到内筒底座为止。

b. 装入待灭菌物品。将内筒放入灭菌锅，然后把待灭菌物品装入内筒，不要太紧太满，并留有间隙，以利蒸汽流通。盖好盖后，将螺旋旋紧。注意要同时对称地旋紧两边螺旋，否则盖子不易盖严，造成漏气现象。

c. 加热和排气。接通电源后即可打开排气阀，继续加热，待锅内水沸腾后有大量蒸汽排出时，维持 5min，使锅内和灭菌物容器中冷空气完全排净；也可在接通电源加热后，待压力表上升至 0.025MPa 时，打开排气阀，放出锅内空气，待冷空气排净。如果排气不彻底造成表压和温度不相符，会降低灭菌效果。锅内空气排出程序与温度的关系见表 4-2。

d. 升压保压力。排气完毕后关闭排气阀使锅内压力逐渐升高，待压力升高到 0.1MPa 时，维持 20min 即可达到灭菌要求。

e. 降压与排气。维持时间达到要求后应停止加热，使其自然冷却，此时切勿急于打开排气阀。因为如果压力骤降，则会导致培养基剧烈沸腾而冲掉或污染棉塞。待压力降至接近零时，再打开排气阀。

表 4-2　空气排出程度与温度的关系

压力表读数/MPa	灭菌锅内的温度/℃			
	空气完全排出	空气排出 2/3	空气排出 1/2	未排出空气
0.035	109	100	94	72
0.070	115	109	105	90
0.105	121	115	112	100
0.140	126	121	118	109
0.175	130	126	124	115
0.210	135	130	128	121

　　f. 出锅。排气完毕后即可松开盖上螺旋打开盖子,此时可不必急于取出灭菌物品,待 15~20min 后,等锅中余热将棉塞防潮纸烘干后,再将锅内灭菌物品取出。

灭菌温度过高常对培养基造成以下不良影响:

　　a. 出现混浊和沉淀。天然培养基成分沉淀出大分子多肽聚合物;培养基中的 Ca^{2+}、Mg^{2+}、Fe^{3+}、Cu^{2+} 等阳离子与可溶性磷酸盐共热沉淀。

　　b. 营养成分破坏。当酸度较高时,淀粉、蔗糖、乳糖及琼脂易水解,pH 7.5、0.1MPa 灭菌 20min,葡萄糖破坏 20%、麦芽糖破坏 50%。若培养基中有磷酸盐,葡萄糖转变成酮糖类物质,培养液由淡黄色变为红褐色,破坏更为严重。

　　c. pH 下降。培养基高温灭菌后 pH 下降 0.2~0.3。

2. 紫外线消毒与灭菌

　　(1) 紫外灯的安装　紫外灯距离照射物体以不超过 1.2 m 为宜,每 10~15 m² 面积可设 30W 紫外灯一个。紫外线对人体有伤害作用,可严重灼烧眼结膜、损伤视神经,对皮肤也有刺激作用,所以不能在开着的紫外灯下工作。为了阻止微生物的光复活,也不宜在日光下或开着日光灯或钨丝灯的情况下进行紫外线灭菌。

　　(2) 紫外灯照射　打开紫外灯开关,照射 30min 后将灯关闭。

　　(3) 检查紫外线灭菌效果　关闭紫外灯后在不同的位置各放一套灭过菌的牛肉膏蛋白胨琼脂平板和麦芽汁琼脂平板,打开皿盖 15min,然后盖上皿盖,分别倒置 37℃恒温箱中培养 24h 和 28℃恒温箱培养 48h。若每个平板内菌落不超过 4 个,表明灭菌效果较好;若超过 4 个,则需延长照射时间或采用与化学消毒剂联合杀菌的方法,即先用喷雾器喷洒 3%~5%的石炭酸溶液,或用浸蘸 2%~3%来苏尔溶液的抹布擦洗接种室内墙壁、桌面及凳子,然后开紫外灯。

实验二　过滤除菌

一、目的要求

了解过滤除菌的原理，掌握其操作方法。

二、实验说明

过滤除菌是利用一些比细菌更小孔径的过滤介质，待滤液或气体通过时将细菌类微生物截留，而达到除菌的目的。过滤除菌适用于一些对热不稳定的液体材料（如血清、酶、毒素、疫苗、噬菌体等），也适用于各种高温灭菌易遭破坏的成分（如维生素、抗生素、氨基酸等），还适用于除去空气中的细菌及真菌类微生物。滤菌器分液体滤菌器和空气滤菌器。

三、实验器材

蔡氏滤菌器、玻璃滤菌器、滤膜滤菌器、抽滤瓶、真空泵等。

四、实验内容

1. 液体滤菌器的类型

液体滤菌器依据介质可分硅藻土滤菌器、玻璃滤菌器、素磁滤器、滤膜滤菌器、蔡氏滤菌器（图4-1）。每种滤菌器又依过滤孔径大小分成不同型号及规格。下面介绍几种常用的细菌滤器。

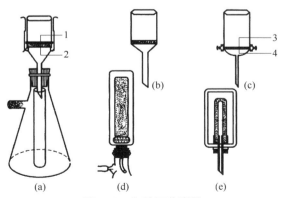

图 4-1　各种细菌滤器

（a）滤膜滤菌器；（b）玻璃滤菌器；（c）蔡氏滤菌器；（d）硅藻土滤菌器；（e）素磁滤菌器
1—纤维素滤膜；2—机械支持；3—滤板；4—机械支持

（1）滤膜滤菌器　滤膜用醋酸纤维酯和硝酸纤维酯的混合物制成，具有 0.15～10μm 不同的孔径。除菌过滤可用 0.2μm 的滤膜，大孔径的滤膜可用于澄清。

该滤器是用聚羧酸酯和聚丙烯制成的，分上、下两节，耐热，可经高压蒸汽灭菌。滤膜放在下节筛板上，然后把上节放上拧紧，使滤膜平夹在上、下两节滤器之间，两节滤器上各连接上、下导管。待过滤液自上导管注入，经滤膜由下导管流出，细菌就被截留在滤膜上。

（2）蔡氏滤菌器　由金属制成，呈漏斗状，中间嵌以石棉滤板的过滤器，分上、下两节，使用时拆开滤器，将滤板放在下节的金属网上，再加上上节，用螺栓固定，将待滤液置于滤器中抽滤。石棉滤板一般分为大孔径的 K 型，用以除去较大颗粒和杂质；较小孔径的 EK 型，用以除菌。使用蔡氏滤菌器时每次应换一块石棉板。

（3）玻璃滤菌器　外形如玻璃漏斗，其滤板是用均一的玻璃粉热压而成。国内产品按孔径大小分为 G1、G2、G3、G4、G5、G6 等型。G1～G4 型的孔径为 5～200μm，作粗滤液澄清用，G5 型的孔径为 1.5～2.5μm，可部分除菌，G6 型的孔径小于 1.5μm，作过滤除菌用。

（4）其他滤菌器　素磁滤菌器如 Chamberland 滤菌器，硅藻土滤菌器如 Berkefeld 和 Mandler 滤菌器等。它们被制成滤棒状，俗称滤烛，其缺点是滤速较慢。

2. 液体过滤除菌操作

（1）检查滤菌器　操作前应先检查滤菌器有无裂痕，玻璃滤菌器和滤烛滤菌器先用橡皮管与空压机连接，再将水放入滤菌器中，开空压机压入空气，若有大量气泡产生，表明滤菌器有裂痕不能使用。蔡氏滤菌器和滤膜滤菌器，通常不用检查。

（2）清洗　新滤菌器应用清水洗净。玻璃滤菌器待干后，于其玻璃漏斗内装满硫酸-重铬酸钾洗液，下接滤瓶，让洗液自然滴落至尽。随后加入 1mol/L NaOH 液，也任其自然滴落。此后用蒸馏水充分水洗后，再装蒸馏水，并在下面的滤瓶上接抽气机，造成负压，使蒸馏水不断通过滤板。随时补加蒸馏水，5～6 次。直至滤出蒸馏水的 pH 与加入蒸馏水的 pH 相同，此时即可晾干。

（3）灭菌　将晾干的蔡氏滤菌器（或滤烛滤菌器、玻璃滤菌器）、抽滤瓶、收集滤液的试管、三角瓶（带棉塞、镊子等）分别用纱布和牛皮纸包好。采用滤膜滤菌器时，滤膜可单独灭菌，也可装在滤菌器中进行灭菌，另外，还需准备一支 10mL 注射器，用纱布和牛皮纸将其包好。上述物品于 121℃灭菌 20min，烘干备用。

（4）组装　采用蔡氏滤菌器或滤膜滤菌器时，在超净工作台上以无菌操作用镊子取出滤膜，安放在下节滤菌器筛板上，旋转拧紧上、下节滤菌器，将滤菌器与抽滤瓶连接（滤膜滤菌器不用连接抽滤瓶），用抽滤瓶上的橡皮管与水银检压计和安全瓶上的橡皮管相连，最后将安全瓶接于真空泵上，见图 4-2。

（5）抽滤　将待过滤液注入滤菌器内，再开动真空泵，滤液收集瓶内压力逐渐减低，滤液流入收集瓶或抽滤瓶的无菌试管内，待滤液快抽完时，使安全瓶与抽滤瓶间橡皮管脱离，停止抽滤，关闭抽气装置。抽滤时一般以 0.013～0.027MPa 减压为宜。

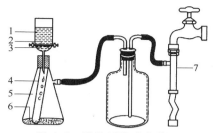

图 4-2　液体过滤除菌装置
1—待过滤液；2—石棉板；3—金属网；4—滤液接收管；5—抽滤瓶；6—棉花垫子；7—抽气装置

（6）取出滤液　在超净工作台上松动抽滤瓶口的橡皮塞，迅速将瓶中滤液倒入无菌三角瓶或无菌试管内。若抽滤瓶中已有试管，将盛有除菌滤液的试管取出，无菌操作加盖棉塞即可。若采用滤膜滤菌器，5、6 两步省略，用无菌注射器直接吸取待过滤液，在超净工作台上注入滤菌器的上导管，溶液经滤膜、下导管流入无菌试管内，过滤完毕后加盖棉塞。

（7）无菌检查　将移入无菌试管或无菌三角瓶内的除菌滤液，置 37℃温箱中培养 24h，若无菌生长，可保存备用。

（8）滤菌器使用后的处理　玻璃滤菌器和滤烛滤菌器使用后应立即用浓硫酸-硝酸钠洗涤液（相对密度为 1.84 的浓硫酸含 1%～2%硝酸钠）抽滤数分钟，再用蒸馏水抽洗，然后用 1：1 氨水溶液抽洗，以中和其酸性，最后用蒸馏水彻底抽洗。当滤菌器沾污较多蛋白质时，应在清洗前置于 pH 8.5 胰蛋白酶溶液中浸泡，37℃下消化 24h 后，再抽洗。若使用蔡氏滤菌器和滤膜滤菌器，过滤后的滤膜和滤菌器需经高压蒸汽灭菌，灭菌后将滤膜弃之，每次使用更换新的滤膜，滤菌器用流水淋洗干净。

实验三　化学药物消毒与灭菌

一、目的要求

了解常用化学药物消毒与灭菌原理，掌握其操作方法。

二、实验说明

化学药物根据其抑菌或杀死微生物的效应分为杀菌剂、消毒剂、防腐剂三类。凡杀死所有微生物及其孢子的药剂称杀菌剂；只杀死感染性病原微生物的药剂称消毒剂；而只能抑制微生物生长和繁殖的药剂称防腐剂。三者界限往往难以区分，化学药剂的效果虽与处理时间长短和菌的敏感性有关，但主要取决于药剂浓度。大多数杀菌剂在低浓度下只起抑制作用或消毒作用。常用的化学杀菌剂和消毒剂的常用浓度、用途及作用机制见表 4-3。

表 4-3　常用的化学杀菌剂和消毒剂

品名	常用浓度	用途	作用机制
甲醛	36%~40% 10%	熏蒸空气消毒（6~10mL/m³） 组织标本的固定	使蛋白质变性
石炭酸 来苏尔	3%~5% 3%~5%	室内空气、地面等喷雾消毒 浸泡用过的移液管等玻璃器皿	使蛋白质变性，破坏细胞膜
乙醇	70%~75%	皮肤或器皿表面消毒	脱水，使蛋白质变性
乳酸 苯甲酸 山梨酸 丙酸盐	80% 0.1% 0.1% 0.32%	熏蒸空气（3~5mL/m³） 食品防腐剂（抑制真菌） 食品防腐剂（抑制霉菌） 食品防腐剂（抑制霉菌）	破坏细胞膜，干扰酶活性
盐酸 石灰水	5% 1%~3%	用于玻璃器皿浸泡 粪便消毒、畜舍消毒	使蛋白质变性，破坏细胞膜，干扰酶活性
高锰酸钾 漂白粉 过氧化氢	0.1%~3% 1%~5% 3%	皮肤、水果、茶具消毒 洗刷培养室、饮水及粪便消毒 清洗伤口、饮用水消毒	使蛋白质变性
新洁尔灭	0.25% 0.1%	皮肤及器皿消毒 浸泡用过的盖玻片、载玻片	破坏细胞膜，使蛋白质变性

三、方法步骤

不同杀菌剂，有不同的用途和用法。下面介绍两种常用的空气熏蒸消毒法。

1. 甲醛熏蒸消毒法

（1）加热甲醛　按熏蒸空间计算量取甲醛溶液，盛入小烧杯或白瓷坩埚内，用铁架支好，在酒精灯内注入适量酒精。将室内各种物品准备妥当后，点燃酒精灯，关闭门窗，任甲醛溶液煮沸挥发，酒精灯最好能在甲醛蒸完后自行熄灭。

（2）氧化熏蒸　取甲醛用量一半的高锰酸钾于白瓷坩埚或玻璃烧杯内，室内准备妥当后，将甲醛溶液倒入盛有高锰酸钾的器皿内，立即关门。高锰酸钾是一种强氧化剂，当它与部分甲醛溶液作用时，由于氧化作用产生的热可使其余的甲醛溶液沸腾挥发为气体。甲醛溶液熏蒸后密闭保持 24h 以上。

甲醛熏蒸对人的眼、鼻有强烈刺激作用，在相当时间内不能入室工作。

2. 硫黄熏蒸消毒法

硫黄燃烧产生的 SO_2 遇水或水蒸气产生 H_2SO_3。SO_2 和 H_2SO_3 还原能力强，使菌体脱氧而致死，可用于接种室或培养室空气的熏蒸灭菌。硫黄用量一般为 2~3g/m³。将其放在垫有废纸或火柴棍的白瓷坩埚或烧杯内，点火燃烧，密闭 24h，硫黄燃烧前在室内墙壁、桌面、地上喷洒些水，使之产生的 H_2SO_3 杀菌力增强。为了防止对金属腐蚀，熏蒸前应将金属制品妥善处理。

检查熏蒸效果时，可在熏蒸消毒前后，于室内不同地方放置数个牛肉膏蛋白胨平板，打开皿盖 15min，然后盖上。倒置 37℃温箱培养 24h，每皿出现少于 4 个菌落表明消毒效果较好。

实验四 玻璃器皿的洗涤、包扎与灭菌

一、目的要求

掌握玻璃器皿洗涤、包扎及灭菌方法。

二、实验说明

清洁无菌的玻璃器皿是得到正确实验结果的重要条件之一。新购置的以及用过的玻璃器皿在实验前都需经过洗涤、干燥、包扎及灭菌处理，而后才能使用。

三、实验材料

干燥箱、各种玻璃器皿、棉花、纱布等。

四、方法步骤

1. 玻璃器皿的洗涤

新购置的玻璃器皿有游离碱，应先用 2% HCl 溶液或洗液浸泡数小时后，再用水冲洗干净。新的载玻片先浸入 2% HCl 溶液中和一段时间，再用水洗净，以软布擦干后浸入含有 2% HCl 溶液的 95%酒精中，保存备用。已用过的带有活菌的载玻片可先浸于 5%石炭酸溶液中 1h 消毒或将其放入锅内，加洗衣粉适量煮沸消毒，再用水冲洗干净，擦干后浸于含有 2% HCl 溶液的 95%酒精中备用。用时取出在火焰上烧去酒精即可。

常用的三角瓶、培养皿、试管、玻璃漏斗、烧杯等，可用毛刷蘸上去污粉或肥皂洗去灰尘、油垢和无机盐类等物质，然后用自来水冲洗干净。少数实验要求较高的器皿，可先放在洗液中或 2% HCl 溶液中浸泡数十分钟，再用自来水冲洗，最后用蒸馏水冲洗 2～3 次，以水在内壁均匀分布成一薄层而不出水珠时为油垢除尽的标准。洗刷干净的玻璃器皿倒置烘干或自然干燥后备用。移液管和滴管细口端朝上倒置于铝制盒内，放入 100℃干燥箱内，烘干其中水分备用。

用过的器皿应立即洗涤，放置时间过久会增加洗涤难度。染菌的玻璃器皿，应先用高压蒸汽灭菌，趁热倒出器皿内培养物，再用热水和肥皂洗刷干净，用水冲洗。带菌的移液管或滴管应立即放入盛有 5%石炭酸溶液的高筒玻璃标本缸内浸泡数小时（缸底部应垫上玻璃棉以防移液管及滴管顶端损坏），再放入洗液中浸泡数小时，用自来水冲洗后再用蒸馏水冲洗干净。

凡加过植物油等消泡剂的三角瓶或大容量培养瓶以及吸取过油的滴管，洗涤前应尽量除去油腻，可用 10%的 NaOH 溶液浸泡 0.5h 或放在 5%苏打液（NaHCO$_3$ 溶液）内煮两次，去除油污，再用洗涤灵和热水洗涤。

用矿物油封存过的斜面或液体石蜡油加盖的厌氧菌培养试管或三角瓶，洗涤前应先在水中煮沸或高压蒸汽灭菌，然后浸泡在汽油中使黏附于瓶壁上的矿物油溶解，将汽油连同溶解物倒出，待汽油自然挥发后，按新购置的玻璃器皿处理方法进行洗涤。粘有凡士林的玻璃器皿，洗涤前先用酒精或丙酮浸泡过的棉花擦去油污，然后用干布擦净后再行洗涤。

2. 玻璃器皿的包扎

移液管应在后部管口处用铁丝塞入棉花少许（长 1～1.5cm），以防将菌液吸出，同时也可避免将外面的微生物吸入。棉花要塞得松紧适宜，吹时能通气但不使棉花滑下为准。然后将移液管尖端放在 4～5cm 宽的长纸条一端呈 45°，折叠纸条包住尖端，用左手捏住管身，右手将吸管压紧，在桌面上向前滚动，以螺旋式包扎起来，上端剩余纸条折叠打结准备灭菌。也可将较多的吸管一起放入金属制圆筒中进行灭菌。培养皿先配套，每套单独或几套一起用纸包装，也可直接放入铁皮箱中盖上盖子灭菌。

试管和三角瓶装入培养基后，需在口上塞上棉塞（棉塞制作方法见图 4-3），目的是过滤空气避免污染。棉塞不易过紧或过松，塞好后以手捏棉塞提起，试管或三角瓶不脱离为准，棉塞 2/3 在管内或瓶内，上端露出管口少许，便于拔塞。也可用金属或塑料试管帽代替棉塞，直接盖在试管口上。塞好棉塞或盖好管帽后还需用防潮纸（牛皮纸）将棉塞连同管口一起包起来，可用一张防潮纸同时包扎几只试管，并用细绳捆扎，避免灭菌时冷凝水淋湿棉塞，并防止接种前培养基水分散失。在包装纸外面注明培养基名称及配制日期。三角瓶的棉塞外还应包一层纱布，再塞在瓶口上。有时为了加大通气量，可用 8 层纱布代替棉塞包在瓶口上，也可用无菌培养容器封口膜封口，既可保证良好通气、过滤除菌，又便于操作。最后再用防潮纸将其包好并用线绳捆好，准备灭菌。

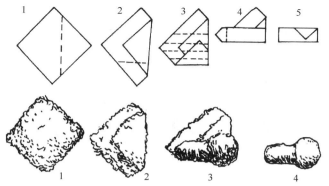

图 4-3　棉塞的制作程序

3. 玻璃器皿的灭菌

玻璃器皿的灭菌多采用干热灭菌即利用烘箱进行灭菌。先把灭菌的物品放入烘箱中，将箱内温度升到 160～170℃维持 1～2h，即可达到灭菌目的；温度超过 180℃时，玻璃器皿上的棉塞及外包纸张均会被烤焦着火。在降温时要缓缓进行，以免玻璃破裂，待温度降到 80℃时，才能打开烘箱的门，切勿过早打开。

装有培养基或水的瓶皿及其他不适宜干热灭菌的物品（如橡皮管、橡皮手套等）均可采用高压蒸汽灭菌法。

第五章
微生物的接种与分离培养技术

微生物的接种与分离培养是微生物学研究和发酵生产中一项重要的基本操作技术。

实验一　微生物的接种

一、目的要求

学习并掌握微生物的各种接种方法及无菌操作技术。

二、实验说明

接种是指将一种微生物移到另一灭过菌的新培养基中的过程。由于实验目的不同，选择的培养基不同，所用的接种方法也不同，常用的接种方法有斜面接种、液体接种、平板接种、穿刺接种等。

在接种过程中，为了确保纯种不被杂菌污染，必须采用严格的无菌操作。无菌操作是培养基经灭菌后，用经过灭菌的接种工具，在无菌的条件下接种含菌材料于培养基上的过程。

三、实验材料

1. 常用的微生物接种和分离工具

常用的微生物接种和分离工具见图 5-1。

接种针、接种环和接种钩，最早是用白金丝制作，因价格昂贵，现多用镍铬合金丝制作。

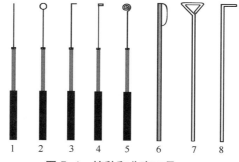

图 5-1　接种和分离工具

1—接种针；2—接种环；3—接种钩；4—接种铲；5—接种圈；6—小解剖刀；7、8—玻璃涂棒

（1）接种针　长为 8cm，呈直线状，固定在长约 20cm 的金属柄上，多用于穿刺接种。

（2）接种环　在接种针的前端，用镊子卷成一直径为 2mm 的密封圆圈，并使圆环平面与金属柄之间弯成 160°～170°，常用于斜面和平板等的接种。

（3）接种钩　取一较粗、较硬的针丝，将其前端弯成一个约 3mm 长的直角，多用于霉菌和放线菌的接种。

（4）接种圈　将接种针的前端卷起数圈成盘状，专用于从砂土管中移植菌种。

（5）玻璃涂棒　用直径 3～5mm、长约 20cm 的普通玻璃棒，在喷灯火焰上把一端变成 "L" 形或 "△" 形，再将其平面与柄之间变成 140°。涂棒多用于涂布平板进行细菌分离或活菌计数。

（6）接种铲　将接种针的末端弯曲成双折，再变成 90°，最后把里侧砸扁磨薄成刀刃，即成偏铲形，用于刮取真菌菌丝和孢子。

（7）小解剖刀　用于割取微生物在培养基中形成的厚膜。

（8）吸管　常用于液体接种及菌悬液系列稀释。

2. 菌种

大肠杆菌、枯草杆菌、金黄色葡萄球菌、酵母菌。

3. 培养基

营养肉汤、营养琼脂（斜面、平板）、豆芽汁琼脂、马铃薯蔗糖琼脂（斜面、平板）。

4. 器材及其他

恒温培养箱、接种环、酒精灯等。

四、方法步骤

接种前需用 75% 酒精或新洁尔灭擦手，操作过程中始终要保持无菌操作。由于空气中的杂菌易随灰尘落下，所以接种时打开皿盖或棉塞的时间要尽量短。试管应倾斜，且应在火焰区的无菌范围内（酒精灯火焰中心半径 5cm）操作，要熟练准确。用于接种的工具必须先经过严格灭菌，接种环可直接在火焰上充分灼烧灭菌。

1. 斜面接种

斜面接种是从已长有菌的斜面上挑取少量菌种移接到一支新鲜培养基斜面上的一种接种方法。

（1）斜面接种划线方法　斜面接种划线方法因微生物种类和要求不同，可采用不同的划线方法。

① 细菌的斜面接种划线法，见图 5-2。

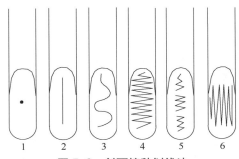

图 5-2　斜面接种划线法

1—点种；2—中央划直线；3—稀波状蜿蜒划线；4—密波状蜿蜒划线；5—分段划线；6—纵向划线

a. 点种。把菌种点种在斜面中部，利于在一定时间内暂时保藏菌种。

b. 中央划直线。自斜面下部向上划一直线，此法用于比较细菌的生长速度和观察培养特征。

c. 稀波状蜿蜒划线。易于扩散的菌种常采用此法，以免连成一片。

d. 密波状蜿蜒划线。此法能充分利用斜面，以获得大量的菌体，是细菌接种时最常用的方法。

e. 分段划线。将斜面分成上下 3～4 段，先接种第 1 段，然后在第 2～3 段划线接种前，先灼烧接种环灭菌，待冷却后蘸取第一段接种处再行划线，以分得单个菌落。

f. 纵向划线。此法便于快速划线接种。

g. 固定原菌种斜面。适用于大量的接种操作，将原菌种斜面试管固定在铁架上，拔去棉塞（如接种后仍需保留此菌种试管，则将拔下的棉塞放在无菌的培养皿内盖好），管口用火焰封住，然后接种，这样左手每次可拿两支待接种斜面试管，利于加快接种速度。

② 放线菌斜面接种划线法。方法同细菌接种。

③ 酵母菌斜面接种划线法。常用点种，即把菌种点接在斜面中部，作暂时保藏

用；也常用中央划线接种，用以观察菌的培养特征。

④ 霉菌斜面接种划线法。常用点接法，点接在斜面的中部偏下方处；对于食用菌类的真菌，常用挖块接种法，挖取菌丝体连同少量琼脂培养基，再移接到斜面培养基上。

（2）操作步骤

① 将菌种管和斜面握在左手大拇指和其它四指之间，使斜面和有菌种的一面向上，并处于水平位置。

② 先将菌种和斜面的棉塞旋转一下，以便接种时利于拔出。

③ 右手拿接种环（如握钢笔一样），在火焰上先将环端烧红灭菌，然后将有可能伸入试管其余部位也过火焰灭菌［图5-3（a）］。

④ 用右手的无名指、小指和手掌将菌种管和待接斜面试管的棉花塞或试管帽同时拔出［图5-3（b）］并把棉塞握住，不得放在桌面与其他物品接触，然后让试管口缓缓过火焰灭菌（切勿烧过烫）。

⑤ 将灼烧过的接种环伸入菌种管内，使接种环在试管内壁或未长菌苔的培养基上接触一下，让其充分冷却，然后轻轻刮取少许菌苔，再从菌种管内抽出接种环。

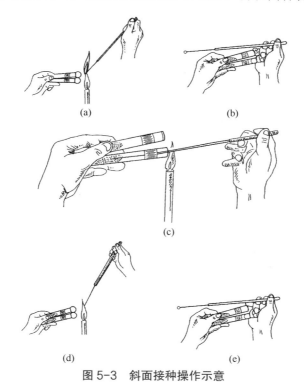

图5-3　斜面接种操作示意

⑥ 迅速将粘有菌种的接种环伸入待接种斜面试管内，自斜面底部向上划线，使菌体黏附在培养基斜面上。划线时环要平放，勿用力过大，否则会划破培养基表面[图5-3（c）]。

⑦ 划线完毕后将接种环抽出，灼烧管口，塞上棉塞。塞棉塞时勿用试管口去迎棉塞，以免试管在移动时侵入杂菌[图5-3（d）]。

⑧ 接种环放回原位前，要经火焰灼烧灭菌，同时须将试管的棉塞做进一步塞紧以免脱落，最后将其放在试管架上[图5-3（e）]。

2. 液体接种

液体接种是用移液管、滴管或接种环等工具，将菌体移接到试管、三角瓶等容器中的液体培养基中的一种接种方法。

① 由斜面菌种接入液体培养基操作方法基本与前面相同，但应使液体培养基试管或三角瓶口略向上以免培养液流出。接入菌体时，应使接种环与管内壁轻轻研磨，将菌体擦下，接种后塞好棉塞，将试管在手掌中轻轻敲打，三角瓶也应充分摇匀，使菌体充分分散。

② 由液体菌种接种液体培养基，接种除用接种环外，还常用无菌吸管及滴管接种，只需在火焰旁拔去棉塞，将管口通过火焰，用无菌吸管吸取菌液注入培养液内摇匀；也可直接把液体培养液摇匀后倒入液体培养基中，如图5-4所示。

3. 平板接种

平板接种是指在平板培养基上点接、划线或涂布接种。

（1）点接 用接种针从原菌种斜面上挑取少量菌苔，点接到平板的不同位置上。对于霉菌可先在其斜面内注入少量无菌水，用接种环将孢子挑起制成孢子悬液，然后用接种环点接到平板培养基上。

（2）划线接种 见本章实验二中的平板划线分离法。

（3）涂布接种 用无菌吸管吸取菌液注入平板后，用灭菌的涂棒在下板表面作均匀涂布。如图5-5所示。

图 5-4 液体培养物接种液体培养基时的接种方法

图 5-5 涂布接种法

4. 穿刺接种

穿刺接种是把菌种接种到固体或半固体深层琼脂培养基中的接种方法。该方法常用于保藏菌种或检查细菌运动能力及观察菌种的生理性能。穿刺培养只适用于细菌和酵母菌。其操作方法是用笔直的接种针，从原菌种斜面上挑取少量菌苔，沿水平方向从柱状培养基中刺入，或先将待接种柱状培养基试管口垂直朝下，然后从柱状培养基下方向上刺入，勿穿到管底，然后沿原穿刺途径慢慢抽出接种针，如图 5-6 所示。

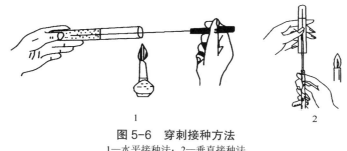

图 5-6　穿刺接种方法
1—水平接种法；2—垂直接种法

实验二　微生物的分离纯化方法

一、目的要求

学习并掌握微生物的分离纯化方法。

二、实验说明

自然界中的微生物几乎都是杂居在一起的。在生产和科学研究中，当我们希望获得某一种微生物时，就必须从混杂的微生物中把它分离出来，以得到只含有这一种微生物的纯培养物，这种获得纯培养物的方法，称为微生物的分离与纯化。所谓纯培养（纯种）是指一株菌种或一个培养物中所有的细胞或孢子都是由一个细胞分裂、繁殖而产生的后代。

在分离纯化微生物菌种时，除应考虑欲分离微生物的营养或培养特点外，还应考虑其它培养条件，如温度、需氧或厌氧等。

微生物分离纯化的方法，有稀释倾注平板分离法、稀释涂布平板分离法、平板划线分离法、单细胞分离法等多种，在此重点介绍生产实践中常用的微生物分离与纯化方法。

三、实验材料

（1）样品　土样（或污染的菌种、食品、污水、成熟葡萄皮等）、大肠杆菌与金黄色葡萄球菌混合菌液。

（2）培养基　营养琼脂培养基、马丁培养基、高氏1号培养基、马铃薯葡萄糖琼脂培养基。

（3）器材及其他　装9mL无菌水的试管、装90mL无菌水及玻璃珠的三角瓶、无菌玻璃涂棒、1mL无菌吸管、接种环、链霉素等。

四、方法步骤

1. 稀释倾注平板分离法

通过不断稀释使样品中的微生物分散到最低限度，然后吸取一定量稀释液注入到无菌培养皿与适宜温度中融化了的培养基混合，待琼脂冷凝后，分散的微生物细胞个体就被固定在原处而经过培养之后形成菌落。

（1）细菌的分离

① 土壤稀释液的制备。称取土样10g，放入盛90mL无菌水三角瓶中，振荡15～20min，使微生物细胞分散，静止20～30s，即成10^{-1}的土壤悬液。另取装有9mL无菌水的试管，编号为10^{-2}、10^{-3}、10^{-4}、10^{-5}、10^{-6}、10^{-7}，用无菌吸管吸取10^{-1}土壤悬液1mL，加入编号10^{-2}的无菌试管中，吹吸三次，使之混合均匀，即成10^{-2}的土壤稀释液。每次一定要更换一支无菌吸管（连续稀释）。同法依次分别稀释成10^{-3}、10^{-4}、10^{-5}和10^{-6}等一系列稀释度菌悬液（图5-7）。

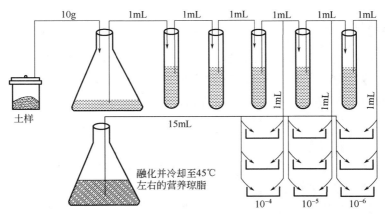

图 5-7　稀释倾注平板法分离细菌操作示意

② 平板倾注。将无菌培养皿编上 10^{-4}、10^{-5}、10^{-6} 号码，每一号码设三个重复。用 1mL 无菌吸管按无菌操作要求吸 10^{-6} 稀释液 3 个 1mL，分别放入编号 10^{-6} 的三个培养皿中。同法吸取 10^{-5}、10^{-4} 稀释液各 3 个 1mL，分别放入相应编号的三个培养皿中。然后在 9 个培养皿中分别倒入 15mL 已融化并且冷却至 45℃左右的营养琼脂培养基，加盖后轻轻摇动培养皿，使培养基均匀分布，平置于桌面上，待凝固后即成平板，整个操作过程应严格按照无菌操作。

③ 培养与移植。待平板完全冷凝后，将平板倒置 37℃恒温箱中培养 24～48h，检查分离结果。将培养后长出的单个菌落分别挑取接种到营养琼脂培养基的斜面上，然后置于 37℃恒温箱中培养，待菌苔长出后，检查菌苔是否单纯；也可用显微镜涂片染色检查是否是单一的微生物。若有其它杂菌混杂，就再一次进行分离、纯化，直至获得纯培养。

（2）放线菌的分离　由于放线菌在培养基上蔓延生长不如真菌快，其繁殖速度又比细菌慢，故分离这类微生物时要特别注意防止细菌和霉菌的蔓延，以免妨碍放线菌的生长。为了保证放线菌的优势生长，可对样品做如下处理：①为了除去部分细菌，可先将土壤进行风干。因为细菌营养体遇干燥环境容易死亡，而放线菌比细菌的抗干燥能力强。风干的土壤与少量 $CaCO_3$ 混合，于 28℃培养数天，更能进一步减少细菌和增加放线菌的数量。②选用的土壤稀释度要根据放线菌的多少来决定，可用 10^{-3}、10^{-4} 或其它稀释度。在所选用的稀释液中加入 100g/L 酚 10 滴，充分混匀，可进一步抑制细菌和霉菌的生长。

一般放线菌生长的适宜温度为 25～28℃，培养 5～7d，培养基为高氏 1 号培养基。具体操作过程见"细菌的分离"。

（3）霉菌的分离　大多数霉菌为好氧微生物，必须有充足的氧气才能很好地生长。霉菌能耐受偏酸性环境，所以一般分离霉菌时取偏酸性、含有机质较丰富的接近表层的土壤，特别是森林土壤中含有较多霉菌。如果用特定的材料为培养基分离霉菌，经培养后，长出的菌种可能较为单一。比如用新鲜的橘皮保温培养，容易长出青霉。

分离方法具体操作过程见"细菌的分离"，只是将稀释度向前移 2 位数，即 10^{-4}。采用马丁琼脂培养基，在培养基中加 1/3000 孟加拉红水溶液，使用时每 10mL 培养基再加 0.03%链霉素溶液 1mL（含链霉素 30μg/mL），用来抑制细菌和放线菌生长。制成平板后，于 28～30℃下培养 3～5d，待菌落长出后，检查结果。

2. 稀释涂布平板分离法

此法与稀释倾注平板分离法基本相同，无菌操作也一样，所不同的是先将营养琼脂培养基、高氏 1 号培养基、马丁培养基融化，在火焰旁注入培养皿，摇匀后制成平板，然后用三支 1mL 无菌吸管分别由 10^{-4}、10^{-5}、10^{-6} 三管土壤稀释液中各吸取 0.2mL 对号放入已写好稀释度的平板中，用无菌玻璃涂棒在培养基表面轻轻地涂布均匀，然后分别倒置于 28℃和 37℃恒温箱中培养后，再挑取单个菌落，直至获得纯培养。

3. 平板划线分离法

平板划线分离法是用接种环在平板培养基表面通过分区划线而达到分离微生物的一种方法。其原理是将微生物样品在固体培养基表面多次作"由点到线"稀释而达到分离的目的。平板划线方法很多（图 5-8）。

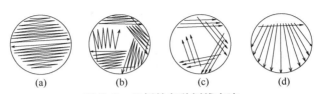

图 5-8　平板的各种划线方法

（a）连续划线法；（b）（c）分区或分段划线法；（d）扇形划线法

① 倒平板。融化牛肉膏蛋白胨琼脂培养基倒平板，水平静置待凝。

② 在酒精灯火焰上灼烧接种环，待冷，取一接种环金黄色葡萄球菌、大肠杆菌混合菌液。

③ 左手握琼脂平板稍抬起皿盖，同时靠近火焰周围，右手持接种环伸入皿内，在平板上一个区域作"之"形来回划线［图 5-8（a）（b）］或一些平行线［图 5-8（c）］，划线时使接种环与平板表面呈 30°～40°轻轻接触，以腕力在表面作轻快的滑动，勿使平板表面划破或嵌进培养基内（图 5-9）。

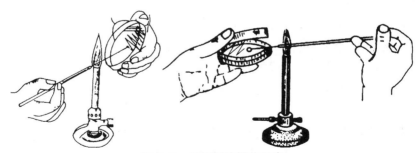

图 5-9　平板划线操作示意

④ 灼烧接种环，以杀灭接种环上残余的菌液，待冷却后，再将接种环伸入皿内，在第一区域划过线的地方稍接触一下后，转动 90°，在第二区域继续划线。

⑤ 划毕后再灼烧接种环，冷却后用同样方法在其他区域划线。

⑥ 全部划线完毕后，在平皿底用特种蜡笔注明样品名称、日期等。将培养皿倒置 37℃恒温箱培养。

实验三　微生物的培养方法

一、目的要求

学习并掌握微生物的好氧培养法与厌氧培养法。

二、实验说明

微生物的培养方法，按其不同的呼吸类型，主要分为好氧培养法和厌氧培养法。

好氧培养法用于好氧性微生物（大多数细菌、放线菌、霉菌）的培养，原因是好氧性微生物需要从空气中获得氧气进行有氧呼吸，才能正常生长繁殖。因此，在对其进行培养时需要不断供给足够的氧气。

厌氧培养法用于厌氧性微生物（如梭菌和产甲烷细菌等）的培养，原因是厌氧性微生物在有氧时很难生长，甚至导致死亡。因此，对其进行培养时要设法除去培养基和环境中的氧，降低氧化还原电势，以保证其正常生长繁殖。常用的厌氧培养法可分为在培养基内造成缺氧条件和造成无氧的培养环境两大类。

三、方法步骤

1. 好氧培养法

（1）固体培养法　为了尽量得到充足的氧气，可把好氧性微生物接种在固体培养基的表面进行培养，如斜面和平板的表面等。此外，固体培养法还有以下几种：

① 载片培养法。

a. 取直径 7cm 滤纸 1 张，铺于培养皿底部，在滤纸上放一根"U"形玻璃棒，其上平放一个洁净的载玻片和两片盖玻片，盖好皿盖，干热灭菌后备用。

b. 将固体培养基融化，倒入另一无菌培养皿中制成约 2mm 厚的平板，凝固后用无菌刀切成 1cm³ 的方块，置载玻片上左右各一块。

c. 用接种针将霉菌孢子接种在琼脂块四周，然后盖上盖玻片并将琼脂块压紧。为防止在培养过程中琼脂块干燥，需向滤纸上添加 2～3mL 无菌水，保湿培养，可在不同时间取出，直接用低倍镜观察。

② 插片培养法。

a. 融化固体培养基，待冷却至 50℃时倒平板，凝固后用接种环挑取培养物在平板上划线接种。

b. 用无菌镊子取无菌盖玻片以 45° 斜插入紧靠接种物处，便于菌体沿盖玻片生长，放入培养箱中培养。

c. 培养结束后，取出盖玻片，将背面用擦镜纸擦净，放在载玻片上直接用低倍镜观察基内菌丝及气生菌丝；也可在载玻片上滴一滴 0.1%的亚甲蓝水溶液，再将插片放上，使菌丝着色后看得更清楚，用高倍镜观察孢子结构。

③ 透析膜培养法。其有以下两种方法：

a. 取 1～1.5cm² 的透析膜 6～8 片，浸泡于培养液内，取出后放入平皿中，常压灭菌后备用。接种时用无菌镊子取出，平铺在无菌培养皿内，每块透析膜上点接一种微生物，盖上皿盖放入培养箱中培养。

b. 将几小片透析膜浸入短试管中，高压蒸汽灭菌后用无菌镊子取出平铺于琼脂平板上，点接微生物，培养。透析膜培养过程中，可更换培养基，也可在培养过程中加入某些试验物质，还可以随时将透析膜上的菌体取出观察。

④ 培养瓶培养法。为了能很好地适应好氧菌的繁殖，以取得大量的菌体或孢子，使用琼脂固体培养基时，可采用各种长方形或扁平的培养瓶。酿造厂做种曲时，为了装料、灭菌、接种、清洗等方便，常采用三角瓶进行培养。

⑤ 盘曲、帘子曲培养法。这是我国传统酿造业早期使用的方法，现在一些小厂仍然使用。制造盘曲的盘子可用竹子或木板制成，做帘子曲用的帘子，一般用竹子、柳条、芦苇等材料编结而成，以便卷在一起蒸汽灭菌。曲架用毛竹或木材制作，为多层结构。

⑥ 厚层通风培养法。采用专门设计的制曲池，并利用鼓风机强制通风。通风目的一是供给微生物生长所需 O_2，二是带走微生物发酵产生的 CO_2 和热量，降低品温。由于曲层厚度比帘子曲增加 20 倍左右，所以生产效果得到很大提高。

（2）液体培养法　将微生物接种到液体培养基中进行培养的方法，叫作液体培养法。该方法可分为静置培养法和通气深层培养法两类。

① 静置培养法。指接种后的培养液静置不动。常用的有试管法和三角瓶浅层培养法。

② 通气深层培养法。

a. 振荡（摇瓶）培养法。该方法是对微生物进行通气深层培养的有效方法。对细菌、酵母菌等单细胞微生物进行振荡培养，可获得均一的细胞悬液。而对霉菌等丝状真菌进行振荡培养时，可得到纤维糊状培养物，如滤纸在水中呈泡散状，称为纸浆生长。如振荡不充分，培养物黏度又高，则会形成许多小球状菌团，称为颗粒状生长。

振荡培养的设备是摇瓶机，有旋转式和往复式两种。摇瓶机上放置培养瓶，瓶内装液体培养基，瓶口包扎 6～8 层纱布，装量不宜过多，以防止摇动时液体溅到瓶口纱布上，引起污染。该方法广泛用于菌种的筛选以及进行生理、生化和发酵等试验中。

b. 发酵罐培养法。在实验中进行较大量液体通气培养时，可采用小型发酵罐，容量一般在 10~100L。该设备带有多种自动控制和记录装置，能够供给所培养微生物营养物质和氧气，使微生物均匀生长繁殖，产生大量微生物细胞或代谢产物，并可在实验过程中得到有关数据。生产中使用的发酵罐容量在 1~500m³。

2. 厌氧培养法

（1）在培养基内造成缺氧条件

① 高层琼脂柱法。这是一种最简单的方法，即把含有 1%葡萄糖的琼脂培养基装入试管内达管高的 2/3，穿刺接种至琼脂底部，培养时厌氧菌在底部旺盛生长，愈接近表面生长愈差。也可先将琼脂柱融化，待冷却至 45℃左右，用无菌吸管取适量菌悬液接种，然后立即用两手掌搓动试管使之混匀，随即放入冷水中使其凝固。经培养后在管内深处有菌落出现。

② 凡士林隔绝空气法。将液体培养基装入试管内达 1/2 量，灭菌后再放入沸水中煮沸 5min，排出培养基内的氧气，取少许无菌融化凡士林倾注在培养基表面并迅速冷却，使培养基与空气隔绝。接种时，在火焰上将试管上部凡士林融化，然后用无菌毛细管接入菌液。由于产气厌氧菌可产生气体会将凡士林冲破，所以不宜采用此法。

③ 吸氧培养法。主要有以下两种方法：

a. 添加还原剂吸氧法。在营养琼脂培养基中加入 1%~2%葡萄糖或其他还原剂，如 0.1%抗坏血酸等，培养基经贮存后在使用前应在沸水中煮沸 5~10min，除去溶入的氧气。

b. 疱肉培养基法。疱肉培养基法在对厌氧菌进行液体培养时常采用。将精瘦牛肉或猪肉经处理后配成疱肉培养基，其中既含有易被氧化的不饱和脂肪酸（能吸收氧），又含有谷胱甘肽（glutathione）等还原性物质（可形成负氧化还原电势差），最后将培养基煮沸驱氧及用灭菌的石蜡凡士林（1：1）封闭液面。这种方法是保藏厌氧菌，特别是厌氧芽孢菌的一种简单可行的方法。若操作得当，严格厌氧菌都可获得生长。接种时将盖在培养基液面的石蜡凡士林于火焰上微微加热，使其边缘融化，再用接种环将石蜡凡士林块拨成斜立或直立在液面上，然后用接种环或无菌滴管接种，接种后再将液面上的石蜡凡士林块在火焰上加热使其融化，然后将试管直立静置，使石蜡凡士林凝固并密封培养基液面。

放置了一段时间的疱肉培养基试管，接种时应先置沸水浴中加热 10min，除去溶入的氧，而刚灭菌完的新鲜疱肉培养基可先接种后再用石蜡凡士林封闭液面。对于一般的厌氧菌，接种的疱肉培养基可直接放在温箱里培养。而对于一些严格厌氧菌，接种的疱肉培养基应先放在厌氧罐中，再送温箱培养。

（2）造成无氧的培养环境

① 吸收氧气法。主要有以下五种方法：

a. 黄磷法。在可密封的玻璃容器底部放少量水,上放搁板一块,把接种完的培养皿或斜面试管用纸包好放于搁板上。在容器的上部放一装有碳酸钙的无菌培养皿,把黄磷放在里面,用烧红的接种针接触黄磷使其燃烧,马上密封容器。黄磷燃烧吸收氧气,使容器内呈无氧环境,生成的氧化磷被下面的水吸收,黄磷用量为每升容积1g。

　　b. 布赫内氏法(Buchner法)。该法利用焦性没食子酸在碱性条件下与氧结合,生成焦性没食子素而吸收容器中的氧气,进行试管培养时可直接用Buchner管进行。该管是一种厚壁玻璃管,下端收缩,使装入的培养试管不能到达底部,管口有橡皮塞。在管底部加入少许焦性没食子酸,然后加入NaOH溶液,立刻用橡皮塞封住管口,即可进行培养。当培养物较多时,可用干燥器代替Buchner管进行。焦性没食子酸和NaOH的用量是每100mL的空间用1g焦性没食子酸及20%NaOH溶液5mL。

　　c. 厌氧袋法。厌氧袋是一种由不透气的无毒特种复合塑料薄膜制成的产品,袋内装有一套厌氧环境形成装置,包括产气系统、催化系统、指示系统和吸湿系统。其主要原理是利用硼氢化钠($NaBH_4$)或硼氢化钾(KBH_4)与水反应产生H_2,在钯的催化下H_2与袋内的O_2结合生成水,从而建立起无氧环境。厌氧袋内可放置3个平板进行厌氧培养。

　　d. 厌氧箱法。厌氧箱是利用通入的H_2在箱内钯催化下与O_2结合生成水,而达到除去箱内氧的目的。厌氧箱分为操作室和交换室两部分,箱内配有一对套袖及胶皮手套供操作用。操作室内有钢丝网分别装有钯粒和干燥剂,它们与电风扇组装在一起,箱内的气体可不断通过钯粒和干燥剂除去操作室内的氧及所形成的水分。操作室内还备有接种针及对其灭菌的电热器。有的操作室内还装有培养箱、显微镜。交换室用于操作室外物品的进出,它与真空泵及气钢瓶相连,可通入N_2或CO_2,通入的H_2应及时补充,维持在5%左右。

　　e. 厌氧罐法。厌氧罐的类型很多,一般都有一个聚碳酸酯制成的透明罐体。上有一可用螺旋夹紧密、夹牢的罐盖,盖内的中央有一不锈钢丝织成的网袋,内放钯催化剂,罐内还放一含亚甲蓝的氧化还原指示剂。使用时先放待培养物,一般可放10个培养皿或液体培养试管,然后将H_2-CO_2产气袋口剪开一角并加适量水后,即会自动放出足够的H_2和CO_2,在钯催化剂的作用下H_2与罐内的O_2结合生成水,从而形成无氧环境,这时指示剂亚甲蓝被还原成无色。

　　② 除氧气法(Hungate厌氧技术)。这是一种严格厌氧技术,其主要原理是利用除氧铜柱制备高纯氮,并用以驱除小环境中的空气,使培养基的配制、分装、灭菌,以及菌悬液的稀释、接种、培养、分离、移种和保藏等操作过程始终处于高度无氧条件,从而保证严格厌氧菌的存活及生长。

　　a. 铜柱除氧系统。由气瓶出来的N_2、CO_2和H_2等,都含有微量O_2。当这些气体通过约35℃的铜柱时,铜与微量O_2反应生成CuO,铜柱由黄色变为黑色。如氧

化状的铜柱通入 H_2，氢与氧化铜中的氧结合生成水，氧化铜被还原为铜，铜柱又呈黄色，这样铜可反复使用，达到除氧目的。H_2 源可用氢气发生器。

b. 预还原培养基制备。制作预还原培养基时采取煮沸驱氧，停止加热前在装培养基的细口圆底烧瓶内插入除 O_2 的通 N_2 针头，培养基内加入的氧化还原电势指示剂——刃天青，从蓝到红直至变成无色，然后加入半胱氨酸，调节 pH。将驱氧的 N_2 长针头插入待分装的螺口厌氧试管或厌氧瓶中，驱 O_2 后用注射器在无氧条件下分装培养基入内，加胶塞及螺盖，灭菌备用。

c. 滚管。接种前将盛有融化的灭菌过的预还原琼脂培养基试管放置 46～50℃ 恒温水浴中，取出后用无菌注射器加入适当稀释的菌悬液，然后将其平放于盛有冰块的盘中或滚管机上迅速滚动，使含菌的培养基布满并凝固于试管的内表面，经培养后试管内表面可长出单菌落。移种挑取菌落时，需用支架固定待挑取菌落的试管，去掉试管胶塞的同时，将火焰灭过菌的 N_2 长针头迅速插入管内，将另一无菌的厌氧培养液试管胶塞去掉，迅速插入另一灭菌过的 N_2 针头，将挑菌落的弯头毛细管的粗口端接一约 60cm 长的乳胶管，将毛细管插入试管内，对准待取菌落轻轻吸取，然后转移至液体试管内，加塞后培养。

厌氧袋法、厌氧箱法、厌氧罐法和 Hungate 技术已成为研究厌氧菌最有效的操作技术。

在实验中，用液体培养厌氧菌时，一般采用加入有机还原剂（如巯基乙酸、半胱氨酸、维生素 C 或疱肉等）或无机还原剂（铁丝等）的深层液体培养基，并在其上封以凡士林-石蜡层，如果能将其放入厌氧罐或厌氧箱中培养，则效果更好。

生产中进行厌氧固体培养的例子不多。在传统白酒生产中，利用缸、池、窖进行密封的固体发酵，虽然其中的酵母菌是兼性厌氧菌，但也可以看作是厌氧固体发酵。

厌氧菌大规模的液体培养装置在食品工业中还没有，对于兼性厌氧的酵母菌的大规模培养装置，在啤酒酿造业上已很常见，发酵罐的容量从几十吨到几百吨。

实验四　微生物的培养特征观察

一、目的要求

学习并掌握微生物培养特征的观察方法。

二、实验说明

培养特征是指微生物接种在培养基上经过培养后，所表现出的群体形态和生长情况。它包括菌落（菌落指个体微生物在固体培养基上生长繁殖，形成肉眼可见的群落）特征、斜面培养特征、液体培养时的生长特征、半固体和明胶穿刺培养特征等，是人认识微生物和对微生物进行分类的重要依据。

三、方法步骤

1. 细菌培养特征的观察

（1）细菌在固体培养基上的生长表现

① 细菌在琼脂平板上的生长表现。主要观察细菌在琼脂平板上形成的菌落特征（图 5-10）。

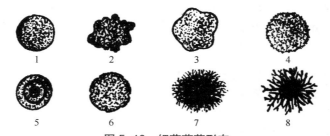

图 5-10 细菌菌落形态

1—圆形、边缘整齐、表面光滑；2—不规则状；3—边缘波浪状；4—边缘锯齿状；
5—同心环状；6—边缘缺刻状、表面呈颗粒状；7—丝状；8—假根状

菌落的观察通常用肉眼或放大镜，必要时也可用低倍显微镜进行。观察的内容主要包括：

a. 大小。以菌落的直径为多少毫米表示。

b. 形状。斑点状（直径在 1mm 以下）、圆形、不规则状、放射状、卷发状、根状等。

c. 表面。光滑、皱、颗粒状、同心环状、辐射状、龟裂状等。

d. 边缘。光滑整齐、锯齿状、波状、有裂叶片、有缘毛、多枝等。

e. 隆起形状。扩展、凸起、中凹台状、台状等。

f. 透明程度。透明、半透明、不透明。

g. 颜色。黄色、乳白色、乳黄色等。

若是鲜血琼脂平板，还应看其是否溶血，溶血情况怎样。

② 细菌在琼脂斜面上的生长表现。主要观察斜面中央划直线接种菌苔（多个菌

落连在一起即形成片状）特征（图 5-11）。

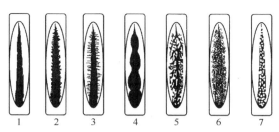

图 5-11　细菌斜面培养特征
1—丝状；2—有小突起；3—有小刺；4—念珠状；5—假根状；6—树状；7—散点状

观察的内容主要包括：

a. 生长。不生长、微弱生长、中等生长、旺盛生长。

b. 形状。丝状、有小突起、有小刺、念珠状、扩展状、假根状、树状等。

c. 表面。光滑、不平、皱褶、瘤状突起。

d. 颜色。菌苔颜色（即非水溶性色素）、培养基颜色（即水溶性色素）。

e. 透明程度。透明、不透明、半透明。

（2）细菌在液体培养基中的生长表现　主要观察其表面性状（有无菌膜或菌环）、混浊程度、沉淀情况、有无气泡和颜色等（图 5-12）。

（3）细菌在半固体培养基中穿刺培养的生长表现　主要观察细菌穿刺接种后的生长表现（图 5-13），借以判断所培养细菌有无鞭毛。因为没有鞭毛不能运动的细菌，只能沿穿刺线生长，而有鞭毛能运动的细菌则向四周扩散生长。不同细菌的运动扩散形状是不同的，借此可以鉴别细菌。

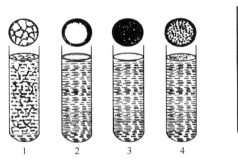

图 5-12　细菌液体培养特征
1—絮状；2—环状；3—浮膜状；4—沉淀

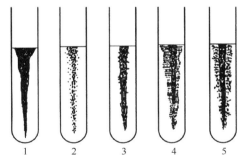

图 5-13　细菌半固体琼脂柱穿刺培养
1—线状；2—棘状；3—珠状；4—绒毛状；5—根状

（4）细菌在明胶柱中穿刺培养的生长表现　细菌若能在明胶培养基中生长繁殖，则说明它能产生明胶酶（即蛋白酶）水解明胶。明胶被水解后会形成一定形状的溶解区，如图 5-14 所示。

2. 真菌培养特征的观察

（1）酵母菌培养特征

① 酵母菌在固体培养基中的生长表现。主要观察酵母菌在固体培养基上所形成的菌落特征。不同酵母菌在特定固体培养基中，于特定条件下培养后，所呈现的菌落的形状、大小、颜色、纹饰以及组成等不同，这些特征为酵母菌的分类鉴定工作提供了依据。

酵母菌在固体培养上形成光滑湿润的菌落，常带黏性，呈白色或粉红色等，一般比细菌菌落大而厚。

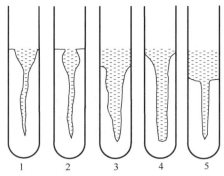

图 5-14　细菌明胶柱穿刺培养
1—杯状（火山口状）；2—漏斗状；3—萝卜状；
4—囊状；5—层状

② 酵母菌在液体培养基中的生长表现。有的酵母菌增殖之后浮游于液体的上层（上面酵母），有的酵母菌增殖之后沉降于底层（下面酵母）。

（2）丝状真菌（霉菌）培养特征　霉菌在固体培养中的生长表现，主要观察其形成的菌落特征。不同霉菌在特定固体培养基中，于特定条件下培养后，所呈现的菌落形状、大小、色泽和结构等不同，这为霉菌的分类鉴定工作提供了重要依据。

霉菌菌落可呈绒毛状、毡状、棉絮状、羊毛状、束状、绳索状、粉粒状等；菌落表面或致密，或疏松，有同心环或辐射状沟纹等；菌落边缘可呈锯齿状、树枝状或绒毛状等；菌落可呈扁平扩展状隆起或丘状隆起（中心部分呈凸起或凹陷）等；另外，菌落还往往呈现丰富多彩的颜色，有的霉菌会使菌落背面也染有一定颜色。

第六章

微生物的生长与环境条件

研究微生物的个体生长，通常都是研究微生物个体数量的增长，这种微生物个体数量的增长称为群体生长（实质上是繁殖），这对于微生物的科学研究和生产都很有意义。本章将介绍测定微生物群体生长的方法和技术，并探讨环境因素对微生物群体生长的影响。

实验一 微生物细胞大小的测量

一、目的要求

掌握用光学显微镜测微尺测量微生物细胞大小的原理与方法。

二、实验说明

普通显微镜测微尺包括目镜测微尺和镜台测微尺。微生物细胞大小可借助目镜测微尺来测量。目镜测微尺是一块直径大约17.5mm的圆玻璃片，其中央刻有50等分或100等分的刻度［图6-1（a）］。由于不同的显微镜放大倍数不同，即使同一显微镜在不同的目镜、物镜组合下其放大倍数也不同，故目镜测微尺每格实际表示的长度随显微镜放大倍数不同而异。即目镜测微尺上的刻度只代表相对的长度，因此在使用前须用镜台测微尺校正，以求得在一定放大倍数上实际测量的每格长度。镜台测微尺是一块黏着在载玻片中央的圆玻璃片，在其玻面上刻有刻度，其为1mm长精确等分为100格，每格是精确的$\frac{1}{100}$mm（即10μm）［图6-1（b）］。因此长度固定不变，所以用镜台测微尺的已知长度在一定放大倍数下即可求出目镜测微尺每格所代表的长度。

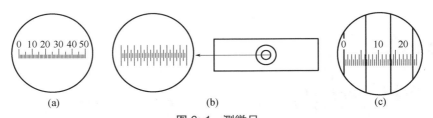

图 6-1　测微尺
（a）目镜测微尺；（b）镜台测微尺；（c）两尺左边刻度重合

三、实验材料

（1）菌种　酿酒酵母菌液、枯草杆菌标本片。

（2）器材及其他　显微镜、目镜测微尺、镜台测微尺、载玻片、盖玻片、无菌吸管、亚甲蓝染液或卢戈氏碘液等。

四、方法步骤

1. 目镜测微尺的校正

① 将目镜测微尺放入接目镜中隔板上，使有刻度的一面朝下。

② 将镜台测微尺置于显微镜的载物台上，刻度的一面朝上。

③ 先用低倍镜观察，对准焦距后，待看清镜台测微尺的刻度后，转动目镜，使目镜测微尺与镜台测微尺的刻度平行，并使两尺的左边第一条线即两尺的"0"刻度完全重合，向右寻找两尺第二个完全重合的刻度 [图 6-1（c）]。

④ 记录两个重合刻度间目镜测微尺的格数和镜台测微尺的格数，然后按公式计算。

$$目镜测微尺每格长度（\mu m）=\frac{两个重合刻度间镜台测微尺格×10}{两个重合刻度间目镜测微尺格数}$$

以同样方法分别校正高倍镜下和油镜下目镜测微尺每格代表的长度。

如此测定后的测微尺长度仅适用测定时用的显微镜目镜、物镜的放大倍率。变更目镜、物镜的放大倍率时，必须再进行校正。

2. 酿酒酵母菌体细胞大小的测量

① 取一张干净的载玻片，滴上一滴亚甲蓝染色液或卢戈氏碘液。

② 用接种环无菌操作取酵母菌少许制成水浸标本片。

③ 取下镜台测微尺，换上酵母菌水浸片，先在低倍镜下找到目的物，然后在高倍镜下用目镜测微尺来测量酵母菌菌体的长、宽各占几格（不足 1 格的部分估计到小数点后 1 位数）。测出的格数乘上目镜测微尺每格的长度，即等于该菌的大小。

一般测量菌的大小要在同一个涂片上测定 10～15 个菌体，求出平均值，才能代表该菌的大小，而且是用对数生长期的菌体进行测定。

3. 枯草杆菌菌体细胞的测量

① 将枯草杆菌染色标本放在油镜下。

② 测量菌体的长和宽各占目镜测微尺几格，并换算出菌体的实际长度。

③ 在同一染色标本上测定 10～15 个菌，求其平均值。

4. 整理工作

用毕后，取出目镜测微尺，将目镜放回镜筒，并把测微尺和油镜头擦干净。

实验二　微生物数量的测定——血细胞计数板法

一、目的要求

学习和掌握用血细胞计数板测定微生物数量的方法。

二、实验说明

血细胞计数板是一种特制的厚载玻片，载玻片上有 4 条槽构成的 3 个平台。中间的平台较宽，其中间又被一短横槽分隔成两半，每个半边上面各有一个方格网。每个方格网共分 9 个大格，每格的边长为 1mm，其中间的一大格（又称为计数室）常被用于微生物的计数（图 6-2）。计数室的刻度有两种：一种是大方格分为 16 个中方格，而每个中方格又分成 25 个小格；另一种是一个大方格分成 25 个中方格，而每个中方格又分成 16 个小方格。但两种计数室都有一个共同的特点，每个大方格都是 400 个小格组成，即 $16 \times 25 = 400$ 格。

在计数时，通常数五个中方格的总菌数，然后求得每个中方格的平均值，再乘上 16 或 25，就得出一个大方格中的总菌数，然后再换算成 1mL 菌液中的总菌数。如果设五个中方格的总菌数为 A，菌液稀释倍数为 B，那么，一个大方格中的总菌数（即 $0.1mm^3$ 中的总菌数）为 $A/5 \times 16$（或 25）$\times B$。所以 1mL 菌液中的总菌数 $= A/5 \times 16$（或 25）$\times 10 \times 1000 \times B$。

血细胞计数板测定微生物数量适用于菌体较大的酵母菌或霉菌孢子的纯培养或悬浮液，如有杂质或杂菌常不易分辨。由于血细胞计数板较厚，不能使用油镜，故不适于细菌计数。

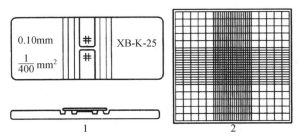

图 6-2　血细胞计数板正面与侧面及计数室的网格线示意

1—计数板的正面与侧面；2—中央方格网的大格为计数室

三、实验材料

（1）菌种　酿酒酵母菌悬液。

（2）器材及其他　显微镜、血细胞计数板、酒精灯、接种环、无菌水、无菌吸管、滤纸条、盖玻片、计数器等。

四、方法步骤

（1）检查血细胞计数板　正式计数前，先用显微镜检查计数板的计数室，看其是否有杂质或菌体，若有污物则需用脱脂棉蘸取 95%酒精轻轻擦洗，然后用蒸馏水冲洗，再用滤纸吸干其上的水分，最后用擦镜纸揩干净。

（2）稀释样品　为了便于计数，稀释样品中的酵母细胞数，以每小格内含有 4～5 个为宜。

（3）加样　先将盖玻片放在计数室上面，用无菌吸管取稀释后的酵母菌液，在盖玻片的一侧滴一小滴，让菌液靠缝隙毛细渗透作用自行渗入到计数室内（切勿产生气泡）并用滤纸吸去外面多余的菌液。静置 2～3min。

（4）计数　将计数板置于显微镜下，先用低倍镜找到计数室，再换成高倍镜对计数室 5 个中方格（四角 4 个，中间 1 个）的菌体进行计数。计数时光线不宜太强；位于方格线上的菌体一般只数上方和右边线上的；如遇酵母出芽，芽体大小达到母细胞的一半时，则可作为两个菌体计数。

（5）结果计算

① 16 大格×25 小格规定的计数板：

$$酵母菌细胞数/mL = \frac{100个小格内酵母细胞数}{100} \times 400 \times 10000 \times 菌液稀释倍数$$

② 25 大格×16 小格规定的计数板：

$$酵母菌细胞数/mL = \frac{80个小格内酵母细胞数}{80} \times 400 \times 10000 \times 菌液稀释倍数$$

一份样品的含菌量通常是取两个计数室计得含菌量的平均值。

（6）冲洗计数板　使用完后，用蒸馏水冲洗，绝不能用硬物洗刷，洗后待自行晾干或用电吹风吹干。

实验三　细菌生长曲线的测定

一、目的要求

了解细菌生长曲线的测定原理，学会用比浊法测定细菌的生长曲线。

二、实验说明

微生物个体太小，不便对其个体进行研究，但由于它繁殖快，短时间内可产生数量巨大的后代，所以可对它的群体生长情况进行研究。微生物在一定条件下，群体生长表现为一定的规律性，即将一定数量的单细胞微生物接种到容积合适的新鲜液体培养基中，在适宜的温度下进行培养，定时取样测定细菌数量，然后以菌数的对数值为纵坐标，以时间为横坐标作出曲线，这种曲线就叫作微生物生长曲线。生长曲线是反映微生物生长繁殖情况的直观表现形式，对科研和生产都具有重要指导意义。不同微生物的生长曲线不同。细菌的生长曲线可分为延迟期、对数期、稳定期和衰亡期四个期，四个期的生理特点不同，持续时间均有长有短，这除与菌种自身的物质特性有关外，还与营养状况和培养条件有关。

测定微生物数量的方法很多，大致可分为两类。第一类为测生长量法，分直接法和间接法，直接法有测面积、干重等法，间接法有比浊法（原生质含量的增加，会引起培养物混浊的增加）、生理指标法等。第二类为计繁殖数，也分直接法和间接法，直接法有细菌计数板法、血细胞计数板法等，间接法有平板计数法、液体稀释法等。可以根据需要和实验室的条件选用。本实验采用比浊法，此法所需仪器不多，操作简单、便捷。

三、实验材料

（1）菌种及培养基　大肠杆菌、普通肉汤。

（2）器材及其他　分光光度计、恒温摇床、冰箱、无菌吸管、三角瓶。

四、方法步骤

① 先将大肠杆菌接入普通肉汤培养液中，37℃摇荡培养 18h 备用。

② 将分光光度计的波长调至 420nm，开机预热 10～15min。

③ 用未接种的普通肉汤培养液校正比色计的零点（每次测定都要重新校正零点）。

④ 取装有 150mL 无菌牛肉膏蛋白胨培养液的 500mL 三角瓶 6 个，分为两组，分别编号为 1、2、3 号和 4、5、6 号。各瓶加入培养 18h 的大肠杆菌培养液 10mL，37℃下振荡培养。

⑤ 接种后的第 0、2、4、6、8、10、12、14、16、18、20h，分别用无菌吸管从各瓶中吸取培养 5mL，在分光光度计上测定 OD_{420} 值。若菌液太浓，作适当稀释，使 OD_{420} 值在 0～0.4 之间较好。经稀释后测得 OD_{420} 值要乘以稀释倍数，才是培养液实际的 OD_{420} 值。

⑥ 记录所测定的 OD_{420} 值，以 OD_{420} 值为纵坐标，培养时间为横坐标，绘出细菌的生长曲线。

实验四　酵母菌死活细胞的鉴别

一、目的要求

学习并掌握酵母菌死活细胞鉴别的原理与方法。

二、实验说明

酵母菌细胞的死活可用亚甲蓝进行区别。原因是亚甲蓝为弱氧化剂，无毒，且还原后变为无色。如果是活的酵母细胞，由于新陈代谢不断进行，细胞内氧化还原电势颇低，还原力强，若有亚甲蓝染料进入活的细胞内，即被还原成无色；而死细胞或代谢缓慢的衰老细胞，由于它们无还原能力或还原能力极弱，仍可被亚甲蓝染成蓝色或浅蓝色。

三、实验材料

（1）菌种　酿酒酵母（28℃培养 48h 的菌悬液）。

（2）器材及试剂　显微镜、载玻片、盖玻片、0.05%亚甲蓝染液（以 pH6.0 的 0.02mol/L 磷酸缓冲液配制）。

四、方法步骤

① 取 0.05%亚甲蓝液 1 滴，置载玻片中央。

② 用接种环取少量酵母菌与亚甲蓝液混合均匀，染色 2～3min，将盖玻片由一边向另一边慢慢盖上。

③ 高倍镜下检查，无色透明的为活的酵母细胞，被染上蓝色的为死细胞，观察 10 个视野死细胞数目。

④ 计算酵母细胞的死亡率。

$$死亡率 = \frac{10个视野中死细胞平均数}{10个视野中细胞总平均数} \times 100\%$$

实验五　环境因素对微生物生长的影响

一、目的要求

了解物理因素、化学因素和生物因素对微生物生长的影响及芽孢对不良环境的抵抗能力。

二、实验说明

环境因素包括物理因素、化学因素和生物因素。良好的环境条件可以促进微生物大量繁殖或产生有经济价值的代谢产物。相反，不良的环境条件使微生物的生长受到抑制，甚至导致菌体的死亡。微生物产生的芽孢对恶劣的环境条件有较强的抵抗能力。

三、实验材料

（1）菌种　大肠杆菌、枯草芽孢杆菌、金黄色葡萄球菌、丙酮-丁醇梭菌、酿酒酵母、青霉菌、灰色链霉菌、大肠杆菌 B 株和 T4 噬菌体。

（2）培养基　普通肉汤培养基、普通琼脂培养基、葡萄糖蛋白胨培养基、豆芽汁葡萄糖培养基、马铃薯葡萄糖琼脂培养基。

（3）药品　土霉素、新洁尔灭、复方新诺明、汞溴红（红汞）、结晶紫液（紫药水）。

（4）器材及其他　培养皿、无菌圆滤纸片、镊子、无菌水、无菌吸管、水浴锅、紫外灯、黑纸。

四、方法步骤

1. 物理因素对微生物生长的影响

（1）微生物生长的最适温度

① 取 8 支内装 5mL 灭过菌的普通肉汤培养液试管，分别标明 20℃、28℃、37℃和 45℃四种温度，每种温度 2 管。向每管接入培养 18～28h 的大肠杆菌菌液 0.1mL，混匀。

② 取 8 支内装 5mL 灭过菌的豆芽汁葡萄糖培养液试管，分别标明 20℃、28℃、37℃和 45℃四种温度，每种温度 2 管。向每管接入培养 18～20h 的酿酒酵母菌液 0.1mL，混匀。

③ 将上述各管分别按不同温度进行振荡培养 24h 观察结果。根据菌液的混浊度判断大肠杆菌和酿酒酵母生长繁殖的最适温度。

（2）微生物对高温的抵抗能力

① 向培养 48h 的枯草芽孢杆菌和大肠杆菌斜面加入无菌生理盐水 4mL，用接种环轻轻刮下菌苔制成菌悬液，混匀。

② 取 8 支装有 5mL 灭过菌的普通肉汤培养液试管，按顺序 1～8 编号。单号（1、3、5、7）培养液试管中各接入大肠杆菌菌液 0.1mL（或 2 滴），双号（2、4、6、8）培养液试管中各接入枯草芽孢杆菌菌液 0.1mL（或 2 滴）混匀。

③ 将 8 支已接种的培养液管同时放入 100℃水浴中，10min 后取出 1～4 号管，再浸 10min 后，取出 5～8 号管。各管取出后立即用冷水或冰浴冷却。

④ 各管置于 37℃培养 24h 后，观察和记录生长情况，以"–"表示不生长，"+"表示生长，并以"+""++""+++"表示不同生长量。

（3）渗透压对微生物的影响

① 大肠杆菌和酿酒酵母适温振荡培养 18～20h。

② 以察氏培养基为基础，其含糖量分别按 2%、20%、40%配制培养液，每种糖量 2 管，每管装 5mL，灭菌后各取一管分别接入大肠杆菌菌液 0.1mL（各管调 pH7.0～7.2），另一管分别接入酿酒酵母菌液 0.1mL。

③ 以普通肉汤培养基为基础，其 NaCl 含量分别按 1%、10%、20%、40%配制培养液，每种 NaCl 量 2 管，每管装 5mL，灭菌后各取一管分别接入大肠杆菌 0.1mL，另一管分别接入酿酒酵母菌液 0.1mL（各管调 pH6.4～6.5）。

④ 接种大肠杆菌的各管置 37℃ 温箱中培养 24h 后观察结果；接种酿酒酵母的各管置 28℃ 培养 24h 观察结果。以"−"表示不生长，"+"表示生长，并以"+""++""+++"表示不同生长量记录结果。

（4）紫外线对微生物的影响

① 取普通琼脂平板 3 个，分别标明大肠杆菌、枯草芽孢杆菌、金黄色葡萄球菌等试验菌的名称。

② 另用无菌吸管取培养 18～20h 的大肠杆菌、枯草芽孢杆菌和金黄色葡萄球菌菌液 0.1mL，加在相应的平板上，再用无菌涂棒涂布均匀，然后用一块三角形无菌黑纸遮盖部分平板，一层黑纸足以挡住紫外线的通过。

③ 紫外灯预热 10～15min 后，把盖有黑纸的平板置紫外灯下，打开培养皿盖，紫外灯照射 20min，取出黑纸，盖上皿盖。

④ 37℃ 培养 24h 后观察结果，比较并记录三种菌对紫外线的抵抗能力。

（5）氧气对微生物的影响

① 取普通半固体培养基试管 6 支，用穿刺接种法分别接种枯草芽孢杆菌、大肠杆菌和丙酮-丁醇梭菌，每种菌接种 2 支培养基试管。

② 37℃ 恒温培养 48h 后观察结果，注意各菌在培养基中生长的部位。在半固体培养基管中，穿刺接种对氧需求不同的细菌，适温培养后，好氧菌生长在培养基的表面，厌氧菌生长在培养基的基部，兼性好氧菌，按其兼性好氧的程度，生长在培养基的不同深度。

2. pH 对微生物生长的影响

（1）配制普通肉汤培养基　分别调 pH 至 3、5、7、9 和 11 每种 3 管，每管装培养液 5mL，灭菌备用。取培养 18～20h 的大肠杆菌斜面 1 支，加入无菌水 4mL，制成菌悬液。每支培养基试管中接入大肠杆菌悬液 0.1mL，摇匀，置 37℃ 温箱中培养。

（2）配制豆芽汁葡萄糖液体培养基　分别调 pH 至 3、5、7、9 和 11，每种 3 管，每管装培养液 5mL，灭菌备用。取培养 18～20h 的酿酒酵母斜面 1 支，加入无菌水 4mL，制成菌悬液，每管接种 0.1mL，摇匀，置 28℃ 温箱中培养。

（3）培养 24h 后观察结果　根据菌液的混浊程度判定微生物在不同 pH 的生长情况。

3. 不同药物对微生物生长的影响

① 取培养 18～20h 的大肠杆菌、枯草芽孢杆菌和金黄色葡萄球菌斜面各 1 支，分别加入 4mL 无菌水，用接种环将菌苔轻轻刮下振荡，制成均匀的菌悬液。

② 分别用无菌吸管加菌悬液 0.2mL 于相应的无菌培养皿中。每种试验菌一皿。将融化并冷至 45～50℃ 的牛肉膏蛋白胨琼脂培养基倾入皿中约 15mL，迅速与菌液

混匀，冷凝，制成含菌平板。

③ 用镊子分别取浸泡在土霉素、复方新诺明、新洁尔灭、红汞和结晶紫药品溶液中的小圆滤纸各一张，置于同一含菌平板上。在皿底写明菌名及测试药品名称。

④ 将平板倒置于 37℃温箱中，培养 24h 后观察结果，测量并记录抑菌圈的直径。根据其直径的大小，可初步确定测试药品的抑菌效能。

4. 抗生素对微生物生长的影响

一些微生物可产生抑制或杀死其他微生物的抗生素，不同的抗生素拮抗的微生物种类不尽相同。测定某一抗生素的抗菌范围，称抗菌谱试验。

① 取无菌培养皿 2 个，倾入豆芽汁葡萄糖琼脂培养基，制成平板。

② 用接种环取产黄青霉的孢子于 1mL 无菌水中，制成孢子悬液。取孢子悬液一环在平板一侧划一直线，置 28℃培养 3～4d，使形成菌苔及产生青霉素。

③ 用接种环分别取培养 18～24h 的大肠杆菌、枯草芽孢杆菌和金黄色葡萄球菌，从产黄青霉菌苔边缘（不要接触菌苔）向外划一直线接种，使呈 3 条平行线（图6-3）。

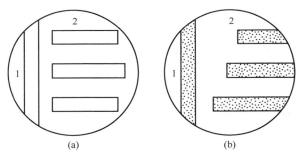

图6-3　抗生素抗菌谱试验
（a）接种位置；（b）培养后的结果
1—产黄青霉菌或灰色链霉菌；2—试验菌

④ 将马铃薯葡萄糖琼脂培养基倒在 2 个平板上，同上述方法接种灰色链霉菌适温培养 5～6d，然后接种与上相同的三种供试细菌。

⑤ 将平板置 37℃培养 24h 后观察结果。

五、实验结果

① 将不同物理因素对微生物生长的影响记录于表 6-1。

② 将不同药物对微生物生长的影响记录于表 6-2。

③ 记录不同 pH 对微生物生长的影响于表 6-3。

④ 绘图表示产黄青霉菌和灰色链霉菌的抑菌作用。

表 6-1　不同物理因素对微生物生长的影响

因素		测试微生物	处理方式和结果			
温度	最适生长温度	—	20℃	28℃	37℃	45℃
		大肠杆菌 酿酒酵母				
	抗高温能力	—	100℃；10min		100℃；20min	
		大肠杆菌 枯草芽孢杆菌				
渗透压	不同糖浓度	—	2%	10%	20%	40%
		大肠杆菌 酿酒酵母				
	不同盐浓度	—	1%	10%	20%	40%
		大肠杆菌 酿酒酵母				
紫外线		—	距离 30cm，功率 20W，照射 20min			
		大肠杆菌 枯草芽孢杆菌 金黄色葡萄球菌				
氧气		—	穿刺接种后的生长部位			
		大肠杆菌 枯草芽孢杆菌 丙酮-丁醇梭菌				

表 6-2　不同药物对微生物生长的影响

试验药品	大肠杆菌	枯草芽孢杆菌	金黄色葡萄球菌
复方新诺明 新洁尔灭 土霉素 红汞 结晶紫			

表 6-3　不同 pH 对微生物生长的影响

试验菌	pH3	pH5	pH7	pH9	pH11
大肠杆菌 酿酒酵母					

第七章

微生物的生理生化试验

不同微生物的营养要求不同、代谢中产酶种类与反应特性不同、形成的代谢产物不同、对药物的敏感性不同等，因此，可利用不同微生物在不同条件下的生理生化反应特性进行微生物鉴定。

实验一　细菌的生理生化试验

一、目的要求

了解细菌生理生化试验的原理与应用，掌握其操作方法。

二、实验内容

1. 细菌对生物大分子的分解利用

（1）原理　微生物在生长繁殖过程中需要不断地从外界环境中吸收营养物质，外界环境中的大分子有机物必须经微生物分泌的胞外酶被分解为小分子有机物才能被吸收进入细胞而利用。

不同的微生物分解利用生物大分子的能力不同，只有那些能够产生并分泌胞外酶的微生物才能利用相应的大分子有机物。

① 淀粉水解试验。某些细菌可以产生淀粉酶（胞外酶），使淀粉水解为麦芽糖和葡萄糖，再被细菌吸收利用，淀粉水解后遇碘不再变蓝色。

② 油脂水解试验。某些细菌能分泌脂肪酶（胞外酶），将脂肪水解为甘油和脂肪酸，所产生的脂肪酸，可通过中性红加以指示，指示范围pH6.8（红）～8.0（黄）。当细菌分解培养基中的脂肪产生脂肪酸时，在加有中性红的培养基中则会出现红色斑点。

③ 明胶液化试验。明胶是一种动物蛋白，用其配制的培养基在低于 20℃时凝固，高于 24℃时自行液化。在细菌产生的蛋白酶（胞外酶）作用下，可水解成为小分子物质，此时虽在低于 20℃的条件下，亦不再凝固，而由原来的凝固状态变为液体状态。

④ 石蕊牛乳试验。牛乳中主要含有乳糖和酪蛋白。细菌对牛乳的利用主要是指对乳糖及酪蛋白的分解和利用。牛乳中加入石蕊作为酸碱指示剂和氧化还原指示剂，石蕊中性时呈淡紫色，酸性时呈粉红色，碱性时呈蓝色，还原时则部分或全部褪色。

细菌对牛乳的利用可分为以下几种情况：

a. 产酸。细菌发酵乳糖产酸，使石蕊变红。

b. 酸凝固。细菌发酵乳糖产酸，使石蕊变红，当酸度很高时，可使牛乳凝固。

c. 凝乳酶凝固。某些细菌能分泌凝乳酶，使牛乳中的酪蛋白凝固，此时石蕊呈蓝色或不变色。

d. 产碱。细菌分解酪蛋白产生碱性物质，使石蕊变蓝。

e. 胨化。细菌产生蛋白酶，使酪蛋白分解，牛乳变得清亮透明。

f. 还原。细菌旺盛生长时，使培养基氧化还原电位降低，石蕊被还原而褪色。

（2）材料

① 菌种。大肠杆菌、枯草芽孢杆菌、铜绿假单胞菌（*Pseudomonas aeruginosa*）、产气肠杆菌（*Enterobacter aerogenes*）、金黄色葡萄球菌、黏乳产碱菌。

② 培养基及试剂。淀粉培养基、油脂培养基、明胶液化培养基、石蕊牛乳培养基等。

③ 器材及其他。试管、三角瓶、培养皿、接种针、接种环等。

（3）步骤

① 淀粉水解试验。将淀粉培养基融化后制成平板，在皿底背面用记号笔画分割线，用接种环挑取枯草芽孢杆菌在平板一边划 "+" 字形接种作为阳性对照菌。另取试验菌在平板另一边以同样方法接种，倒置于 37℃恒温箱中培养 24h。观察时打开皿盖滴加少量碘液于平板培养基上，轻轻旋转，使碘液均匀铺满整个平板。如菌体周围出现无色透明圈，则说明淀粉已被水解，称淀粉水解试验阳性；否则为阴性。透明圈的大小说明该菌水解淀粉的能力大小。

② 油脂水解试验。将油脂培养基融化后充分振荡，使油脂分布均匀，再制成平板。在皿底背面用记号笔画分割线，在平板一边划线接种金黄色葡萄球菌作为阳性对照菌，另一边接种试验菌大肠杆菌或产气肠杆菌。倒置 37℃培养 24h。观察结果时，如平板上长菌的地方出现红色斑点，即说明脂肪已被水解，此为阳性反应；否则为阴性反应。

③ 明胶液化试验。用穿刺法将大肠杆菌和枯草芽孢杆菌分别接种在明胶培养基试管中，20℃培养48h，观察培养基是否液化。如细菌在此温度不能生长，则必须在所需的最适温度培养 1～3d。观察结果时需将试管从温箱中取出，置于冰浴或冰箱中，30min 后立即倾斜试管，如试管中培养基部分或全部呈液化状态，表明试验菌为阳性；否则为阴性。

④ 石蕊牛乳试验。分别接种黏乳产碱菌和铜绿假单胞菌于两支石蕊牛乳培养基中，37℃培养 7d，另外保留一支不接种的石蕊牛乳培养基作为对照。观察结果时要注意连续观察，因为产酸、凝固、胨化各现象是连续出现的，往往是观察到某种现象出现时，另一现象已消失。

2. 细菌对碳水化合物的分解利用

（1）原理 同一种细菌对不同含碳化合物或不同细菌对同一种含碳化合物的分解利用能力、代谢途径、代谢产物是不完全相同的，因此，细菌对含碳化合物的分解利用特性是菌种鉴定的重要依据。

① 糖或醇发酵试验。细菌分解糖或醇的能力差异很大，有些细菌能分解某种糖后产生有机酸及气体，而有些细菌只产酸不产气。酸的产生利用指示剂来显示，在培养基中预先加入溴甲酚紫［pH 5（黄）～7（紫）］。当细菌发酵糖产酸时，可使培养基由紫色变为黄色。气体的产生可由糖发酵管中倒置的杜氏小管中有无气泡来证明，如图 7-1。

可供糖发酵试验的各种糖及醇类有：

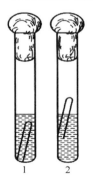

a. 戊糖。木糖、阿拉伯糖、鼠李糖等；

b. 己糖。葡萄糖、果糖、甘露糖、半乳糖等；

c. 双糖。麦芽糖、乳糖、蔗糖、纤维二糖、蜜二糖等；

d. 三糖。棉子糖等；

e. 多糖。菊糖、淀粉、肝糖原、糊精等；

f. 糖苷。水杨苷、七叶苷、松柏苷等；

g. 醇类。甘露醇、甘油等。

图 7-1　糖醇发酵试验
1—培养前情况；2—培养后情况

② 乙酰甲基甲醇（V.P.）试验。某些细菌在糖代谢过程中，分解葡萄糖产生丙酮酸，丙酮酸经缩合和脱羧生成乙酰甲基甲醇。乙酰甲基甲醇在碱性条件下，被空气中的氧气氧化生成二乙酰，二乙酰可与蛋白胨中的精氨酸的胍基作用，生成红色化合物，此为 V.P.试验阳性反应。

③ 甲基红（M.R.）试验。某些细菌在糖代谢过程中，将葡萄糖分解为丙酮酸，丙酮酸再被分解为甲酸、乙酸、乳酸等，使 pH 降低到 4.2 或更低，并至少持续 4d 之久。酸的产生可由甲基红指示剂的变色显示［pH 4.2（红色）～6.3（黄色）］。细

菌分解葡萄糖产酸，则培养液由原来的橘黄色变为红色，此为 M.R.试验阳性。M.R.试验阴性的细菌将产生的酸进一步代谢，在 4d 内生成中性化合物。因此，进行此项试验时，观察时间很重要。

④ 柠檬酸盐利用试验。细菌利用柠檬酸盐的能力不同，有的菌可利用柠檬酸钠作为唯一碳源，有的则不能。某些菌在分解柠檬酸钠后即形成碳酸盐而使培养基碱性增加，可根据培养基中指示剂变色情况来判断试验结果。当用溴麝香草酚蓝作为指示剂时，变色范围为 pH<6.0 时呈黄色，pH 6.0～7.6 呈绿色，pH>7.6 呈蓝色；也可用苯酚红作为指示剂（pH 6.3 呈黄色，pH 8.0 呈红色）。

⑤ 过氧化氢酶试验。某些微生物可在有氧条件下生长，其呼吸链以氧作为最终氢受体生成过氧化氢，由于其细胞内具有过氧化氢酶，可将有毒的 H_2O_2 分解成无毒的 H_2O 和 O_2，而另一些微生物不具有此酶。

（2）材料

① 菌种。大肠杆菌、产气肠杆菌。

② 培养基及试剂。乳糖发酵培养基、葡萄糖蛋白胨培养基、柠檬酸钠培养基、M.R.试剂、40% KOH 溶液、5%α-萘酚溶液、3%～10% H_2O_2 溶液等。

③ 器材及其他。试管、载玻片、接种环等。

（3）方法步骤

① 糖或醇发酵试验。分别接种大肠杆菌和产气肠杆菌于两支乳糖发酵培养基试管中，另取一支相同培养基试管不接种作为空白对照，37℃培养。

结果观察：24h、48h、72h 各记录一次，缓慢者需观察更长时间（14～30d）。产酸又产气者记作"⊕"；只产酸不产气者记作"+"；产酸气泡很小似小米粒大小者称为产酸微量产气，记作"+"；上述三种情况均称作糖发酵试验阳性。3d 以后才出现阳性反应者称之为"发酵迟缓"。在指定的培养时间内，不产酸者记作"-"，称试验阴性。

② 乙酰甲基甲醇（V.P.）试验。分别接种大肠杆菌和产气肠杆菌于葡萄糖蛋白胨培养基试管中，连同空白对照置 37℃培养 24h。

结果观察：在培养液中加入 40% KOH 溶液 10～20 滴，再加入等量的 5%α-萘酚溶液，拔去棉塞，用力振荡，再放入 37℃恒温箱中保温 15～30min 或在沸水中加热 1～2min，如培养液出现红色为 V.P.试验阳性，记作"+"；不呈红色者为阴性，记作"-"。

③ 甲基红（M.R.）试验。分别接种大肠杆菌和产气肠杆菌于葡萄糖蛋白胨培养基试管中，另取一支相同培养基试管不接种作为空白对照，置 37℃培养 24h。

结果观察：沿试管壁向培养基中加入 M.R.试剂 5～6 滴，呈鲜红色者为 M.R.试验阳性，呈橘红色者为弱阳性，呈橘黄色者为阴性。

④ 柠檬酸盐利用试验。将试验菌种接种于柠檬酸钠培养基斜面上，另取一支不接种作为空白对照。置37℃培养24～48h。

结果观察：试验菌种生长良好，含有溴麝香草酚蓝的斜面呈蓝色者为阳性反应，呈绿色者为阴性反应；含苯酚红的斜面呈红色者为阳性反应，呈黄色者为阴性反应。

⑤ 过氧化氢酶试验。取一干净的载玻片，在上面滴一滴3%～10% H_2O_2溶液，挑取一环刚经过18～24h斜面培养的试验菌的菌苔，在 H_2O_2 溶液中涂抹，若产生气泡为过氧化氢酶阳性反应，不产生气泡者为阴性反应。

3. 细菌对含氮化合物的分解利用

（1）原理　不同细菌对不同含氮化合物的分解利用能力、代谢途径、代谢产物不完全相同，因此，微生物对含氮化合物分解利用的生化反应是菌种鉴定的重要依据。

① 吲哚试验。有些细菌可分解色氨酸产生吲哚，有些则不能，产生的吲哚可与对二甲基氨基苯甲醛（吲哚试剂）结合，形成红色的玫瑰吲哚。

② 硫化氢试验。有些细菌能分解含硫氨基酸（如胱氨酸、半胱氨酸、甲硫氨酸等）产生硫化氢，硫化氢遇铅盐或铁盐可生成黑色硫化铅或硫化铁沉淀，从而可确定硫化氢的产生。

③ 产氨试验。某些细菌能使氨基酸脱去氨基，生成有机酸和氨，氨的产生可通过与氨试剂起反应而加以鉴定。氨与氨试剂（奈氏试剂）反应可生成黄色或棕色物质。

④ 苯丙氨酸脱氨酶试验。某些细菌具有苯丙氨酸脱氨酶，可将苯丙氨酸氧化脱氨，形成苯丙酮酸，苯丙酮酸遇到三氯化铁呈蓝绿色。

⑤ 氨基酸脱羧酶试验。有些细菌含有氨基酸脱羧酶，使氨基酸脱去羧基，生成胺类和二氧化碳。此反应在偏酸性条件下进行，产生的碱性胺类物质，使培养基中溴甲酚紫指示剂呈紫色，为阳性反应；阴性反应者无碱性产物，但因分解葡萄糖产酸，使培养基呈黄色。

⑥ 硝酸盐还原试验。某些细菌能将硝酸盐还原为亚硝酸盐，有些细菌还能进一步将亚硝酸盐还原为氨和氮。如果细菌能将硝酸盐还原为亚硝酸盐，则亚硝酸盐可与格里斯氏试剂反应产生粉红色或红色化合物。

如果在培养液中加入格里斯氏试剂后不出现红色，则存在两种可能：

a. 试验菌不能将硝酸盐还原为亚硝酸盐，故培养液中不存在亚硝酸盐，而硝酸盐仍然存在，此为阴性反应。

b. 细菌能将硝酸盐还原为亚硝酸盐，而且还能进一步将亚硝酸盐还原为氨和氮，故培养液中既无亚硝酸盐存在，也无硝酸盐存在，此为阳性反应。

检查培养液中是否有硝酸盐存在的方法：在培养液中加入锌粉（可使硝酸盐还

原为亚硝酸盐），再加入格里斯氏试剂，培养液变红说明硝酸盐存在；如培养液不变红，说明硝酸盐不存在。

（2）材料

① 菌种。大肠杆菌、产气肠杆菌、变形杆菌。

② 培养基。蛋白胨水培养基、柠檬酸铁铵半固体培养基、牛肉膏蛋白胨液体培养基、苯丙氨酸培养基、氨基酸脱羧酶试验培养基、硝酸盐还原试验培养基。

③ 试剂。乙醚、吲哚试剂、氨试剂（奈氏试剂）、10%三氯化铁溶液、格里斯氏试剂（亚硝酸盐试剂，分 A 液和 B 液）、锌粉。

④ 器材及其他。试管、接种环、接种针等。

（3）方法步骤

① 吲哚试验。接种试验菌种于蛋白胨水培养基试管中，另取一支不接种作为对照。置 37℃培养 24h。

结果观察：在培养液中加入乙醚约 1mL 形成明显的乙醚层，充分振荡，使吲哚溶于乙醚中，静置片刻，待乙醚层浮于液面后，再沿管壁加入吲哚试剂 10 滴。如有吲哚存在，则乙醚层呈现玫瑰红色，为阳性反应（加入吲哚试剂后不可再摇动，否则红色不明显）；不呈现红色则为阴性反应。

② 硫化氢试验。用穿刺接种法接试验菌于硫酸亚铁琼脂培养基中，37℃培养 2～4d 后。培养基中有黑色物质者，为硫化氢试验阳性，否则为阴性。

③ 产氨试验。接种试验菌于牛肉膏蛋白胨液体培养基试管中，另取一支不接种的牛肉膏蛋白胨液体培养基试管作为对照，37℃培养 24h。在培养液中加入 3～5 滴的氨试剂，如出现黄色或棕红色沉淀为阳性反应，无黄色或棕红色沉淀为阴性反应。

④ 苯丙氨酸脱氨酶试验。接种试验菌于苯丙氨酸斜面上，接种量要大，另取一支不接种的斜面作为对照，置 37℃培养 24h。在培养好的斜面上滴加 2～3 滴 10%三氯化铁溶液，自培养物上方流到下方，呈蓝绿色者，为阳性反应，否则阴性反应。

⑤ 氨基酸脱羧酶试验。取加 L-鸟氨酸或 L-赖氨酸或 L-精氨酸的培养基试管，数量与试验菌数相同，将试验菌分别接入其内；另取相同数量的未加氨基酸的对照培养基试管，将上述试验菌接入其内。然后将全部试管放入 37℃恒温箱中培养 18～24h，培养基呈紫色者为氨基酸脱羧酶试验阳性；培养基呈黄色者为该项试验阴性。

⑥ 硝酸盐还原试验。接种试验菌于硝酸盐还原试验培养基试管中，另取一支不接种的培养基试管作为对照，37℃培养 48h。

结果观察：先从对照管中取出一半培养液装入一干净的试管中，向其中一支对照管内加入格里斯氏试剂 A 液 3～5 滴，摇匀，再加 B 液 3～5 滴，摇匀。如果出现红色，说明培养基中有亚硝酸盐，应重新配制培养基，若不出现红色为合格培养基。在另一支对照试管中加入锌粉少许，摇动，加热，再按上述方法加入格里斯氏试剂，如出现红色，说明培养基中存在硝酸盐；否则，应重新配制培养基。在对照培养基合格的前提下，将接种过的培养液也分成两管，其中一管按上述方法加入格里斯氏试剂，如出现红色，则为阳性反应。如不出现红色，则需在另一管中先加入少量锌粉，摇动，加热，再按上述方法加入格里斯氏试剂，如出现红色，则证明培养液中硝酸盐仍然存在，此为阴性反应；如不出现红色，则说明硝酸盐已被进一步还原成氨和氮，应为阳性反应。

实验二　酵母菌的生理生化试验

一、目的要求

了解真菌生理生化反应的原理与应用，掌握其操作方法。

二、实验内容

1. 酵母菌糖发酵试验

（1）原理　酵母菌发酵糖类时通常会产生二氧化碳，因此可根据发酵过程中产不产气及产气的多少来判断酵母菌对某种糖的发酵能力。酵母菌发酵不同糖类的能力，可用于菌种鉴定，常用的糖类有葡萄糖、蔗糖、半乳糖、麦芽糖、乳糖、蜜二糖、棉子糖、纤维二糖、松三糖、可溶性淀粉等。

（2）材料

① 菌种。酿酒酵母（*Saccharomyces cerevisiae*）和热带假丝酵母（*Candida tropicalis*）。

② 培养基。12.5%豆芽汁或0.6%酵母浸汁。

③ 器材及其他。试管、杜氏管、接种针、无菌移液管、酒精棉球等。

（3）步骤

① 将12.5%豆芽汁分装于含杜氏管的试管中，0.1MPa灭菌15min。如用艾氏管，应先将豆芽汁和艾氏管分别灭菌后，再用无菌移液管分装。

② 用无菌水将测试的糖类配制10%的溶液，煮沸15min，冷却后用无菌移液管吸取一定量的糖液分装于试管内的豆芽汁中，使糖浓度达到2%。

③ 将新鲜的菌种接入发酵管中，25～28℃培养，每天观察结果。

（4）结果　如杜氏管顶部或艾氏管封闭一端的顶部有气体（CO_2），说明该菌能发酵某种糖，此为阳性反应，否则为阴性反应。

试验菌若是那些有较多菌丝的酵母或类酵母，则应该用艾氏管，而且试验时，应将菌丝塞入艾氏管封闭的一端，以免二氧化碳逸出开口端液面。

通常糖类发酵在 2～3d 内即可观察到结果，凡不发酵或弱发酵者可延长观察至 10d，半乳糖发酵时，观察的最终时间可延长到 2 周或 1 个月。

2. 酵母菌碳源同化试验

（1）原理　某一酵母能发酵某种糖，也就能同化这种糖。所以，做同化糖类试验时，只需做那些不能被发酵的碳源。对于酵母菌的分类，糖类以外的有机物如乙醇的同化作用，也是重要的标志之一。

测试碳源的种类包括葡萄糖、麦芽糖、乳糖、半乳糖、L-山梨糖、纤维二糖、海藻糖、蜜二糖、棉子糖、松三糖、可溶性淀粉、D-木糖、L-阿拉伯糖、D-阿拉伯糖、D-核糖、L-鼠李糖；乙醇、甘油、赤藓糖醇、阿东醇、卫矛醇、D-甘露醇、D-山梨醇；木杨苷、α-甲基-D-葡萄糖苷、杨梅苷、琥珀酸、柠檬酸、肌醇等。

（2）材料

① 菌种。酿酒酵母（*Saccharomyces cerevisiae*）和热带假丝酵母（*Candida tropicalis*）。

② 培养基。同化碳源基础培养基。

③ 器材及其他。无菌生理盐水、接种环、不锈钢铲、无菌吸管、平皿等。

（3）方法步骤　采用生长图谱法，取无菌生理盐水 3mL，将供试菌种接入其内，充分摇匀，然后吸取 1mL 菌悬液放入无菌平皿中，倾入已融化并冷却至 45～50℃的无碳源基础培养基，摇匀，待凝后，28℃下倒置培养 7h，使表面稍干，然后在皿底上用记号笔划分成 6 个小区，其中 1 个小区作为对照，其余 5 个小区标上试验用的碳源。将少许碳源（约米粒大小）用无菌不锈钢铲按标记加到带菌平板上，先正放 2～4h，然后置 28℃下倒置培养 1～2d，观察结果。

（4）结果　若能在某一小区内形成生长圈，说明该菌能利用这种碳源。若结果不明显，可再补加些碳源，继续 28℃培养观察。

对于生长缓慢的酵母或测定半乳糖同化时，可采用液体法，即在含有 0.5% 的某种碳源的培养基中，接入菌种，28℃下培养 1～2 周，观察生长情况，注意液体是否变混，是否有膜、环或岛的形成等。测试乙醇同化时，也可用液体法，先将无碳源基础培养液灭菌，接种前加 3% 乙醇，接种供试酵母，28℃培养 2～3 周后观察。

3. 酵母菌氮源同化试验

（1）原理　由于一般酵母菌含有的蛋白酶不分泌于体外，所以酵母菌的氮源多为蛋白质的低级分解物与铵盐，较易同化的含氮物质为尿素、铵盐及酰胺。

（2）材料

① 菌种。酿酒酵母（*Saccharomyces cerevisiae*）和热带假丝酵母（*Candida tropicalis*）。

② 培养基。酵母菌无氮合成培养基。

③ 器材及其他。试管、接种环等。

（3）方法步骤　将酵母菌无氮合成培养基融化，取无菌试管 4 支，每支试管中加入已融的培养基 5mL，然后向其中 2 支加入供试氮源，灭菌，制成斜面。将 4 支斜面都接入供试菌（2 支没加氮源的斜面试管作对照），置 28℃恒温培养 1 周，观察。

（4）结果　每天观察各管酵母菌生长情况，如果对照试管中没长菌，而加氮的试管中长出菌，说明该菌同化此种氮源；如果加氮源的斜面生长情况与对照试管一样，则表明该酵母菌不能利用这种氮源。

4. 酵母菌产酯试验

（1）原理　某些酵母菌可形成酯类物质，具有芳香味，用嗅觉可以判断，是鉴定某些酵母的指标。

（2）材料

① 菌种。毕赤酵母（*Pichia pastoris*）和酿酒酵母（*Saccharomyces cerevisiae*）。

② 培养基。产酯培养基。

③ 器材及其他。酒精灯、接种环、50mL 三角瓶等。

（3）方法步骤　取装有 20mL 产酯培养基的 50mL 三角瓶，向其内接入供试菌，25～28℃培养 3～5d。

（4）结果　用嗅觉检查酯类的生成与否，如有酯香味，该试验阳性。

5. 酵母菌发酵力的测定

（1）原理　酵母菌的发酵力反映酵母对各种糖类的发酵情况，一般包括 CO_2 失重的测定、发酵度测定和酒精度测定。酵母的酶系不同，发酵糖类的能力也不同，发酵过程中除产生乙醇外，还伴有二氧化碳形成，形成的二氧化碳从发酵液中逸出，使整个体系的重量减轻，根据减轻的程度，可测定发酵速率的快慢。发酵度测定是基于酵母降解糖的能力，即发酵前后发酵液中糖分减少的幅度。对酒类工业，酵母菌的产酒能力要求较高，酒精度的测定通常采用蒸馏法。

（2）材料

① 菌种。酿酒酵母（*Saccharomyces cerevisiae*）。

②培养基。麦芽汁（或米曲汁、果汁等）培养基。

③ 器材及其他。发酵瓶、发酵栓、比重瓶、恒温水浴、冷凝器、100mL 容量瓶、500mL 蒸馏瓶、100mL 量筒、酒精表（0～12%）、温度计（0～50℃）、电炉等。

（3）方法步骤　取无菌的 500mL 三角瓶，内装 12°Bx 的麦芽汁或 18～22°Bx 果汁 250mL，加棉塞灭菌，冷却后接种培养 24h 的酵母种子液 14～25mL，然后将棉塞换成发酵栓（图 7-2），于 20～25℃培养。

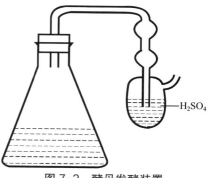

图 7-2　酵母发酵装置

① CO_2 失重的测定。接种完毕后，称量发酵瓶，在发酵过程中每 8h 称量一次，称前应先摇晃瓶子，以赶出二氧化碳。随着发酵时间的延续，瓶重逐渐减轻，直到减轻量不高于 0.2g，即表示发酵完毕。然后以产生二氧化碳的量（发酵瓶失重）为纵坐标，发酵时间为横坐标，绘制发酵速率曲线。

② 发酵度测定。

a. 原麦汁浓度的测定（采用附温比重瓶法）。将附温比重瓶用洗液浸泡，取出后彻底洗涤为中性，再用乙醇、乙醚顺序洗涤数次，吹干后用分析天平准确称量，此数据为 W_1，即比重瓶的质量。然后用煮沸 30min、冷却至 15℃的蒸馏水注满比重瓶，装上温度计（瓶中应无气泡），立即浸入 20℃±0.1℃恒温水浴中，待比重瓶上的温度计达到 20℃时，保持 20～30min 不变后取出，用滤纸吸去侧管的水，立即盖上罩放置，直到比重瓶温度达到室温后擦干，称其质量，此数值为 W_3，即比重瓶和水的质量。倾出比重瓶中的水，用约 10mL 过滤麦芽汁（已灭菌）洗涤 2～3 次后，注满麦汁，按上法测定其质量，此数值为 W_2，即为样品和比重瓶的质量。那么样品（即过滤麦汁）的密度 $D_{20}^{20} = (W_2 - W_1) / (W_3 - W_1)$，即 20℃样品与 20℃水的密度之比值。然后从《啤酒工业手册》中可查出 20℃样品密度对应的样品浓度，即原麦汁浓度 P。

b. 外观浓度的测定。用附温比重瓶法测得发酵液或成品酒 20℃时的密度，从《啤酒工业手册》中查出浸出物含量，即为外观浓度 M。

c. 真正浓度的测定。取一蒸馏烧瓶，向其中加入 100g 除去气体并经过滤的发酵液，80℃左右蒸出其中的酒精，待蒸出 2/3 时，自然冷却，加蒸馏水补足 100g 再置 15℃水中摇匀，然后用附温比重瓶法测得此液体的密度，查《啤酒工业手册》得此液体中浸出物含量，即为成品酒或发酵液的真正浓度 N。

发酵度的计算可由下式求得：

$$外观发酵度 = \frac{原麦汁浓度 - 发酵液外观浓度}{原麦汁浓度} \times 100\% = \frac{P - M}{P} \times 100\%$$

$$真正发酵度=\frac{原麦汁浓度-发酵液蒸馏后的真浓度}{原麦汁浓度}\times100\%=\frac{P-N}{P}\times100\%$$

③ 酒精度的测定。用 100mL 的容量瓶（烘至恒重）称取 100g 除去气体的发酵液或成品啤酒，转入 500mL 蒸馏瓶中，用 50mL 蒸馏水分数次洗涤容量瓶，并转入蒸馏瓶中，连接好冷凝器，加热缓慢蒸馏。再将一个已知质量的 100mL 容量瓶浸入冰水中，接收蒸馏出的蒸馏液，当流出液体积为 90mL 左右时停止蒸馏，用蒸馏水将蒸馏液质量调至 100g，混合均匀，用附温比重瓶法测定蒸馏液 20℃时的密度，然后从《啤酒工业手册》中查出酒精的质量比例。

酒精度的测定也可直接用酒表测定，准确量取 100mL 发酵液于 500mL 蒸馏瓶中，同时加入等量的蒸馏水，连接好冷凝器，用电炉加热，蒸馏液收集于 100mL 容量瓶中。待蒸馏液达到刻度时，立即取出容量瓶摇匀，然后倒入 100mL 量筒中，将酒精表与温度计同时插入量筒，测定酒精度和温度。根据测得的酒精度和温度，查换算表，换算成 20℃时的酒精度。

根据测得的酒精质量比例还可计算发酵率。因为每 100g 的葡萄糖可产纯酒精 51.14g，故发酵率可由公式求得：

$$发酵率=\frac{实际生成的酒精量}{理论生成的酒精量}\times100\%$$

6. 酵母菌耐酒精能力试验

（1）原理　酵母菌在糖液中发酵到某一时刻即停止，其最大原因之一是酒精浓度增高。每一种酵母菌都有其忍耐的最高酒精浓度，酵母菌的这一特性在应用上很重要。

（2）材料

① 菌种。酿酒酵母（*Saccharomyces cerevisiae*）和糖化酵母（*Saccharomyces diastaticus*）。

② 培养基。10°Bx 的麦芽汁培养基。

③ 器材及其他。95%乙醇、试管、刻度吸管、接种针、培养箱等。

（3）方法步骤

① 取灭菌试管数支，以无菌操作按表 7-1 添加无菌麦芽汁及 95%乙醇，并摇匀。

② 接种供试酵母菌株 1～2 环，每一乙醇浓度平行两支，另取一支不接种的试管作对照，25℃培养随时观察发酵现象。

（4）结果　气泡产生的时间越早，产气量越大，说明酵母的耐酒精能力越强。

7. 酵母菌凝集力的测定

（1）原理　啤酒酵母菌及葡萄酒酵母菌的凝集性在生产上具有特殊的重要性，

也是区别菌株的一项重要内容。由于凝集性的不同，酵母菌的沉降速度就不一样，发酵度也有差异，如果酵母菌菌种发生变异或污染了野生酵母，则会改变其凝集性，给生产带来困难。

表 7-1　乙醇配制浓度

项目	试管编号												
	1	2	3	4	5	6	7	8	9	10	11	12	13
95%乙醇量 /mL	0.84	0.95	1.05	1.16	1.26	1.37	1.47	1.58	1.68	1.79	1.89	2.00	2.11
10~12°Bx 麦芽汁量/mL	9.16	9.05	8.75	8.84	8.74	8.63	8.53	8.42	8.32	8.21	8.17	8.00	7.89
培养基中酒精含量/%	8	9	10	11	12	13	14	15	16	17	18	19	20

（2）材料

① 菌种。酿酒酵母（*Saccharomyces cerevisiae*）和糖化酵母（*Saccharomyces diastaticus*）。

② 培养基及试剂。麦芽汁培养基、pH 4.5 的醋酸缓冲液。

③ 器材及其他。刻度离心管、接种针、离心机、酒精灯、计时器等。

（3）方法步骤　将试验菌接种于麦芽汁发酵瓶中，25℃培养 7d，取培养液于离心管中，离心（3500r/min，15min）收集酵母细胞，然后用无菌水洗涤 2~3 次。取酵母泥，准确称量 1g，放于刻度离心管中，然后加入 10mL 醋酸缓冲液，摇匀，使其成悬浮状态。在 20℃水浴中静置 20min，再将此悬液连续摇动 5min，使酵母重新悬浮，再静置，在 20min 内每分钟记录一次沉淀酵母菌的容积。

（4）结果　通常将 10min 时酵母菌沉淀的容积称为本斯值。通过此值可估计酵母的凝集性，沉淀容积为 1.0mL 以上者为强凝集性，而 0.5mL 以下者为弱凝集性。上述的试验前后要求悬浮液的 pH 不变。

实验三　霉菌的生理生化试验

一、目的要求

了解霉菌生理生化试验的原理与应用，掌握其操作方法。

二、实验内容

1. 营养成分对霉菌生长速率的影响

（1）原理　霉菌所需营养物质通常为构成微生物细胞的物质，如碳、氮、氧、氢和各种矿物质元素，矿物质元素中以磷含量最高，其次为钾、镁、钙、硫等。为了证实各种重要元素的作用，可将试验菌培养在缺少某一种元素的完全合成培养基上观察对其发育的影响。

（2）材料

① 菌种。黑曲霉或其他霉菌。

② 培养基。以霉菌完全合成培养基为基础，制成缺少个别营养元素的各种试验培养基。

③ 器材及其他。接种钩、吸滤瓶及抽滤装置、酒精灯、恒温箱、100mL 三角瓶等。

（3）方法步骤　将上述各种缺少某一营养成分的培养基分别装入 100mL 三角瓶中，每瓶 30mL，每组两瓶，0.1MPa 蒸汽灭菌 20min。冷却后接入供试霉菌孢子或菌丝体，30℃培养 1 周，用烘干至恒重的滤纸在吸滤瓶中滤出霉菌菌丝体，然后将菌体连同滤纸在 60℃烘干，再升温至 100℃，烘至恒重为止。以完全合成培养基作对照。

（4）结果　将完全合成培养基上生长物连同滤纸的恒重质量，减去滤纸质量作为 100%，以求其他缺少个别营养元素的培养基生长物的质量比例，比数越小，表明缺乏的成分对供试霉菌的发育越重要。

2. 根霉产酸试验

（1）原理　有些根霉除具有淀粉酶外，还有产生有机酸的能力，产生的酸量可用 0.1mol/L 氢氧化钠滴定来测定。

（2）材料

① 菌种。黑根霉（*Rhizopus nigricans*）和米根霉（*Rhizopus oryzae*）。

② 培养基。延胡索酸发酵用培养基、乳酸发酵用培养基。

③ 器材及其他。接种钩、酒精灯、0.1mol/L 氢氧化钠、碱式滴定管、酚酞、移液管、恒温箱等。

（3）方法步骤　将供试根霉菌接入含 30mL 发酵培养基的 100mL 三角瓶中，保温 30℃培养两周。

（4）结果　取过滤培养液 10mL，以酚酞作指示剂，用 0.1mol/L 氢氧化钠滴定，取 2～3 次滴定的平均值，用下列公式计算有机酸含量。

以乳酸计：乳酸（g/100mL）$= \dfrac{平均值}{10} \times 100 \times 0.009$

以延胡索酸计：延胡索酸（g/100mL）$= \dfrac{平均值}{10} \times 100 \times 0.0058$

第八章

分子微生物学实验技术

　　分子生物学技术发展非常迅速，已应用于生命科学各个领域，在微生物学领域亦有广泛应用，尤其在微生物分类鉴定方面应用颇多，如微生物（G+C）mol%含量测定、核酸分子杂交、16S rRNA 测序、PCR 指纹图分析、质粒图谱分析和脉冲场凝胶电泳分析等方法均已成为微生物分类鉴定的常用方法。此类方法可直接对微生物染色体 DNA 或质粒 DNA 进行分析，使未知微生物属种定位和微生物间种属亲缘关系判别由传统的表型指征（形态、生理生化、抗原性、生态等特性）深化为基因型特征鉴定。

　　相比传统的生理生化鉴定，微生物的分子鉴定具有诸多优势：①可检测范围更广。即使无法通过培养得到纯菌落，只要能够提取得到微量的 16S rDNA 就可以通过分子生物学的方法进行测序鉴定。②鉴定结果重复性更好。微生物的 DNA 序列在通常情况下都是稳定的，不会因为菌群的生长周期而发生变化。因此，在菌群生长的任何时期进行基因型鉴定，得到的结果都是一致的。③鉴定结果一致性高。序列比对通过特定的算法由计算机自动分析生成，不像传统生化鉴定方法一样需要人工对结果进行判读。④鉴定结果数字化。方便存储和溯源调查，基因型鉴定得到的是碱基排布序列信息，在进行溯源调查或者室间比对时，可以通过直接比对序列相似度来判断两个样本是否为同一个菌种，并不依赖于其在物种鉴定时所得到的种属信息。⑤鉴定数据库鉴定范围更广。与传统生化方法相比，微生物基因型鉴定的数据库所收录的菌种数量更多，为生化鉴定数据库的 5～10 倍。同时，随着研究的进一步深入，每年都有大量新的菌种基因信息被收录进数据库中。

　　本章主要介绍常用的微生物分子生物学技术包括细菌质粒的提取与检测、细菌基因组 DNA 的提取、细菌 DNA 中（G+C）mol%含量的测定、利用 16S rRNA 序列鉴定微生物、核酸分子杂交技术检测微生物、利用 ITS 序列鉴定真菌和微生物群落结构多样性的分析。

实验一　细菌质粒的提取与检测

一、目的要求

1. 学习并掌握碱裂解法提取细菌质粒的操作方法。
2. 学习并掌握琼脂糖凝胶电泳检测细菌质粒 DNA 的方法。

二、实验说明

细菌质粒是存在于细菌染色体外能够独立复制的遗传因子，一般为细菌生存和复制非必需的，但可以赋予细菌额外的表型，其分子大小从 1~200kb 不等。天然的质粒在细菌内部一般是以共价闭合环状的超螺旋形态存在，通常情况下可稳定地游离于染色体之外，但一定条件下也可整合到细菌染色体上，以附加体的形式存在，随细菌染色体的复制而复制。细菌质粒的观察方法包括通过质粒赋予细菌的表型判断、提取细菌总 DNA 后以电镜观察以及提取细菌质粒后以琼脂糖凝胶电泳进行观察等。质粒的小量提取方法包括碱裂解法、煮沸裂解法等，其中碱裂解法的基本原理在于，在强碱的作用下，质粒 DNA 和染色体 DNA 会发生变性，线状染色体 DNA 变性成为单链而完全分开，而超螺旋的 DNA 虽然互补链之间的氢键断裂，但双螺旋主链骨架仍彼此缠绕在一起。当变性条件恢复时，质粒 DNA 迅速复性恢复天然构型，而染色体 DNA 难以复性而形成缠绕的结构，与蛋白质-SDS 复合物结合在一起，在离心的时候沉淀下去，而质粒 DNA 存在于上清液中。琼脂糖凝胶电泳是检测 DNA 的常用方法，琼脂糖是从琼脂中提取的一种多糖，具亲水性，但不带电荷，是一种很好的电泳支持物。DNA 在碱性条件下带负电荷，在电场中通过凝胶介质向正极移动，不同 DNA 分子片段由于分子大小和构型不同，在电场中的泳动速率也不同。DNA 染料可嵌入 DNA 分子碱基对间形成荧光络合物，经紫外线照射后，可区分出不同的条带，达到分离、鉴定质粒 DNA 的目的。

三、实验材料

（1）菌种、药品与试剂　含 PBR322 质粒的大肠杆菌菌种、氨苄青霉素、苯酚、氯仿、无水乙醇、70%乙醇、LB 液体培养基、溶液 Ⅰ、溶液 Ⅱ、溶液 Ⅲ、10×TAE 溶液、pH8.0 的 TE 缓冲液、RNase A、琼脂糖、核酸染料、上样缓冲液等。

① LB 液体培养基：按附录三 LB 液体培养基的配方称取胰蛋白胨 10g、酵母提取物 5g、NaCl 10g 置于烧杯中，用 800mL 去离子水溶解，pH 值调至 7.0~7.4，定

容至 1L，121℃灭菌 20min。

② 溶液 I：将 2.5mL 1mol/L 的 Tris-HCl 缓冲液、2mL 0.5mol/L EDTA、4.5mL 1.11mol/L 葡萄糖加入 100mL 烧杯中，定容至 100mL，115℃灭菌 30min，4℃冰箱储存。

③ 溶液 II：在 100mL 烧杯里加 10mL 10%的 SDS，10mL 2mol/L 的 NaOH，定容至 100mL，需现用现配。

④ 溶液 III：精确称量 29.4g 乙酸钾于烧杯中，再精确量取 11.5mL 冰醋酸倒入烧杯中，定容至 100mL，121℃灭菌 20min，4℃冰箱储存。

⑤ 10×TAE 溶液：称取 Tris 48.4g，EDTA·Na$_2$·2H$_2$O 7.44g 于 1L 烧杯中，向烧杯中加入约 800mL 去离子水，充分搅拌溶解，加入 11.4mL 冰醋酸充分搅拌，用去离子水定容至 1L 后，室温保存。

⑥ pH 8.0 的 TE 缓冲液：精确量取 1mL 1mol/L 的 Tris-HCl、0.2mL 0.5mol/L 的 EDTA 于烧杯中，调节 pH 值为 8.0，以无菌水定容至 100mL，121℃灭菌 20min，室温储存。

（2）器材及其他　台式高速离心机、涡旋振荡器、微量移液器、离心管、天平、制胶板、微波炉、电泳槽、电泳仪、紫外透射反射仪、凝胶成像系统等。

四、方法步骤

1. 细菌质粒的提取

（1）将活化的含 PBR322 质粒的大肠杆菌菌种按 1%的接种量接种于含有 50μg/mL 氨苄青霉素的 LB 液体培养基中，置于 37℃恒温摇床，220r/min 培养 12~16h。

（2）取 1mL 过夜培养的菌液加入已灭菌的 1.5mL 的离心管中，12000r/min 离心 1min，弃去上清，收集菌体。

（3）向含有菌体的离心管中加入 100μL 预冷的溶液 I，涡旋振荡器振荡混匀，使菌体重悬。

（4）加入 200μL 新鲜配制的溶液 II，上下颠倒数次混匀，使溶液逐渐变清亮。

（5）加入 150μL 冰水预冷的溶液 III，轻轻混匀数次，冰上放置 5min，使质粒 DNA 复性。

（6）将离心管以 12000r/min 离心 10min，将上清转移至新的 1.5mL 的离心中。

（7）加入 200μL 的苯酚和 200μL 的氯仿，振荡混匀后以 12000r/min 离心 10min，将上清移至新的 1.5mL 的离心管中。

（8）加入 400μL 的氯仿，振荡混匀后以 12000r/min 离心 10min，以去除微量的酚和脂类，将上清移至新的 1.5mL 的离心管中。

（9）向该上清中加入 1mL 的无水乙醇，混匀后室温放置 30min，12000r/min 离心 10min，弃上清，保留沉淀。

（10）用 1mL 70%的乙醇洗涤质粒 DNA 沉淀 2 次，每次 10000r/min，离心 1～5min，弃上清，自然干燥。

（11）加入 30～50μL 的含 20μg/mL RNase A 的 pH 8.0 的 TE 缓冲液，室温放置 30min 以上。取 2～5μL 溶液进行 1%的琼脂糖凝胶中电泳检测。

2. 质粒 DNA 的琼脂糖凝胶电泳检测

（1）将 10×TAE 贮存液用蒸馏水稀释成 1×TAE 电泳缓冲液备用。

（2）称取 1g 琼脂糖粉加入含 100mL 电泳缓冲液的三角锥瓶中，在锥瓶的瓶口上盖上保鲜膜或牛皮纸，以减少水分蒸发，在微波炉中加热，使溶液沸腾后保持 1min 左右，使琼脂糖充分溶解，取出室温放置，待其稍冷却。

（3）溶液冷却至 50～60℃时，加入 3～5μL 的核酸染料，并充分混匀。

（4）将制胶槽置于水平支持物上，选择合适厚度和齿数的样品梳，插上梳子，将琼脂糖溶液倒入制胶板中，凝胶厚度一般在 3～5mm 之间，在室温下使胶凝固，小心拔下梳子。

（5）将胶块取出，置于已加入足量 1×TAE 电泳缓冲液的电泳槽内，进样孔朝向负极，取提取的细菌质粒溶液 2～5μL 与上样缓冲液混匀，用微量移液器小心加入进样孔中。

（6）上样完成后，立即接通电源，控制电压保持在 110V 左右，电流在 40mA 以上。

（7）当条带移动到距凝胶前沿约 2cm 时，停止电泳，于紫外透射反射仪中观察结果，并于凝胶成像系统中拍照保存。

实验二　细菌基因组 DNA 的提取

一、目的要求

学习并掌握 CTAB 法提取细菌基因组 DNA 的原理与方法。

二、实验说明

DNA 是生物主要的遗传物质，由于生物形式的多样性以及 DNA 在生物体中存在形式的差异，制备 DNA 的过程和方法也不尽相同。DNA 在生物体中的存在形式主要包括基因组 DNA、质粒 DNA 以及线粒体和叶绿体 DNA 等，不同 DNA 的提取方法有所差异。CTAB 法是提取细菌基因组 DNA 的常用方法，CTAB 即十六烷基三乙基溴化铵，可溶解细胞膜，与核酸形成复合物，可溶于高盐溶液中，而在低盐溶液中会形成沉淀。通过离心即可将 CTAB 与核酸的复合物同蛋白质、多糖类物质分开，随后再将 CTAB 与核酸的复合物沉淀溶解于高盐溶液中，再加入乙醇使核酸沉淀，而 CTAB 则溶于乙醇，从而达到分离提取核酸的目的，该方法能较好地去除糖类杂质，对于从含糖较高的材料中提取 DNA 效果较好。

三、实验材料

（1）菌种　大肠杆菌、沙门氏菌、葡萄球菌等各类细菌。

（2）药品与试剂　pH8.0 的 TE 缓冲液、10%的 SDS 溶液、蛋白酶 K、苯酚、氯仿、异戊醇、3mol/L 的醋酸钠溶液、无水乙醇、70%的乙醇、琼脂糖、5%的 CTAB/NaCl 溶液（精确量取 5g CTAB 于烧杯中，再精确量取 100mL 0.5mol/L 的 NaCl 溶液倒入烧杯中，65℃加热溶解，室温储存）等。

（3）器材及其他　恒温摇床、离心管、涡旋振荡器、电热恒温水槽、微量移液器、高速冷冻离心机、电泳槽、电泳仪等。

四、方法步骤

（1）按 1%的接种量将已活化的大肠杆菌、沙门氏菌、葡萄球菌等细菌的菌种接种于相应的液体培养基中，置于恒温摇床中，37℃ 180r/min 培养 12h。

（2）取 4mL 菌液置于 5mL 的离心管中，5000r/min 离心 1min，弃上清收集菌体。

（3）向离心管中加入 950μL 的 pH 8.0 的 TE 缓冲液，于涡旋振荡器上振荡，重悬菌体。

（4）向离心管中依次加入 10%的 SDS 溶液 50μL、20mg/mL 的蛋白酶 K 5μL，于 37℃电热恒温水槽中孵育 1h，使溶液变澄清。

（5）向离心管中加入 150μL 的 5%的 CTAB/NaCl 溶液，充分混匀后，置于 65℃恒温电热恒温水槽中孵育 30min。

（6）加入与离心管中体积相同的苯酚/氯仿/异戊醇（三者比例为 25∶24∶1），轻轻振荡混匀后，12000r/min 离心 10min。

（7）以微量移液器将上清液转移至新的 5mL 的离心管中，加入与溶液体积相等的氯仿/异戊醇（两者的比例为 24∶1），缓慢振荡摇匀后 12000r/min 离心 10min。离心结束后重复此步骤 1 次。

（8）将上清液吸至新的 5mL 的离心管中，加入 0.1 倍体积的 3mol/L 的醋酸钠溶液及 2.5 倍体积的已预冷的无水乙醇，置于冰上孵育 30min，使 DNA 沉淀析出。

（9）将含有白色絮状沉淀的离心管置于高速冷冻离心机中，于 4℃下 12000r/min 离心 15min。

（10）弃去上清液，向离心管中加入 1mL 70%的乙醇溶液洗涤沉淀，随后将其置于高速冷冻离心机中，于 4℃下 12000r/min 离心 5min，弃去上清，收集沉淀，并重复此步骤 1 次。

（11）将离心管置于室温使 DNA 沉淀自然干燥。

（12）向 DNA 沉淀加入 50～100μL 的 pH8.0 的 TE 缓冲液，待 DNA 沉淀完全溶解后，取 1μL 基因组 DNA 溶液按照本章实验一中的方法进行琼脂糖凝胶电泳检测。

实验三　细菌 DNA 中（G+C）mol％含量的测定

一、目的要求

1. 学习并掌握细菌 DNA 纯度的测定方法。
2. 学习并掌握细菌 DNA T_m 值的测定方法。
3. 学习并掌握细菌 DNA 中（G+C）mol％含量的计算方法。

二、实验说明

DNA 是细菌主要的遗传物质，虽然不同种类细菌的基因组 DNA 所含碱基对的数量及排列顺序不同，但基因组 DNA 中（G+C）mol％含量即 DNA 的碱基组成具有种属特异性且不受菌龄和外界因素的影响。同时，不同生物体基因组 DNA 中的（G+C）mol％含量差异较大，每种生物都有其特定的（G+C）mol％含量。动植物的（G+C）mol％集中在 35%～40%之间，细菌的（G+C）mol％的变动幅度可达 25%～75%，细菌种内（G+C）mol％含量差异一般在 3%以内，属内在 10%以内，因此（G+C）mol％含量的测定更适合于细菌的分类鉴定。（G+C）mol％含量的测定方法包括纸层析法、浮力密度法、高效液相色谱法以及热变性温度（T_m 值）法等。

本实验采用 T_m 值法测定细菌 DNA 的（G+C）mol％含量，该方法的原理在于，DNA 双螺旋在一定离子强度和 pH 缓冲液中不断加热时，碱基对间的氢键断裂使天然构型的 DNA 双链打开逐渐变成单链，导致核苷酸在 260nm 处的紫外光吸收值明显增加（此为增色效应）当双链完全变成单链后，紫外光吸收值停止增加，紫外光吸收值增加的中点所对应的温度即为热变性温度（T_m 值）。DNA 的 T_m 值一般在 70～85℃之间。DNA 的 T_m 值大小与 DNA 的均一性、介质中的离子强度及 DNA 的（G+C）的含量有关。均一性越高的样品，熔解过程越是发生在一个很小的温度范围内，离子强度较低的介质中 DNA 的熔解度较低，熔解度的范围也较宽。此外，（G+C）含量越高则 T_m 越高，由 T_m 值可推算出（G+C）含量，DNA 由 A-T 和 G-C 两碱基对组成，具有三个氢键的 G-C 比具有两个氢键的 A-T 碱基对结合更牢固，热变性过程中打开氢键所需的温度更高，因此 DNA 样品的 T_m 值与样品中 G-C 碱基对的含量密切相关。利用增色效应测定 T_m 值，带入特定公式可求出不同细菌 DNA 的（G+C）mol%含量。

三、实验材料

（1）菌种　待测细菌菌种。

（2）药品与试剂　pH 8.0 的 TE 缓冲液、氯化钠、柠檬酸、乙二醇等。

（3）器材及其他　紫外分光光度计、石英比色杯等。

四、方法步骤

1. 待测菌种基因组 DNA 的提取

参照本章实验二方法提取待测细菌的基因组 DNA，保存备用。

2. DNA 浓度及纯度的测定与计算

本实验采用紫外分光光度计法测定 DNA 的纯度。DNA 和 RNA 在 260nm 处有最大的吸收峰，蛋白质在 280nm 处有最大的吸收峰，盐和小分子则集中在 230nm 处。因此，可以用 260nm 波长测定 DNA 的浓度及纯度，吸光度 A 值为 1 相当于约 50μg/mL 的双链 DNA 分子。如用 1cm 光径，用 H_2O 稀释 DNA 样品 n 倍并以 H_2O 为空白对照，根据此时读出的 A_{260} 值即可计算出样品稀释前的浓度：DNA（mg/mL）= 50×A_{260}×稀释倍数/1000。同样以紫外分光光度计法测定 DNA 样品在 230nm、260nm 和 280nm 处的吸光值，分别计算 A_{260}：A_{280}、A_{260}：A_{230} 以及 A_{230}：A_{260}：A_{280} 的数值。DNA 纯品的 A_{260}：A_{280} 应为 1.8 左右，一般介于 1.6～1.9 之间，若大于 1.9 时表明有 RNA 污染，若小于 1.6 时，表明样品中存在蛋白质或酚污染。A_{260}：A_{230} 应大于 2.0，若小于 2.0 则说明有残余的盐存在。A_{230}：A_{260}：A_{280} 的数值在 1：0.45：0.515 左右时则该 DNA 可作为测定 T_m 值的样品。

（1）将提取的细菌基因组 DNA 悬浮溶解于 pH 8.0 的 TE 缓冲液中。

（2）用紫外可见分光光度计测定制备的 DNA 的紫外吸收曲线，测定 A_{230}、A_{260} 和 A_{280} 值，并计算 A_{260}：A_{280}、A_{260}：A_{230} 以及 A_{230}：A_{260}：A_{280} 的比值。

（3）根据上述公式计算所提细菌基因组 DNA 的浓度及纯度。

3. 细菌基因组 DNA T_m 值的测定

DNA T_m 值的测定常采用紫外分光光度计测定 A_{260} 的方式进行，可采用循环恒温装置或温水浴装置进行测定。

（1）用循环恒温装置测 T_m　按操作规程打开紫外分光光度计预热 20min。设定循环恒温装置于 25℃，进行光吸收的初步测定。若是自制 DNA 样品，先于 25℃测其 A_{260}，用标准氯化钠-柠檬酸溶液稀释至 $A_{260}=0.4$。并注意使其终体积适合于比色杯（1mL 或 3mL）。以标准氯化钠-柠檬酸溶液调整 260nm 下光吸收零点。然后将装有待测的稀释后的 DNA 溶液的比色杯置于分光光度计的样品室中，平衡 3min 后测定 A_{260} 值。再将温度升高到 50℃，取出比色杯将其内壁的气泡赶出，测 A_{260} 值。继续升温到 80℃，平衡 5min 后测 A_{260} 值。随后按每次升高 2℃的方式升温，然后平衡温度 5min，记录 A_{260} 值。按此方式一直进行至 A_{260} 值不再升高为止。

（2）用恒温水浴装置测 T_m　至少设定 6 个恒温水浴装置，如 50℃、80℃、85℃、90℃、95℃、100℃等。按操作规定预热紫外分光光度计 20min。将待测 DNA 溶液的浓度控制在 $A_{260}=0.4$。取 8 支以上试管，向其中各加入 3mL 稀释后的 DNA 溶液。其中 1 支试管室温放置，2 支试管 100℃放置，其余设定温度水浴各 1 支，所有试管均温育 15min。温育结束后迅速冷却试管，室温放置的试管和其中 1 支 100℃放置的试管置于冰浴中 10min 进行冷却，而另 1 支 100℃放置的试管则缓慢冷却到室温。测定各管 DNA 溶液的 A_{260} 值，而缓慢冷却的试管在室温下至少放置 1h 后再测定 A_{260} 值。

（3）T_m 值的计算　计算各温度下的 A_{260} 和 25℃下的 A_{260} 的比值，并以温度为横坐标，以此比值为纵坐标作图，连接各点成 S 型热变性曲线，曲线线性部分的中点即为此待测 DNA 样品的 T_m 值。

4. 细菌基因组 DNA（G+C）mol%含量的计算

由于在一定离子强度的盐类溶液中,某种 DNA 的 T_m 值是一恒定值,并与（G+C）mol%含量成比例,因此可根据经验公式以 T_m 值计算（G+C）mol%含量。计算（G+C）mol%含量时需设定参比菌株以校正实验误差,实验室常使用的参比菌株为大肠杆菌 K12，其（G+C）mol%含量为 51.2%，T_m 值为 90.5℃，若实验过程中测定的大肠杆菌 K12 的 T_m 值为 90.1～90.9℃时，可使用公式（1）和（2）计算所测细菌 DNA 的（G+C）mol%含量，在其他数值情况下，使用公式（3）和（4）计算。

公式（1）：1 SSC 条件下，（G+C）mol% = （T_m−69.3）×2.44；

公式（2）：0.1 SSC 条件下，（G+C）mol% = （T_m−53.9）×2.44；

公式（3）：1 SSC 条件下，（G+C）mol% = 51.2+2.44（T_m 待测菌−T_m 大肠杆菌 K12）；

公式（4）：0.1 SSC 条件下，（G+C）mol% = 51.2+2.08（T_m 待测菌–T_m 大肠杆菌 K12）。

实验四 利用 16S rRNA 序列鉴定微生物

一、目的要求

学习并掌握利用 16S rRNA 序列鉴定微生物的原理及方法。

二、实验说明

微生物的分类鉴定方法包括分离培养、形态特征、生理生化反应等。随着分子生物学技术的迅速发展，出现了多种分子生物学的分类方法，包括限制性片段长度多态性分析（RFLP）、PCR 指纹图谱、rRNA 基因（即 rDNA）指纹图谱、16S rRNA 序列分析等。此类技术主要是对微生物的染色体或染色体外的 DNA 片段进行分析，从遗传进化的角度和分子水平进行分类鉴定，从而使微生物的分类鉴定更科学、更精确。其中原核微生物 16S rRNA 基因和真核微生物 18S rRNA 基因序列分析技术已被广泛应用于微生物的分类与鉴定中。原核微生物的 rRNA 按沉降系数分为 3 种，分别为 5S、16S 和 23S rRNA。16S rDNA 是原核微生物染色体上编码 16S rRNA 相对应的 DNA 序列，存在于所有细菌染色体基因中。该基因在细菌及其他原核微生物的进化过程中高度保守，含有高度保守的序列区域和高度变化的序列区域，被称为细菌的"分子化石"。因此很适用于对进化距离不同的各种原核微生物亲缘关系的比较研究。

三、实验材料

（1）菌种　待鉴定菌种、大肠杆菌 DH5α 感受态细胞。

（2）药品与试剂　pMD18-T 载体、LB 液体培养基、2×*Taq* Mix DNA 聚合酶、DNA 凝胶回收试剂盒、T₄ DNA 连接酶、IPTG（异丙基硫代半乳糖苷）、X-gal（5-溴-4-氯-3-吲哚-*β*-D-半乳糖苷）、限制性核酸内切酶等。

（3）器材及其他　PCR 仪、电泳仪、电泳槽、高速冷冻离心机、恒温摇床、恒温培养箱、凝胶成像系统等。

四、方法步骤

（1）引物的设计与合成。本实验使用 16S rRNA 通用引物，引物序列为 27F：5′-AGAGTTTGATCCTGGCTCAG-3′和 1492R：5′-TACGGCTACCTTGTTACGACTT-3′，上述序列提交基因合成公司进行合成。

（2）按照本章实验二方法提取待鉴定细菌的基因组 DNA，以上述引物进行 PCR 扩增，反应体系含 ddH₂O 9.5μL，2×Taq Mix DNA 聚合酶 12.5μL，基因组 DNA 模板 1μL，10μmol/L 的上下游引物各 1μL。反应程序为 94℃预变性 5min，94℃变性 30s，55℃退火 30s，72℃延伸 90s，30 个循环，72℃终延伸 10min。

（3）按照本章实验一方法配制琼脂糖凝胶，取 3～5μL 的 PCR 产物进行电泳检测，目的基因片段大小为 1465bp。

（4）参照 DNA 凝胶回收试剂盒说明书进行操作，回收 PCR 产物即 16S rRNA 的基因片段。

（5）取回收纯化后的 16S rRNA 的基因片段以 T₄ DNA 连接酶与 pMD18-T 载体进行连接，反应体系中含 pMD18-T 载体 1μL，16S rRNA 的 PCR 扩增片段 7μL，T₄ DNA 连接酶 1μL，10×T₄ DNA 连接酶 Buffer 1μL，混匀后 16℃水浴中连接过夜。

（6）将上述连接混合物与 100μL 的大肠杆菌 DH5α 感受态细胞混合均匀，冰浴 30min 后置于 42℃水浴中 90s，再迅速置于冰浴中 2～5min，加入 1mL 的 LB 液体培养基，于 37℃的恒温振荡器中 220r/min 振荡培养 45～90min 后以 3000r/min 离心 3～5min，弃去上清液，加入 100～200μL 的无菌 ddH₂O 重悬菌体，于超净工作台中涂布于含 50μg/mL 氨苄青霉素 LB 平板上，同时涂布 40μL 浓度为 20mg/mL 的 X-gal 和 4μL 浓度为 200mg/mL 的 IPTG，37℃恒温培养箱培养 12～16h。

（7）挑取培养平板上的白色菌落接种于 5mL 含 50μg/mL 氨苄青霉素的 LB 液体培养基中，恒温振荡器中以 220r/min 振荡培养过夜。

（8）按照本章实验一方法提取质粒，取 2～5μL 质粒，以 pMD18-T 载体插入位点两侧的任意两种限制性内切酶进行酶切，以琼脂糖凝胶电泳进行检测，观察电泳图谱中是否有 1465bp 的条带出现，出现该条带即为阳性重组子。

（9）将阳性重组子送测序公司进行测序；或 PCR 产物也可以不与 pMD18-T 载体连接，而直接取纯化的 PCR 产物送测序公司进行测序。

（10）将测序结果运用 DNAman 或 DNAstar 软件对测序得到的序列进行拼接。

（11）进入 NCBI 主页，点击 BLAST 程序，将测序结果输入后与 Genbank 中的序列进行比对，初步确定微生物的种类，若需要更准确的分类信息，需运用 MEGA6 等软件构建系统发育树。

实验五　核酸分子杂交技术检测微生物

一、目的要求

1. 学习并掌握核酸探针的制备方法。
2. 学习并掌握斑点杂交及检测的原理及方法。

二、实验说明

核酸分子杂交技术是根据两条互补的核苷酸单链之间的非共价键结合，从而形成稳定的双链区的原理所建立，用一段已知序列的放射性或非放射性标记的核苷酸单链做探针，与待检标本中的 DNA 杂交来探查待检标本中有无与之相互补的核酸。由于核酸分子杂交的高度特异性及检测方法的灵敏性，使其可广泛应用于各类微生物的检测与鉴定中。分子杂交可在 DNA 与 DNA、RNA 与 RNA 或 RNA 与 DNA 的两条单链之间进行，DNA 一般都以双链形式存在，因此在进行分子杂交时，应先将双链 DNA 分子解聚成为单链。杂交的类型包括固相杂交和液相杂交，其中固相杂交包括菌落原位杂交、斑点杂交、Southern 印迹杂交、Northern 印迹杂交和组织原位杂交等。本实验学习以非放射性标记物-地高辛（DIG）标记的 DNA 片段为探针，用斑点杂交法检测微生物 DNA 的方法。原理在于，用地高辛（DIG）类固醇半抗原标记特异 DNA 片段做探针，与待检标本中 DNA 杂交，然后加入碱性磷酸酶标记的抗-DIG 抗体（抗 DIG-AP），再加入碱性磷酸酶的作用底物（NBT/BCIP），若待检标本中存在与探针同源的 DNA 序列，则探针与其杂交并与抗 DIG-AP 结合，碱性磷酸酶催化底物显色，则在杂交膜上出现蓝色斑点或条带。该探针可用于斑点杂交、菌落原位杂交及 Southern blot 杂交。

三、实验材料

（1）药品与试剂　待标记的单链 DNA 片段、六核苷酸混合物、标记的 dNTP 混合物、Klenow 聚合酶、LiCl、无水乙醇，pH8.0 的 TE 缓冲液、pH8.0 的 EDTA 溶液、硝酸纤维素膜、待检微生物标本 DNA、马来酸缓冲液、预杂交液、杂交检测液、BCIP/NBT 浓缩液、抗 DIG 单克隆抗体、20×SSC 储存液（在 800mL 无菌去离子水中溶解 175.3g NaCl 和 88.2g 柠檬酸钠，加入数滴 10mol/L 的 NaOH 溶液调节 pH 值至 7.0，加水定容至 1L，分装后 121℃高压灭菌）等。

（2）器材及其他　台式高速离心机、超低温冰箱、电热恒温水槽、电热干燥箱、微量移液器等。

四、方法步骤

1. DIG-DNA 探针的制备

（1）取待标记 DNA，加无菌去离子水至 15μL，于沸水浴中变性 10min 后迅速置于冰水中冷却。

（2）在冰水上向变性后待标记的 DNA 中加入 2μL 的六核苷酸混合物、2μL 的 dNTP 混合物和 1μL 的 Klenow 聚合酶。

（3）充分混匀后于 37℃ 孵育 60min 以上。

（4）向其中加入 2μL 0.2mol/L pH 8.0 的 EDTA 溶液以终止反应。

（5）加入 2.5μL 4mol/L 的 LiCl 和 75μL 经−20℃ 预冷的无水乙醇，充分混匀后 −70℃ 超低温冰箱中放置 30min 或−20℃ 放置 2h。

（6）以 12000r/min 离心 15min，弃上清保留沉淀，加入 100μL 预冷的 70%的乙醇洗涤沉淀物两次。

（7）真空短暂干燥后加入 50μL pH 8.0 的 TE 缓冲液溶解沉淀即可获得标记的 DNA 探针。

2. 斑点杂交实验

（1）杂交膜的制备

① 将从待检微生物标本中提取的 DNA 于 100℃ 下煮沸 10min 使其充分变性，并迅速置冰水中冷却。

② 杂交膜的处理。取硝酸纤维素膜以 2×SSC 溶液湿润均匀，37℃ 烘干。

③ 点样。以微量移液器取变性后待检的微生物 DNA 溶液 1μL 点在处理好的杂交膜上，同时设阳性和阴性对照，室温干燥。

④ 将点样后的杂交膜 80℃ 真空干燥 2h，使待检 DNA 固定于膜上。

（2）预杂交及杂交

① 预杂交。将杂交膜置于装有预热的标准预杂交液的杂交袋或杂交杯中，轻轻搅拌，于 37℃ 下预杂交 30min。

② 将制备好的 DIG 标记的 DNA 探针置沸水浴中煮沸 5min 后，迅速用冰水冷却获得变性后的 DNA 探针。

③ 将变性的 DNA 探针加入到预热的标准预杂交液中并充分混匀。

④ 将杂交膜置于含 DNA 探针的杂交液中轻轻搅拌，在 68℃ 下孵育至少 6h，对于检测微量 DNA 样本中的单拷贝基因需孵育 16h。

⑤ 杂交结束后以 2×SSC 和 0.1%的 SDS 混合液室温漂洗 2 次，每次 5min，随后用 0.1×SSC 和 0.1%的 SDS 于 68℃ 下漂洗 2 次，每次 15min，漂洗过程中需不断

轻轻搅拌。

（3）杂交结果的检测

① 将经过杂交和严格清洗后的杂交膜以马来酸缓冲液漂洗 1～5min；随后将其置于 l00μL 的阻断液（马来酸缓冲液进行 10 倍稀释，现用现配）中孵育 30min。

② 以阻断液稀释抗 DIG 抗体至 1：5000 左右。

③ 倾出阻断液，将杂交膜在 20mL 抗 DIG 抗体溶液中孵育 30min，随后以马来酸缓冲液洗膜 2 次，每次 15min，再用 2mL 核酸杂交检测液平衡膜 2～5min。

④ 将杂交膜在新鲜配制的显色基底液（向 10mL 的核酸检测液中加入 200μL 的 BCIP/NBT 浓缩液）中孵育，并用塑料袋或盒在暗室中密闭保存，注意显色过程中不能摇动。

⑤ 显色几分钟内即可有颜色沉淀形成，一般于 16h 内完成反应，反应过程中可短暂暴露于阳光下以观察反应进展。

⑥ 当颜色斑点或条带达到一定强度后，可用 50mL 去离子水或 pH 8.0 的 TE 缓冲液洗膜 5min 以终止反应。

⑦ 显色后的杂交膜可封存于聚乙烯袋内或拍照保存。

实验六　利用 ITS 序列鉴定真菌

一、目的要求

学习并掌握利用 ITS 序列进行真菌分类鉴定的方法。

二、实验说明

传统的真菌的分类鉴定主要按照真菌的形态学性状、生理生化特点及抗原构造等特征，但需要丰富的真菌鉴定工作经验而且需要花费较长的时间，由于真菌的种类众多、个体多态性明显，导致通过传统的表型特征鉴定常会出现假阳性或假阴性结果。随着现代分子生物学技术的发展，此类技术已广泛应用于生命科学的各个领域中。目前真菌的分类鉴定也逐渐趋向于传统分类方法与分子生物学分类方法相结合。可应用于真菌分类研究的分子生物学技术包括限制性片段长度多态性（RFLP）、DNA 扩增片段长度多态性（AFLP）、rDNA 内部转录间隔区（ITS）序列分析技术、扩增多态性 DNA（RAPD）技术等。其中 ITS 序列分析是利用 PCR 扩增核糖体 ITS

基因区段进行真菌分类鉴定及检测的方法。对于大多数真核生物来说，核糖体 rRNA 基因群的一个重复单位包括非转录区（NTS）、外转录间隔区（ETS）、18S rRNA 基因（18S rDNA）、内转录间隔区 1（简称 ITS1）、5.8S rRNA 基因（5.8S rDNA）、内转录间隔区 2（ITS2）和 28S rRNA 基因（28S rDNA）。其中 ITS1 和 ITS2 合称为 ITS，且 5.8S rRNA 基因也被包括在 ITS 之内。5.8S、18S 和 28S rRNA 基因有极大的保守性，即存在着广泛的异种同源性。而 ITS 区不加入成熟核糖体，因此 ITS 片段在进化过程中承受的自然选择压力较小，因此可能会有更多的变异，也具有更多的可遗传性状。ITS 序列在绝大多数的真核生物中表现出了极为广泛的序列多态性，即使是亲缘关系非常接近的种之间也可表现出 ITS 序列上的差异，显示最近的进化特征，成为 ITS 序列在微生物分类鉴定和群落分析的理论基础。

三、实验材料

（1）菌种 待检酵母菌或霉菌等真菌。

（2）药品与试剂 YPD 培养基、pH8.0 的 TE 缓冲液、溶壁酶、10%的 SDS、蛋白酶 K、NaCl、CTAB、苯酚、氯仿、异戊醇、异丙醇、70%乙醇、琼脂糖、RNaseA、2×*Taq* Mix DNA 聚合酶、DNA 凝胶回收试剂盒等。

（3）器材及其他 超净工作台、微量移液器、电子天平、高速台式离心机、电热恒温水槽、恒温摇床、PCR 仪、电泳仪、凝胶成像系统、紫外分光光度计等。

四、方法步骤

1. 真菌基因组 DNA 的提取与鉴定

（1）本实验以 ITS 序列鉴定酵母菌为例，按照附录三 YPD 培养基的配方称取葡萄糖 2g，胰蛋白胨 2g，酵母提取物 1g，溶解于 100mL 无菌水中，调整 pH 值为 5.0～5.5，121℃灭菌 20min，备用。

（2）将待鉴定的酵母菌接种于 YPD 培养基中，于 30℃的恒温摇床中培养 16～18h。

（3）收集菌体：取酵母菌培养液 1mL，于 12000r/min 离心 10min，弃掉上清液。

（4）向菌体沉淀中加入 500μL pH 8.0 的 TE 缓冲液悬浮沉淀，并加 10～20μL 的溶壁酶混匀，37℃保温 30min。

（5）加入 30μL 10%的 SDS 以及 3μL 20μg/mL 的蛋白酶 K，充分混匀后 37℃保温 1h。

（6）反应结束后加入 100μL 5mol/L 的 NaCl 混匀。

（7）加入 8μL 的 CTAB/NaCl 溶液，混匀后置于 65℃电热恒温水槽中保温 10min。

（8）加入与溶液等体积的苯酚/氯仿/异戊醇（三者的比例为 25∶24∶1）抽提，12000r/min 离心 10min，将上清液移至干净的离心管中。

（9）加入与溶液等体积的氯仿/异戊醇（两者的比例为 24∶1）抽提，于 12000r/min 离心 10min，将上清液移至干净的离心管中。

（10）加入与溶液等体积的异丙醇，颠倒混合后与–20℃放置 30min 以沉淀 DNA，于 12000r/min 离心 10min。

（11）弃去清液，DNA 沉淀用 70%乙醇洗涤两次后，自然干燥，加入 50～100μL 的 TE 缓冲液进行溶解，并加入 1μL 的 RNaseA 以降解 RNA。

（12）参照本章实验一方法，取提取的酵母菌基因组 DNA 2～3μL 进行琼脂糖凝胶电泳检测，按照本章实验三中的方法测定所提酵母菌基因组 DNA 的浓度和纯度。

2.ITS 序列的 PCR 扩增

（1）合成用于 PCR 扩增真菌 ITS 序列的通用引物为 ITS1：5′-CCGTAGGTG-AACCTGCGG 3′，ITS4：5′-TCCTCCGCTTATTGATATGC-3′。

（2）以提取的酵母菌基因组 DNA 为模板，以上述引物进行 PCR 扩增，扩增体系含 ddH$_2$O 9.5μL，2×*Taq* Mix DNA 聚合酶 12.5μL，基因组 DNA 模板 1μL，10μmol/L 的上下游引物各 1μL。反应程序为 94℃预变性 5min，94℃变性 30s，55℃退火 30s，72℃延伸 1min，30 个循环，72℃终延伸 10min。反应结束后进行 1%的琼脂糖凝胶电泳检测。

3.ITS 扩增序列的测序与分析

（1）以 DNA 凝胶回收试剂盒参照说明书回收 PCR 扩增获得的 ITS 基因的 DNA 片段。

（2）将纯化后的 DNA 片段送测序服务公司进行序列测定。

（3）登录 NCBI 主页，点击 BLAST 程序，点击 Nucleotide-nucleotide BLAST，在 Search 文本框中粘贴测序所得的序列，点击 BLAST，点击 Format，得到 BLAST 结果，初步确定微生物的种类,若需要更准确的分类信息,可进一步构建系统发育树。

实验七　微生物群落结构多样性的分析

一、目的要求

学习并掌握微生物群落结构多样性分析的方法。

二、实验说明

　　微生物群落的种群多样性是微生物生态学和环境学科研究的重点。群落结构决定了生态功能的特性与强弱，群落结构的高稳定性是实现生态功能的重要因素。而且群落结构的变化是标记环境变化的重要指标，通过对目标环境微生物群落的种群结构和多样性进行解析并研究其动态变化，可以为优化群落结构、调节群落功能和发现新的重要微生物功能类群提供可靠的依据。

　　对于微生物群落结构和多样性的解析技术最初主要依赖传统的分离培养方法，根据微生物形态、培养特征及生理生化等特性的比较进行分类鉴定，但此方法对于微生物群落结构及多样性的认识不够全面，分辨水平较低。随后，研究人员通过对微生物化学成分的分析总结出了一些规律性的结论，并以此建立了微生物分类和定量的方法，即生物标记物方法，对环境微生物群落结构及多样性的认识进入到较为客观的层次上。随着现代分子生物学技术的发展，目前对于微生物群落结构多样性的分析常以 DNA 为目标物，通过 rRNA 基因测序技术和基因指纹图谱等方法，比较精确地揭示微生物种类和遗传的多样性，获得关于群落结构的直观信息。目前常用的微生物群落结构多样性的分析分子生物学方法主要包括克隆文库法、DGGE（变性梯度凝胶电泳）法、高通量测序法等。其中克隆文库方法是基于 DNA 提取，16S rRNA 基因扩增和序列测定的方法。16S rRNA 基因可以作为微生物多样性研究的标记分子，其具有高度保守的引物结合位点和高度易变的可供特定微生物鉴定的特异性位点。本实验介绍利用 16S rRNA 基因分析土壤微生物群落结构多样性的方法。

三、实验材料

　　（1）药品与试剂　土样、蛋白酶 K、溶菌酶、20% SDS、氯仿、异戊醇、异丙醇、70%乙醇、RNaseA、琼脂糖、2×*Taq* Mix DNA 聚合酶、DNA 凝胶回收试剂盒、大肠杆菌 DH5α 感受态细胞、pMD18-T 载体、LB 液体培养基、T₄ DNA 连接酶、IPTG、X-gal、限制性核酸内切酶等。

　　① TENP 缓冲液：含 50mmol/L 的 Tris、20mmol/L 的 EDTA、100mmol/L 的 NaCl 和 1%的聚乙烯吡咯烷酮（PVP），调整 pH 值为 10.0。

　　② PBS 缓冲液：称取 8g NaCl、0.2g KCl、1.44g Na₂HPO₄ 和 0.24g KH₂PO₄，溶于 800mL 蒸馏水中，调节溶液的 pH 值至 7.4，最后加蒸馏水定容至 1L，121℃下高压蒸汽灭菌 20min，保存于室温或 4℃冰箱中。

　　③ DNA 提取缓冲液：含 100mmol/L 的 Tris、100mmol/L 的 EDTA、100mmol/L 的 Na₃PO₄、1.5mmol/L 的 NaCl 和 1%的 CTAB，调整 pH 值为 8.0。

　　（2）器材及其他　电子天平、恒温摇床、台式高速离心机、电热恒温水槽、涡旋振荡器、微量移液器、PCR 仪、电泳槽、电泳仪、凝胶成像系统等。

四、方法步骤

1. 土壤微生物总 DNA 的提取与纯化

（1）用电子天平取 2g 土样，置于 50mL 灭菌的离心管中。

（2）加入 10mL 的 TENP 缓冲液悬浮土样，200r/min 恒温摇床中振荡 10min 充分混匀。

（3）以台式高速离心机 12000r/min 离心 5min，弃上清，重复洗涤多次至上清基本为无色。

（4）加入 5mL PBS 缓冲液，12000r/min 离心 5min，弃上清。

（5）向沉淀中加入 13.5mL 的 DNA 提取缓冲液进行重悬，随后加入 100μL 25mg/mL 的蛋白酶 K 和 200μL 50mg/mL 的溶菌酶，置于 37℃电热恒温水槽中水浴 30min，每隔 10min 颠倒混匀一次。

（6）加入 2mL 20%的 SDS，置于 65℃电热恒温水槽中水浴 2h，每隔 20min 颠倒混匀一次。

（7）以台式高速离心机 8000r/min 离心 15min，吸取上清转移至新离心管中，加入与上清液等体积氯仿/异戊醇(两者的比例为 24∶1)混匀后，12000r/min 离心 10min。

（8）取上清液至新离心管中，加入上清液 0.6 倍体积的异丙醇，混匀后放置于 4℃冰箱内沉淀过夜。

（9）4℃以 12000r/min 冷冻离心 20min 收集 DNA 沉淀。

（10）加入 0.5mL 70%的乙醇，4℃以 12000r/min 冷冻离心 5min 进行漂洗，并重复漂洗 1 次，弃掉上清，沉淀自然干燥后加入 100μL 含 20mg/mL RNaseA 的无菌水溶解。取提取的土壤微生物总 DNA 2～5μL 进行琼脂糖凝胶电泳检测，具体方法参照本章实验一进行。

（11）将提取的土壤微生物总 DNA 以 DNA 凝胶回收试剂盒按照说明书步骤进行回收纯化。

2. 土壤微生物总 DNA 的 PCR 扩增与纯化

（1）引物设计与合成。本实验使用 16S rRNA 通用引物，引物序列为 27F：5′-AGAGTTTGATCCTGGCTCAG-3′和 1492R：5′-TACGGCTACCTTGTTACGACTT-3′，上述序列提交基因合成公司进行合成。

（2）以提取并纯化的土壤微生物总 DNA 为模板，以上述引物进行 PCR 扩增，反应体系含 ddH$_2$O 9.5μL，2×*Taq* Mix DNA 聚合酶 12.5μL，基因组 DNA 模板 1μL，10μmol/L 的上下游引物各 1μL。反应程序为 94℃预变性 5min，94℃变性 30s，55℃退火 30s，72℃延伸 90s，30 个循环，72℃终延伸 10min。

（3）取 3～5μL 的 PCR 产物按照本章实验一方法进行琼脂糖凝胶电泳检测，目的基因片段大小为 1465bp。

（4）参照 DNA 凝胶回收试剂盒说明书操作，回收 PCR 产物即 16S rRNA 的基因片段。

3. 克隆文库的构建及序列测定

（1）取回收纯化后的 16S rRNA 的基因片段以 T_4 DNA 连接酶与 pMD18-T 载体进行连接，反应体系中含 pMD18-T 载体 1μL，PCR 扩增获得的 16S rRNA 的基因片段 7μL，T_4 DNA 连接酶 1μL，10×T_4 DNA 连接酶 Buffer 1μL，混匀后 16℃水浴中连接过夜。

（2）将上述连接混合物与 100μL 的大肠杆菌 DH5α 感受态细胞混合均匀，冰浴 30min 后置于 42℃水浴中 90s，再迅速置于冰浴中 2～5min，加入 1mL 的 LB 液体培养基，于 37℃中恒温振荡器中 220r/min 振荡培养 45～90min，以 3000r/min 离心 3～5min，弃去上清液，加入 100～200μL 的无菌 ddH_2O 重悬菌体，于超净工作台中涂布于含 50μg/mL 氨苄青霉素 LB 平板上，同时涂布 40μL 浓度为 20mg/mL 的 X-gal 和 4μL 浓度为 200 mg/mL 的 IPTG，37℃恒温培养箱培养 12～16h。

（3）尽量多挑取培养平板上的白色菌落接种于 5mL 含 50μg/mL 氨苄青霉素的 LB 液体培养基中，恒温振荡器中 220r/min 振荡培养过夜。

（4）按照实验一的方法提取质粒，取 2～5μL 质粒，以 pMD18-T 载体插入位点两侧的任意两种限制性内切酶进行酶切，以琼脂糖凝胶电泳进行检测，观察电泳图谱中是否有 1465bp 的条带出现，出现该条带的相应菌均为阳性重组子。

（5）将所有阳性重组子送测序服务公司进行测序。

（6）登录 NCBI 主页，点击 BLAST 程序，点击 Nucleotide-nucleotide BLAST，在 Search 文本框中粘贴测序所得的序列，点击 BLAST，点击 Format，得到 BLAST 结果，并运用 MEGA6 等软件构建系统发育树。

第九章

微生物菌种选育技术

以微生物为灵魂的发酵工业，要使产品的品种、质量和产率都有高速的发展，首先必须选育优良的生产菌种。

建立在微生物遗传与变异基础之上的菌种选育技术很多，有杂交育种技术、细胞融合技术、诱变育种技术以及基因工程技术等。本章主要介绍一些当前在微生物产品生产的育种工作中，行之有效的诱变育种技术。

诱变育种是利用物理或化学因素处理微生物细胞群体，诱发基因突变，然后从众多的突变株中筛选出需要的菌株，它是目前应用最广和最主要的一种方法。需要注意的是诱变剂通常也是致癌剂，在使用时必须非常谨慎，要避免紫外线直接照射人体皮肤及眼睛；γ-射线由于穿透力和杀菌作用都很强。因此，使用时需采用专用设备和更加严格的防护措施；化学诱变剂使用时必须十分谨慎，不能直接用口吸取，避免与皮肤直接接触和吸入它的蒸汽，操作室内应装有通风装置或蒸汽罩。

实验一　诱变育种的基本程序及操作要点

一、目的要求

学习诱变育种的基本原理和操作方法。

二、实验说明

微生物诱变育种一般按照图 9-1 所示工作程序进行。

三、诱变育种的操作要点

1. 出发菌株的选择

用来进行诱变的菌株称为出发菌株。诱变育种的目的在于提高微生物代谢产物的产量、改进质量或产生新的代谢产物。因此，选择出发菌株对诱变效果尤为重要。

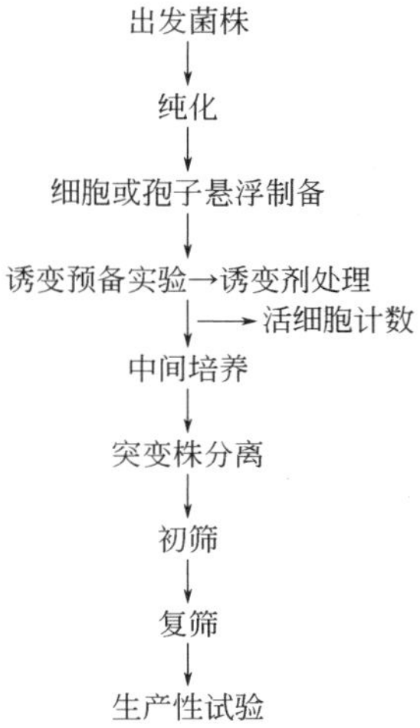

（1）作为出发菌株应对诱变剂敏感，变异幅度大。

（2）从自然界分离到的野生型菌株，对诱变剂敏感，易发生正向突变。由自发突变经筛选得到的菌株也属于野生型菌株。

（3）经诱变处理获得的高产菌株再诱变时易出现负突变，继续提高质量较难，不宜直接作出发菌株。

（4）选择易于表现出基因发生改变的单倍体细胞，酵母菌二倍体细胞很稳定，应该挑选异宗接合的单倍体菌株或用子囊孢子进行诱变。

（5）选择单核或细胞核少的细胞，在霉菌的诱变育种时，多采用分生孢子或孢囊孢子进行诱变处理。

```
出发菌株
  │
 纯化
  │
细胞或孢子悬浮制备
  │
诱变预备实验 → 诱变剂处理
          │
          └→ 活细胞计数
中间培养
  │
突变株分离
  │
 初筛
  │
 复筛
  │
生产性试验
```

图 9-1　诱变育种工作程序

2. 细胞悬液的制备

（1）采用生理状态一致的单细胞或单孢子进行诱变处理，不但能使细胞均匀地接触诱变剂，还可以减少分离性表型延迟现象的发生。因此，诱变处理前的细胞应尽可能达到同步培养和对数生长期状态。

（2）一般诱变处理真菌孢子或酵母菌营养细胞，其细胞悬液浓度应为 10^6 个/mL；而细菌营养细胞或放线菌孢子浓度为 10^8 个/mL，细胞悬液浓度可用平板计数法和血细胞计数板法测定。

（3）一般情况下，使用物理诱变剂处理时，用生理盐水配制细胞悬液；而使用化学诱变剂处理时，由于 pH 变化易引起诱变剂性质的改变而都使用缓冲液配制细胞悬液。

3. 诱变剂和处理方法的选择

（1）诱变剂的选择　对诱变剂的要求是使遗传物质改变大，难于产生回复突变，这样获得的突变株性状稳定。亚硝基胍（NTC）和甲基磺酸乙酯（EMS）等烷化剂虽能引起高频度的变异，但它们多是引起碱基对转换突变，易发生回变；而能引起染色体大损伤或移码突变的紫外线、γ-射线等诱变剂，具有优越的性能。

（2）诱变剂量的选择　选择最适诱变剂量，也就是在提高突变率的基础上，既能扩大变异幅度，又能使变异向正向突变范围移动的剂量。研究发现正向突变多出现在偏低剂量中,形态变异多发生在偏高剂量中,而一般形态变异多趋向于降低产量。

(3)诱变处理方法选择

① 紫外线与光复活的交替处理　能使紫外线诱变作用得到显著增强。多次紫外线照射后,并在每次照射后进行一次光复活,突变率将大大提高。

② 诱变剂的复合处理　有一定的协同效应,复合处理有以下几种方式:两种或多种诱变因子先后使用;同一种诱变剂重复使用;两种或两种以上诱变剂的交替使用等。

4. 中间培养

突变基因的出现并不意味着突变表型的出现,表型的改变落后于基因型改变的现象,称为表型延迟,其是由分离性延迟和生理性延迟造成的。为此,必须将经诱变处理的菌液进行中间培养,即将菌液接入完全液体培养基中培养过夜。

5. 突变株的分离

(1)营养缺陷型菌株的分离　一般分为诱变处理、中间培养、淘汰野生型、缺陷型的检出和鉴定等步骤。诱变处理及中间培养,前面已作了介绍。这里主要介绍缺陷型菌株的分离。

① 淘汰野生型、浓缩缺陷型　对诱变处理后经过中间培养的培养物进行如下处理。

a. 饥饿培养。将经过中间培养的菌液,离心收集菌体,用生理盐水洗涤离心两次,将菌体置于无氮基本培养液中培养 6～12h,使其游离的有机含氮化合物耗尽。

b. 2 倍氮源培养。将上述培养液全部移入等量的含有 2 倍氮源的基本培养基中培养 2～3h 后,根据不同菌种选择下列方法。

青霉素法:青霉素能抑制正在增殖的革兰氏阳性细胞的细胞壁合成,因而可杀死野生型细胞,达到浓缩缺陷型细胞的目的。

D-环丝氨酸法:用 2×10^{-3}mol/L 浓度的 D-环丝氨酸处理大肠杆菌,使正在增殖的细胞发生裂解。

五氯酚法:那些对青霉素无效应的微生物,如青霉属、链霉菌属、芽孢杆菌属的菌株,用 25～50mg/mL 五氯酚处理其发芽的孢子,即可致死,而未发芽的孢子则有抗性。

亚硫酸法:适当浓度的亚硫酸对霉菌发芽孢子有选择性杀死作用,可用来浓缩缺陷型细胞。

制霉菌素法:用浓度为 10μg/mL 制霉菌素处理酵母菌细胞 1h,因制霉菌素可掺入正在增殖的细胞中,从而选择性地杀死野生型细胞。

过滤法:应用于丝状真菌,其原因是在液体基本培养基中,野生型孢子能萌发形成菌丝,而缺陷型孢子不能萌发,经过滤除去菌丝可淘汰野生型。如此重复几次,效果更好。

差别杀菌法：细菌的芽孢较营养细胞耐热，将经诱变处理的细菌芽孢接种在液体基本培养基中培养一定时间，野生型芽孢发育成营养体，此时加热至 80℃，保温 15min，即可被杀死；缺陷型孢子因为仍然保持为芽孢状态而保留下来得以浓缩。

② 缺陷菌株的检出　经浓缩处理的菌液中营养缺陷型比例增大，但并不是每个细胞都是缺陷型，还需要通过一定方法将其分离检出。方法主要有逐个检出法、夹层培养法、限量补充法、影印接种法等。

a. 逐个检出法。将浓缩处理过的菌液涂布于完全培养基平板上，待长出菌落后，逐个用牙签按一定排列顺序点接到预先在皿底背面划好 30 个左右小方格的基本培养基和完全培养基平板上。经培养后，在完全培养基的某一位置上出现菌落，而在基本培养基的相对位置上却没有菌落生长，那么该菌株可能是营养缺陷型，将其接入完全培养基斜面培养后保存待测。

b. 夹层培养法。融化分装在试管中的 10mL 基本培养基，冷却至 45～50℃，加入适当稀释的经浓缩处理的菌液（每皿 50～100 个菌落），混匀，立即倾于预先准备好的基本培养基平板上，待凝固后培养 1～2d，长出菌落后，从培养皿的背面用记号笔将长出菌落的地方作好标记，然后在其上加入融化并冷却至 45～50℃ 的 10mL 完全培养基，凝固后，培养 2～3d，在前次没有菌落的地方生出菌落，这些新生出的菌落较小，可能是营养缺陷型。将其转移入完全培养基斜面培养后保存待测。

c. 限量补充培养法。将经适当稀释的浓缩处理液涂布于含有微量（0.01%以下）蛋白胨或 0.1%完全培养基成分的基本培养基平板上。经培养后，野生型细胞迅速生长成较大菌落，而缺陷型细胞由于生长缓慢，只能形成小菌落。将其转接入完全培养基斜面培养后保存待测。

d. 影印接种法。将经适当稀释的浓缩处理菌液涂布于完全培养基平板上（每皿 50～100 个菌落）。经培养生成菌落。然后用包有灭菌丝绒布的木质圆柱（直径应略小于培养皿底），将平板上的全部菌落以盖印章的方法转接到一基本培养基平板上。经培养后，如果在完全培养基上有菌落生出，而在基本培养基平板上相应部位无菌落生出，那么此菌落为营养缺陷型，将其转接入完全培养基斜面中培养后保存待测。

③营养缺陷型的鉴定

a. 氨基酸、维生素、核酸碱基 3 大类营养缺陷的鉴定。将生长在完全培养基斜面上待测的营养缺陷型细胞或孢子，用无菌水洗下，离心收集菌体，充分洗涤离心后，制成细胞浓度为 10^6～10^8 个/mL 的菌悬液。取 1mL 菌悬液于培养皿中，倾入 15mL 融化并冷却至 45～50℃ 的基本培养基，充分混匀凝固后，即制得含菌的待测平板。在平板背面用记号笔划 3 个区域，然后在平板上的 3 个区域上分别贴上蘸有氨基酸、维生素、核酸水解物的滤纸片。经培养后，如发现滤纸片周围出现微生物生长圈，说明该待测菌株为该滤纸蘸有的营养物质的营养缺陷菌株。

b. 单一氨基酸营养缺陷的确定。通常采用生长谱法进行。先将属于氨基酸缺陷型菌株分别制成待测平板（方法同上）。将待测平板背面用记号笔划 6 个区域，分别贴上蘸有如表 9-1 所示的各组氨基酸混合液的滤纸片，培养后观察滤纸片周围微生物生长情况。按表 9-2 所示的位置，确定待测菌株为单一氨基酸营养缺陷型，各种营养物质的标准添加量如表 9-3 所示。

表 9-1　各组氨基酸混合液组成

组别	1	组氨酸	苏氨酸	谷氨酸	天冬氨酸	亮氨酸	甘氨酸
	2	赖氨酸	苏氨酸	蛋氨酸	异亮氨酸	缬氨酸	丙氨酸
	3	苯丙氨酸	谷氨酸	蛋氨酸	酪氨酸	色氨酸	丝氨酸
	4	胱氨酸	天冬氨酸	异亮氨酸	酪氨酸	精氨酸	脯氨酸
	5		亮氨酸	缬氨酸	色氨酸	精氨酸	
	6		甘氨酸	丙氨酸	组氨酸	脯氨酸	

表 9-2　缺陷型菌株对营养要求情况

生长圈所处区域	营养要求	生产圈位置	营养要求
1	组氨酸	2、3	蛋氨酸
2	赖氨酸	2、4	异亮氨酸
3	苯丙氨酸	2、5	缬氨酸
4	胱氨酸	2、6	丙氨酸
1、2	苏氨酸	3、4	酪氨酸
1、3	谷氨酸	3、5	色氨酸
1、4	天冬氨酸	3、6	丝氨酸
1、5	亮氨酸	4、5	精氨酸
1、6	甘氨酸	4、6	脯氨酸

表 9-3　营养缺陷型菌株所需营养物的添加量

名称	对各类菌添加的数量/（mg/L）		
	A	B	C
氨基酸类			
精氨酸	10	80	35
蛋氨酸	10	70	30
赖氨酸	10	70	30
胱氨酸	50	120	100
亮氨酸	10	70	30

名称	对各类菌添加的数量/（mg/L）		
	A	B	C
异亮氨酸	10	70	30
缬氨酸	10	60	25
苯丙氨酸	10	80	35
酪氨酸	10	90	40
色氨酸	10	100	100
组氨酸	10	80	35
苏氨酸	10	60	500
谷氨酸	20	90	30
脯氨酸	10	60	25
天冬氨酸	10	70	30
丙氨酸	10	40	20
甘氨酸	10	40	15
丝氨酸	10	50	25
羟脯氨酸	10	70	30
维生素类			
硫胺素	0.001	0.5	0.2
烟酰胺	0.1	1	0.2
核黄素	0.5	1	0.2
吡哆醇	0.1	0.5	0.2
泛酸	0.1	2	0.2
生物素	0.001	0.002	0.002
对氨基苯甲酸	0.1	0.1	0.2
胆碱	2	2	25
肌醇	1	4	10
核酸碱基类			
腺嘌呤	10	70	30
黄嘌呤	10	80	30
次黄嘌呤	10	70	30
鸟嘌呤	10	60	30
胸腺嘧啶	10	60	25
尿嘧啶	10	60	25
胞嘧啶	10	60	25

注：A 表示杆菌；B 表示曲霉；C 表示啤酒酵母。

（2）抗性突变株的分离

① 抗药性突变株的分离

a. 制备含不同药物浓度的培养基平板，将培养至对数期的菌液（浓度为 $10^6 \sim 10^8$ 个/mL）涂布于平板上培养。

b. 确定菌的增殖几乎完全被抑制所需的最低药物浓度，以此作为该药剂的临界用量。

c. 制备多个含有这种药物临界浓度的培养基平板，取诱变处理后的细胞悬浮液 0.1mL 涂于平板上，在适当温度下培养数日，挑取长出的菌落。对于那些无法找到临界用量的药剂可采用梯度平板法进行分离。先在培养皿中加入 10mL 完全琼脂培养基倾斜放置培养皿，待凝固后，放平培养皿。再倒入 10mL 含有适当浓度药物的培养基，成为药物梯度平板，在其上涂布诱变处理后的菌液 0.1mL，培养后，在临界剂量以下时，对药物敏感的细胞能大量生长，而在药物高浓度区域，只有少量的菌落生出，可视为抗药性突变株。

② 抗代谢结构类似物突变株的分离。一般应用筛选代谢结构类似物抗性菌株的方法进行，具体操作可参照抗药性突变株分离方法。

（3）产量性状突变株的分离　在产量性状诱变处理后的微生物群体中，出现的各种突变型个体绝大多数属负向突变。要将其中极个别的产量提高较为显著的正向突变个体筛选出来确实很难，为了在最短的时间里取得最大的成效，需要设计和采用效率较高的筛选方案和筛选方法。

筛选过程应分为初筛和复筛两个阶段，前者以选留菌株的数量为主，后者以质（测定）为主。例如，在工作量限度为 200 只摇瓶的具体条件下，为了达到最高工作效率，可采用以下筛选方法。

第一轮：

1 个出发菌株 $\xrightarrow[\text{处理}]{\text{诱变剂}}$ 选出 200 个菌株 $\xrightarrow[\text{（每株1瓶）}]{\text{初筛}}$ （选出 50 株）$\xrightarrow[\text{（每株4瓶）}]{\text{初筛}}$ → 选出 5 株

第二轮：

5 个出发菌株 $\xrightarrow[\text{处理}]{\text{诱变剂}}$ 5×40 株 $\xrightarrow[\text{（每株1瓶）}]{\text{初筛}}$ →（选出 50 株）$\xrightarrow[\text{（每株4瓶）}]{\text{初筛}}$ → 选出 5 株

第三轮、第四轮……（同第二轮）

直至获得良好结果为止。采用这种筛选方案，不仅能以较少的工作量得到较好的菌株，而且还可使某些眼前产量虽不很高，但有发展前途的优良菌株不致落选。

① 初筛方法

a. 对于放线菌和霉菌出现的不产孢子突变株，可立即淘汰，因为它们在生产上接种困难。

b. 利用和创造形态、生理与代谢产物产量间的相关性对突变株进行筛选。应用鉴别培养基或其他方法，可以将原来肉眼看不到的生理性状或产量性状转化为可见的形状，例如，形成的变色圈、透明圈、生长圈及抑菌圈的大小等，都可作为初筛中估计某突变菌株产生相应代谢产物能力的"形态"指标。

② 复筛。复筛是对突变株作较精确的定量测定，通常是将突变株接入三角瓶中的培养液中振荡培养，然后对培养液进行分析测定。在此培养条件下，由于菌株在培养液中分布均匀、营养丰富、供氧充足，还能充分排出代谢物。因此，与生产发酵罐的条件接近，所测数据更具有实际意义。

实验二　紫外线诱变最适剂量的测定

一、目的要求

了解紫外线诱变育种的原理，掌握测定最适诱变剂量的方法。

二、实验说明

紫外灯发射的紫外线波长为254nm，其诱变和杀菌作用既强又稳定。紫外线诱变的主要原理是由于DNA对紫外线有强烈的吸收作用，而导致DNA结构的变化。如DNA链的断裂、碱基破坏等阻碍碱基的正常配对，引起微生物突变或死亡。可见，紫外线具有诱变和杀菌的双重生物学效应，随着照射剂量的增长，杀菌率和突变率随之提高。但照射剂量增加到一定程度时，其杀菌率继续增大，而突变率却降低，这说明存在着最适剂量。在微生物产量性状诱变育种中，凡是在提高突变率的基础上，既能扩大变异幅度，又能使变异向正向突变范围移动的剂量，称为诱变剂的最适剂量，由于紫外线的强度单位（剂量）（尔格[1]/mm²）测定较为困难，所以在实际诱变育种中常用紫外线照射时间或细胞的死亡率表示相对剂量，其中以细胞死亡率表示更有实际意义。

本实验以枯草杆菌（*B.subtili*）腺嘌呤缺陷型菌株（ade⁻）为出发菌株，以营养缺陷的回复突变作为诱变效应的指标，测定紫外线诱变剂的最适剂量。以照射时间为横坐标，以细胞存活率或死亡率和突变率为纵坐标作图，绘制细胞存活率和突变率曲线，突变率最高值相对应的细胞死亡率即为最适剂量。

经紫外线损伤的DNA能被可见光复活，因此，紫外线诱变处理过程只能在红

---

[1] 尔格是功的单位，指1达因的力使物体在力的方向上移动1cm所做的功，达因是指质量为1g的物体产生1cm/s²的加速度的力。

光下进行,要避免可见光的照射,经过紫外线照射后的样品需用黑纸或黑布包裹后,置培养箱中培养。此外,照射处理后的样品也不易存放太久,以避免突变在黑暗优势下的暗修复。

三、实验材料

(1)菌种　枯草杆菌腺嘌呤缺陷型菌株(*B.subtilis* ade⁻)。

(2)培养基　牛肉膏蛋白胨培养基、细菌基本培养基。

(3)器材及其他　生理盐水、诱变箱、磁力搅拌器、涂布器、离心管、培养皿等。

四、方法步骤

(1)菌体的培养　取斜面菌种 1 环,接种于盛有 20mL 牛肉膏蛋白胨培养的 250mL 三角瓶中,37℃振荡培养 6～8h,取 1mL 培养液转接入另一只盛有 20mL 牛肉膏蛋白胨培养基的三角瓶中,37℃振荡培养 6～8h,使细胞处于对数增殖期。

(2)细胞悬浮液的制备　取 20mL 培养液,离心(3500r/min,10min)收集菌体,沉淀用 20mL 生理盐水洗涤离心 2 次,之后将菌体充分悬浮于 24mL 生理盐水中制成细胞悬液备用。

(3)测定细胞悬浮液浓度　取 1mL 细胞悬浮液,10 倍稀释法稀释为 10^{-1}、10^{-2}、10^{-3}……。取后 3 个稀释度菌液各 1mL,置于牛肉膏蛋白胨固体培养基平板上,用无菌涂布器涂匀,置于 37℃培养 1～2d,计数每皿菌落数(每个稀释度作 3 个平行)。按下式计数每毫升细胞悬浮液菌体浓度:

细胞数(个/mL)＝ 菌落数(三皿平均值)×稀释倍数

(4)诱变处理

① 在黑暗条件下进行紫外线照射,先开紫外线灯 20min,使灯的功率稳定(如灯的功率为 15W,则照射距离为 15～30cm;灯的功率为 30W,则照射距离为 30～50cm)。

② 另取 10mL 细胞悬浮液于 90mm 培养皿中,置于紫外线灯正下方的磁力搅拌器上,打开皿盖,开动磁力搅拌器,边搅拌边照射,时间分别为 15s、30s、45s、60s、75s、90s。所有操作必须在红灯下进行。

(5)测定处理液中活细胞浓度　在红灯下取不同时间诱变处理的菌液 1mL,以 10 倍稀释法作适当稀释,取后 3 个稀释度菌液各 1mL 于牛肉膏蛋白胨琼脂平板上,用无菌涂布器涂匀,置 37℃培养 1～2d,测定处理液中存活细胞浓度(每个时间作 3 个稀释度,每个稀释度作 3 皿平行)。

(6)测定处理液中回复突变细胞浓度　取与步骤(5)所述同样的稀释菌液

1mL，置于细菌基本培养基平板上，涂布均匀，每个稀释度作 3 个皿，37℃培养 1～2d，计数每个皿内的菌落数。之后计算回复突变细胞浓度，同时需用细菌基本培养基测定原出发菌株自发回复突变率。

（7）注意事项　紫外线对人体细胞有危害，尤其对人的眼睛和皮肤，故操作者需要戴防护镜，身穿工作服，同时，空气在紫外线灯照射下会产生臭氧，高浓度的臭氧会引起人体不适，臭氧在空气中的含量以 0.1%～1%为宜。

五、实验结果

（1）将实验结果填入表 9-4 和表 9-5 中。

表9-4　紫外线对枯草芽孢杆菌存活率的影响

照射时间/s	稀释度	平板菌数/（个/mL）			细胞浓度均值/（个/mL）	存活率/%	死亡率/%
		1	2	3			
对照（处理前）	①②③						
15	①②③						
30	①②③						
45～90	①②③						

表9-5　细胞回复突变率

照射时间/s	稀释度	平板菌数/（个/mL）			回复突变细胞浓度/（个/mL）	回复突变率/%
		1	2	3		
对照（处理前）	①②③					
15	①②③					
30	①②③					
45～90	①②③					

（2）绘制细胞存活率和突变率曲线。

一、目的要求

学习和掌握诱变选育高产蛋白酶曲霉的方法。

二、实验说明

采用紫外线、硫酸二乙酯（DTS）、亚硝基胍（NTG）及 $^{60}Co\ \gamma$-射线等单独或复合处理沪酿 3042 菌株的分生孢子，以酪素平板上菌落周围呈现的酪素水解透明圈直径与菌落直径之比值作为初筛的指标。再通过测定蛋白酶的含量进行复筛，选育出蛋白酶活力比出发菌株高的新菌株。

三、实验材料

（1）菌种　米曲霉（*Asp. Oryzae*）、沪酿 3042。

（2）培养基　豆芽汁培养基、酪素培养基、三角瓶麸曲培养基[冷榨豆饼 55%、麸皮 45%、水分 90%（占总料量的百分数）]，充分润湿混匀，每 300mL 三角瓶装湿料 20g，于 0.12MPa 下灭菌 25min。

（3）试剂　0.01%及 0.05% SLS（十二烷基硫酸钠）溶液、pH7.0 磷酸缓冲液、25% Na$_2$S$_2$O$_3$ 溶液、pH6.0 磷酸缓冲液等。

（4）器材及其他　诱变箱、涂布器、试管、培养皿、血细胞计数板等。

四、方法步骤

1. 选择出发菌株

选择生长快、适合固体曲培养、蛋白酶活力较高的沪酿 3042 菌株。经分离纯化转入豆芽汁斜面，培养 5～7d，待孢子丰满备用。

2. 诱变处理

（1）紫外线处理

① 孢子悬浮液制备。在生长良好的纯种斜面上，加入 5mL、0.05% SLS 溶液，洗下孢子，移入装有 10mL、0.01% SLS 溶液和玻璃珠的 150mL 三角瓶中，振荡使孢子散开，用脱脂棉过滤至装有 30mL、0.01% SLS 溶液的三角瓶中。用血细胞计数板计数，调整孢子浓度为 10^6 个/mL。

② 诱变处理。取 10mL 孢子悬液于直径 90mm 培养皿中（带磁棒），置于诱变

箱磁力搅拌器上，照射时间分别为 4min、6min、8min、10min、12min、14min，各取 1mL 处理液，经适当稀释后（每平板 10～12 个菌落为宜），取 0.1mL 稀释液涂布于酪素平板，32℃培养 48h。

（2）硫酸二乙酯（DES）及 DES 和 LiCl 复合处理

① DES 处理。用 pH7.0 磷酸缓冲液制备孢子浓度为 10^6 个/mL 的悬浮液，取 32mL 磷酸缓冲液 pH7.0、8mL 孢子悬液、0.4mL DES 溶液充分混合（DES 的终浓度为 1%，体积比），30℃恒温振荡处理 10min、20min、30min、60min 后，分别于 1mL 处理液中加入 0.5mL、25% $Na_2S_2O_3$ 溶液中止反应，分别取 1mL 做适当稀释，各取 0.1mL 菌液，涂布于酪素培养基平板上，32℃培养 48h。

② DES 和 LiCl 复合处理。将经 DES 处理的孢子悬液 0.2mL，涂布于含有终浓度为 0.5% LiCl 的酪素培养基平板上，于 32℃培养 48h。

（3）亚硝基弧（NTG）处理

① 孢子悬液制备。用经上述诱变处理选择的蛋白酶活力显著提高的优良菌株，做出发菌株，以 pH6.0 磷酸缓冲液制备孢子浓度为 10^6 个/mL 的孢子悬液。

② 诱变处理。精确称取 4mg NTG，加入 2～3 滴胺甲醇溶液，于水浴中充分溶解后加入 4mL 孢子悬液（使 NTG 终浓度为 1mg/mL），充分混合后，30℃恒温水浴中振荡处理 30min、60min、90min，立即分别取 1mL 处理液作大量稀释以终止 NTG 的诱变作用。取最后稀释度的菌液 0.1mL，涂布于酪素培养基平板上，于 32℃培养 48h。

（4）$^{60}Co\gamma$-射线处理

① 孢子悬液制备。选择经 NTG 处理的高产高蛋白酶菌株，用生理盐水制备孢子浓度为 10^6 个/mL 的悬液。

② 诱变处理。分别取 10mL 孢子悬液于试管中，处理前于 32℃恒温振荡 10h，使孢子处于萌发前状态。分别以 6 万、8 万、10 万、12 万、14 万、16 万伦琴剂量的 γ-射线处理，将处理液适当稀释，分别取 0.1mL 涂布于酪素培养基平板上 32℃培养 48h。

3. 筛选

（1）初筛（透明圈法）　取 10mL 酪素琼脂培养基于平皿中，摇匀待凝固（一定要水平），在其上注入 15mL 酪素培养基，摇匀凝固后备用。取 0.1mL 上述处理液于平板上，用涂布器涂布均匀，于 32℃培养 48h，测定菌落周围呈现的酪素水解的透明圈和菌落直径，并计算比值，将比值大的菌落接入斜面，32℃培养 4～5d，待长好后于冰箱中保存，作为复筛菌株，每一处理挑选 200 个菌落。

（2）复筛（三角瓶麸曲培养）　取初筛获得的斜面菌株 1 环，接种于三角瓶麸曲培养基中，摇匀于 32℃培养 12～13h 至麸曲表面呈现少量白色菌丝时，进行第一次摇瓶，使物料松散，以便排出曲料中的 CO_2 和使之降温，有利于菌丝生长。继续培养至 18h，进行第二次摇瓶之后继续培养至 30h 为止。测定麸曲中的中性、碱性、酸性蛋白酶含量，每一处理，经复筛后选择 5 株优良菌株，可作为另一处理的出发菌株。

实验四　营养缺陷型突变株的筛选

一、目的要求

学习和掌握筛选营养缺陷型突变株的原理及方法。

二、实验说明

营养缺陷型是指野生型菌株由于基因突变，致使细胞合成途径出现某些缺陷，丧失合成某些物质的能力，因而必须在基本培养基中补加该营养物质才能正常生长的一类突变菌株。由于减低或消除了末端产物浓度，可解除反馈代谢调控，使代谢途径中间产物或分支合成途径中末端产物得以积累。所以，营养缺陷型菌株被广泛用于氨基酸、核苷酸、维生素的生产中，也广泛用于基因定位、杂交及基因重组等研究中的遗传标记。

三、实验材料

（1）菌种　枯草杆菌（*B. subtilis*）。

（2）培养基

① 细菌完全培养基（CM）。

② 细菌基本培养基（MM）。

③ 无氮基本培养基［基本培养基中不加$(NH_4)_2SO_4$ 和琼脂］。

④ 2 倍氮源基本培养基［基本培养基中加入 2 倍$(NH_4)_2SO_4$，不加琼脂］。

⑤ 限制培养基（SM）（液体基本培养基中加入 0.1%～0.5%的完全培养基和 2% 琼脂）。

（3）溶液

① 无维生素的酪素水解物或氨基酸混合液。

② 水溶性维生素混合液。

③ 核酸（RNA）水解液。制作法：取 2g RNA，加入 15mL、1mol/L NaOH；另取 2g RNA，加入 15mL、1mol/L HCl。分别于 100℃水浴加热水解 20min 后混合，调整 pH 为 6.0，过滤后调整体积为 40mL。

（4）器材及其他　诱变箱、离心机、直径 90mm 培养皿、250mL 三角瓶。

四、方法步骤

（1）出发菌株　取新活化的枯草杆菌斜面菌种 1 环，加入装有 20mL 完全培养基的 250mL 三角瓶中，30℃振荡培养 16～18h，取 1mL 培养液转接于另一只装有 20mL 完全培养基的 250mL 三角瓶中，30℃振荡培养 6～8h，使细胞处于对数生长状态。

（2）细胞悬液的制备

① 取 10mL 培养液，离心（3500r/min，10min）收集菌体，用生理盐水离心洗涤 2 次，而后将菌体充分悬浮于 11mL 生理盐水中，调整细胞浓度为 10^8 个/mL。

② 以活菌计数法测定细胞悬液浓度。

（3）诱变处理　取 10mL 处理菌液于直径 90mm 培养皿中（带磁棒），用紫外线照射 60s（参照本章实验二）。

（4）中间培养　取 1mL 处理菌液转入装有 20mL 液体完全培养基的 250mL 三角瓶中，30℃振荡培养过夜。

（5）淘汰野生型（青霉素法）

① 取 10mL 中间培养液，离心（3500r/min，10min）收集菌体，用生理盐水离心洗涤 2 次，之后将菌体转入 10mL 无氮基本培养基中，30℃振荡培养 6～8h（饥饿培养）。

② 将全部菌液转入 10mL 2 倍氮源基本培养中，30℃振荡培养 1～2h，加入终浓度为 100U/mL 的青霉素（母液浓度为 2000U/mL）继续培养 5～6h 杀死野生型细胞、浓缩缺陷型细胞。

③ 取 10mL 菌液，离心收集菌体，用生理盐水离心洗涤一次，而后将菌体充分悬浮于 10mL 生理盐水中。

（6）营养缺陷型菌株的检出（逐个检出法）

① 取 0.1mL 菌悬液，涂布于限制培养基平板上（3 个平板以上），30℃培养 48h，野生型形成大菌落，缺陷型为小菌落。

② 制备完全培养基和基本培养基平板各 4 个，并在皿的背面划好方格（每皿以 30 个格左右为好）。

③ 用牙签从限制培养基平板上逐个挑取小菌落，对应点接在基本培养基平板和完全培养基平板上（先点接 MM 平板，后点接 CM 平板）。30℃培养 48h，将在完全

培养基平板上生长，而在基本培养基平板上相对应位置上不生长的菌落，接入完全培养基斜面，30℃培养24h作为营养缺陷型鉴定用菌株。

（7）营养缺陷型菌株的鉴定

① 取待测菌株斜面1环接于5mL生理盐水中，充分混匀，离心收集菌体，然后，将菌体充分悬浮于5mL生理盐水中。

② 取1mL菌悬液于平皿中，倾入约15mL融化并冷却至45～50℃的基本培养基，制成待测平板。

③ 将待测平板背面划分3个区域，在平板表面3个区域分别贴上蘸有氨基酸混合液、维生素混合液、核酸水解液的滤纸片，30℃培养24h，观察滤纸片周围菌落生长情况。在滤纸片周围生长的菌株，即为相应的营养缺陷型菌株。

实验五　抗噬菌体菌株的选育

一、目的要求

学习和掌握选育抗噬菌体菌株的原理和一般方法。

二、实验说明

噬菌体的侵染经常给发酵工业带来极大的威胁和危害，选育对噬菌体有抵抗能力的菌株是防止噬菌体污染的重要措施之一。噬菌体具有专一的寄主性，侵染敏感细胞后可引起寄主细胞的裂解，并释放大量的子代噬菌体，所以在培养有敏感菌株的琼脂平板上可形成空斑，表明有噬菌体存在。在混合培养敏感菌细胞和噬菌体时，培养液变混浊，则说明有抗性菌株产生，使其继续生长繁殖并经过分离就有可能获得抗该噬菌体的菌株。

三、实验材料

（1）样品　味精厂阴沟水。

（2）培养基　牛肉膏蛋白胨液体、半固体培养基及固体培养基，种子培养基（葡萄糖2.5%、玉米浆0.9%、尿素0.5%、磷酸氢二钾0.1%、硫酸镁0.04%、$FeSO_4$ 2×10^{-6}、$MnSO_4$ 2×10^{-6}、pH6.7，0.1MPa灭菌20min）。

（3）器材及其他　真空泵、细菌漏斗、抽滤瓶、离心机、离心管、试管、三角瓶、培养皿等。

四、方法步骤

（1）采样 味精厂阴沟水。

（2）富集培养

① 将水样用灭菌细菌漏斗抽滤备用。

② 取滤液 5mL 放入 500mL 灭菌三角瓶中，加入对数生长期谷氨酸产生菌 Asl.542 菌液及牛肉膏蛋白胨液体培养基，32℃振荡培养 24h。

③ 培养物以 3000r/min 离心沉淀 30min，取上清液，用 pH7.0、1%蛋白胨水液稀释到 $10^{-8} \sim 10^{-5}$，按双层琼脂法进行噬菌斑检查。

（3）噬菌体纯化 挑取形态、大小一致的噬菌体数个，用 pH7.0、1%蛋白胨水稀释，用单层法进行形态大小检查，重复 3 次，当形态大小稳定一致时，则表示已经纯化。

（4）噬菌体样品浓缩

① 液体浓缩法。将谷氨酸产生菌 Asl.542 接种到种子培养基内，32℃振荡培养 24h 后，加噬菌体样品 2mL 继续培养，待菌体消失后，再加入对数期菌液 5mL 继续培养，如此重复 3 次，将培养物以 3000r/min 离心 30min，取上清液经细菌漏斗过滤除去菌体。经效价测定加入蛋白胨水液，冰箱保存。

② 固体浓缩。用蛋白胨水液将噬菌体作一定稀释后，取稀释液 0.1mL、Asl.542 菌液 0.2mL 与 15mL 牛肉膏蛋白胨半固体培养基混合后，倒入已有底层培养基的平皿 15 ~ 20 只，32℃培养 16 ~ 24h 后，取噬菌斑相连的平皿刮下噬菌斑，捣碎加蛋白胨水液 5 ~ 10mL，浸泡 15min，3000r/min 离心 30min，取上清液，经细菌漏斗过滤除去菌体。经效价测定后，加入蛋白胨水液，冰箱保存。

（5）噬菌体效价测定 将噬菌体液用蛋白胨水液序列稀释 $10^{-8} \sim 10^{-6}$，分别用双层法测定噬菌斑数目。然后计算每毫升噬菌体液中所含噬菌体数。

（6）抗噬菌体菌株选育

① 在 500mL 三角瓶中装种子培养基 50mL，灭菌后冷却，接入经化学或物理方法处理过的 Asl.542 菌体，32℃振荡培养 24h，加入已知效价的噬菌体液（10^8 以上）2mL 继续培养。由于 Asl.542 菌体在噬菌体作用下引起裂解，培养液由混浊变清，再继续培养，由于有抗性细胞繁殖的结果，培养液又由清变浊，将此液接入新鲜种子培养液中，再加噬菌体进行感染，如此反复多次后进行平板分离。

② 液体摇瓶复筛 在 500mL 三角瓶中装种子培养基 50mL，灭菌冷却后接入初筛获得的抗性菌株，30℃振荡培养 24h 后再接入 2mL 噬菌体样品，同时做一空白对照，定时观察菌体是否被吞噬，如生长速度与对照基本相仿，则表示该菌株具有

抗噬菌体性能。

实验六　酵母菌细胞原生质体融合

一、目的要求

学习和掌握酵母菌细胞融合的原理及方法。

二、实验说明

通过人为的方法使遗传性状不同的两细胞的原生质体融合，并发生遗传重组产生同时带有双亲性状的、遗传性稳定的融合子的过程，称为原生质体融合。它是一种基因重组的方法。

原生质体融合的主要步骤是：先选择两个有价值的并带有选择性遗传标记的细胞作为亲本，在高渗溶液中用适当的脱壁酶或其他方法去除细胞壁，将形成的原生质体离心聚集，并加入促融剂或通过其他方法促进融合，然后在高渗溶液中稀释，再涂在细胞壁再生培养基上形成菌落，鉴定是否为融合子，最后再测定其生物学性状。

三、实验材料

（1）菌种　酿酒酵母（S.cerevisiae）Y-1　a ade⁻

　　　　　酿酒酵母（S.cerevisiae）Y-2　a his⁻、leu⁻、thr⁻。

（2）培养基

① 完全培养基　葡萄糖 2%、酵母膏 1%、盐酸腺嘌呤 0.04%、蛋白胨 2%、pH5.5。

② 基本培养基　葡萄糖 2%、YNB 培养基 0.67%、pH5.5、琼脂 2%（处理琼脂）。

③ 再生完全培养基　每 100mL 完全培养基中加入 18.2g 山梨醇，固体再加入 2%琼脂。

④ 再生完全培养基软琼脂　组分同再生完全培养基，加入 0.8%～1%琼脂。

⑤ 再生基本培养基　与基本培养基组分相同，再加入 18.2%山梨醇、处理过的琼脂 2%。

⑥ 再生基本培养基软琼脂　组分同再生基本培养基，加入处理过的琼脂 0.8%～1%。

⑦ 酵母生孢子培养基。

（3）溶液

① ST 溶液　1mol/L 山梨醇、0.01mol/L Tris-HCl（pH7.4）。

② 细胞壁溶解酶（Zymolyase）混合液　10mL ST 溶液，0.2mL、0.05mol/L EDTA（pH7.5），1mg Zymolyase 酶，过滤除菌。

③ STC 溶液　ST 溶液中加入 0.01mol/L $CaCl_2$。

④ PTC 溶液　35% PEG-4000、0.01mol/L Tris-HCl（pH7.4）、0.01mol/L $CaCl_2$。

⑤ 0.05mol/L EDTA 溶液。

⑥ 0.5mol/L β-巯基乙醇。

（4）器材及其他　离心机、显微镜、三角瓶、培养皿、试管、离心管、移液管等。

四、方法步骤

1. 原生质体的制备

（1）活化菌体　分别从斜面取 1 环菌种于装有 20mL 完全培养基的 250mL 三角瓶中，30℃振荡培养 16～18h，分别取 2mL 培养物接种于装有 20mL 完全培养基的 250mL 三角瓶中，30℃振荡培养 6～8h，呈对数生长状态。

（2）离心洗涤、收集细胞　将上述培养液分别离心（3500r/min，10min），收集菌体，用 10mL 无菌水离心洗涤菌体 2 次，尽可能除去杂质。

（3）酶解脱壁

① 将两亲本细胞分别悬浮于 10mL 溶液（25mL、0.05mol/L EDTA 和 1mL、0.5mol/L β-巯基乙醇混合液）中，30℃振荡处理 10min。

② 分别取 1mL 处理菌液，适当稀释后，以血细胞计数板直接测定或以活菌计数方法测定未经酶处理的细胞数。

③ 离心（3500r/min，10min）收集菌体。

④ 将菌体分别悬浮于 9mL Zymolyase 酶混合液中，30℃振荡处理 40～60min，随时用显微镜观察细胞形成原生质体情况。

2. 剩余细胞数及原生质形成率测定

（1）离心（3000r/min，10min）　收集原生质体细胞，用 9mL ST 溶液洗涤离心 1 次，之后将细胞悬浮于 9mL ST 溶液中。

（2）测定剩余细胞数，取 1mL 细胞悬液于 9mL 无菌水中摇匀（低渗处理），使原生质体裂解，适当稀释后在完全培养基平板上以活菌计数法测定酶处理后剩余细胞数，并计算原生质体形成率。

（3）将剩余的原生质体细胞液离心（3000r/min，10min）　收集原生质体，之后分别悬浮于 8mL STC 溶液中。

（4）原生质体再生　分别取两亲本原生质体 1mL，用 STC 溶液作适当稀释，取 0.1mL 稀释液于冷却至 45～50℃的再生完全培养基软琼脂（上层）4mL 中，摇匀迅速倒入底层为再生完全培养基平板上，30℃培养 3～4d，计算菌落数，分别计算两亲本的原生质体再生率。

3. 原生质体融合

（1）各取 1mL 亲本原生质体细胞（等量细胞，浓度为 10^6 个/mL）混合，30℃振荡培养 15min，离心（2000r/min，10min）收集细胞。

（2）于菌体中加入 1mL 促融剂 PTC 溶液，30℃振荡处理 20min，离心（2000r/min，20min）收集细胞。用 5mL STC 溶液洗涤细胞 1 次，最后将细胞悬浮于 1mL STC 溶液中。

（3）取 0.1mL STC 菌液，加入到冷却至 45～50℃的 4mL 再生基本培养基软琼脂中混匀，迅速倒入底层为再生基本培养基平板上，30℃培养 5～7d，平板上形成的菌落数，即为融合子数，计算融合率。

（4）能在基本培养基平板上生长发育，形成菌落者为融合子，传代稳定后转接到斜面上，而对照两亲本菌株均不能在此培养基平板上生长。

4. 计数

$$原生质体形成率 = \frac{原生质体数}{未经酶处理的总菌数} \times 100\%$$

$$= \frac{未经酶处理总菌数 - 经酶处理后剩余菌数}{未经酶处理的总菌数} \times 100\%$$

$$原生质体再生率 = \frac{再生完全培养基平板上总菌数 - 低渗处理后剩余菌数}{原生质体数} \times 100\%$$

$$= \frac{再生完全培养基平板上总菌数 - 低渗处理后剩余菌数}{未经酶处理细胞总数 - 低渗处理后剩余菌数} \times 100\%$$

$$融合率 = \frac{融合子数}{再生较少的亲本原生质体再生数} \times 100\%$$

实验七 电诱导酵母菌与短梗霉属间的融合

一、目的要求

学习和掌握电诱导原生质体融合的原理及方法。

二、实验说明

在短时间强电场（高压脉冲电场、场强为 kV/cm 量级、脉冲宽度为 μs 量级）的作用下，细胞膜发生可逆性电击穿，瞬时地失去其高电阻和低通透性，然后在数分钟内恢复原状，当可逆电击穿发生在两相邻细胞的接触区时，即可诱导它们的膜相互融合，进而导致细胞融合，该方法与化学诱导相比具有许多优点：①可在显微镜下直接观察到融合的完整过程；②电融合为一空间定向、时间同步的可控过程；③对细胞损伤小；④融合频率高。

三、实验材料

（1）菌种　酿酒酵母（*Sacharomyces cerevisiae*）NK-491 菌株（不产孢子，不同化和发酵可溶性淀粉，是酒精生产菌株）、出芽短梗霉（*Aureobasidium pullulans*）NKB93-006 菌株［亮氨酸营养缺陷型（Leu$^-$），回复突变率低于 10^{-8}，产生胞外淀粉酶，可同化淀粉，不发酵淀粉］。

（2）培养基

① 完全培养基（YEPD）。

② 基本培养基（YNB）。

③ 高渗完全培养基　同完全培养基组分，加入 1mol/L 山梨醇。

④ 选择性基本培养基　以 2%可溶性淀粉为唯一碳源，其他成分与 YNB 相同。

⑤ 高渗选择性培养基　以 2%可溶性淀粉为唯一碳源，加入 1mol/L 山梨醇，其他成分与 YNB 相同。

⑥ 淀粉发酵培养基（YEPSF）　5%可溶性淀粉、0.5%蛋白胨、0.025%酵母浸出汁、0.025% CaCl$_2$·2H$_2$O、0.025%（NH$_4$）$_2$SO$_4$、0.2% KH$_2$PO$_4$。

（3）溶液

① 0.2mol/L 高渗磷酸缓冲液（PBS）　0.2mol/L 磷酸缓冲液（pH5.8）中加入 1mol/L 山梨醇。

② 1%蜗牛酶液　在 PBS 液中加入 1%蜗牛酶，过滤除菌。

③ 5mg/mL 蜗牛酶液　在 PBS 液中加入终浓度为 5mg/mL 蜗牛酶，过滤除菌。

④ 5mg/mL 纤维素酶液　在 PBS 液中加入终浓度为 5mg/mL 纤维素酶液，过滤除菌。

⑤ 0.1%β-巯基乙醇溶液　将 PBS 溶液灭菌后，冷却至 60～70℃，加入 0.1%β-巯基乙醇。

⑥ 脉冲缓冲液（PM 液）　0.2mol/L 磷酸缓冲液（pH5.8）中，加入 10% PEG-400、1mol/L 山梨醇、0.01mol/L CaCl$_2$，用导电率低于 $10^{-6}\Omega \cdot cm$ 的无离子水配制，自然 pH。

（4）器材及其他　GH-401 型电诱导细胞融合基因转移仪、显微镜、台式离心机、水浴箱、250mL 三角瓶、培养皿、离心管等。

四、方法步骤

1. 原生质体的制备

（1）菌体培养　将两亲本 NK-491 和 NKB93-006 菌株各 1 环分别接种于 10mL 完全培养基中，28℃振荡培养 16～18h。各取 1mL 培养物转接入装有 30mL 完全培养基的 250mL 三角瓶中，28℃振荡培养 6～8h，使细胞呈对数生长状态。各取 5mL 培养物离心（3500r/min，10min）收集菌体，用 PBS 液离心洗涤 2 次。

（2）原生质体制备　于各菌体中加入 5mL 0.1%β-巯基乙醇溶液，28℃预处理 10min，离心收集菌体。在 NK-491 菌株的菌中加入 5mL 1%蜗牛酶，28℃水浴振荡处理 40～50min，取样镜检，当 90%以上细胞转变为原生质体后，终止酶处理，离心收集原生质体，用 PM 液洗涤离心二次，即得原生质体。在 NKB93-006 菌株的菌体中加入 15mg/g 菌体蜗牛酶和 5mg/g 菌体纤维素酶混合液，在 37℃振荡处理 1.5h，使原生质体形成率达 90%以上，终止酶处理，离心收集原生质体，用 PM 液洗涤离心 2 次，即得原生质体。

2. 电诱导原生质体融合

（1）将两亲本原生质体以 1：1 比例混合，离心收集原生质体，用 PM 液离心洗涤 1 次，用 PM 液悬浮混合的原生质体，使之浓度达 10^8 个/mL。将原生质体悬浮液注入融合小罐中，小罐的一侧顶端有进样孔。

（2）将融合小罐的两极分别与电融合仪高压电脉冲输出端相接，调定电脉冲强度为 11kV/cm、脉冲时程为 10μs、脉冲个数 3、脉冲间隔时间 1s。在上述条件下作原生质体的可逆电击穿，诱发原生质体融合，为了使融合过程稳定，加脉冲后，样品在小罐内静置 5min。

（3）静置后将原生质体悬液从小罐内吸出，稀释后分别与高渗完全培养基和高渗选择培养基混合倒平板；同时，将两亲本的原生质体分别与上述培养基混合倒平板作对照，将全部平板置 28℃培养 4～5d，观察菌落生长情况。

3. 融合子的检出和鉴定

（1）融合子的检出　在高渗选择性培养基平板上生长的菌落，转接入选择性基本培养基平板上连续接代，淘汰长势弱的不稳定融合子。也可将融合液涂布在高渗完全培养基平板上，待形成菌落后用影印法或牙签法转接到选择性培养基上检出融合子。将稳定的融合子转接于完全培养基斜面上继续传代后，再转接入选择性基本培养基平板上，检查融合子的分离现象。

（2）融合子细胞大小测定。

（3）融合子核 DNA 含量的测定及核倍性测定。

（4）淀粉发酵能力的测定。

第十章

菌种保藏技术

菌种保藏是微生物学的一项重要基础工作，其目的是通过妥善保藏，使被保藏的菌种不变异、不死亡、不退化、不污染、不混乱，以便使用。

菌种保藏的方法主要根据微生物生理特点，人为地创造低温、干燥和缺氧的条件，使微生物的代谢处于不活泼、生长繁殖受抑制的休眠状态，在此条件下菌种很少发生变异，从而达到保持纯种的目的。做好菌种保藏工作在微生物相关的科研与生产实践中具有重要意义。

实验一　常用简易保藏法

一、目的要求

了解常用简易保藏法的原理，掌握其操作方法。

二、实验说明

常用简易保藏法包括斜面低温保藏法、半固体穿刺保藏法、液体石蜡保藏法、甘油保藏法、沙土管保藏法等。由于这些保藏方法不需要特殊设备，操作简便易行，故为一般实验室及生产单位所广泛采用。

斜面低温保藏法和半固体穿刺保藏是将在斜面或半固体培养基上已生长好的培养物置于4~5℃冰箱中保藏。这两种方法都是利用低温抑制微生物的生长繁殖，从而延长保藏时间。

液体石蜡保藏是在新鲜的斜面培养物上，覆盖一层经过灭菌的液体石蜡，再置于4~5℃冰箱中保藏。液体石蜡主要起隔绝空气作用，故此法是利用缺氧及低温双重抑制微生物生长，从而延长保藏时间。

甘油保藏法是在液体的新鲜培养物中加入适量的经过灭菌的甘油，然后再置于–20℃或–70℃冰箱中保藏。此法是利用甘油作为保护剂，甘油透入细胞后，能强烈降低细胞的脱水作用，同时在低温条件下，可大大降低细胞代谢水平，达到延长保藏时间的目的。

沙土管保藏法是将待保藏菌种接种于斜面培养基上，经培养后制成孢子悬液，将孢子悬液滴入已灭菌的沙土管中，孢子即吸附在沙子上，将沙土管置于真空干燥器中，吸干沙土管中水分，经密封后置于4℃冰箱中保藏。此法利用干燥、缺氧、缺乏营养、低温等因素综合抑制微生物生长繁殖，从而延长保藏时间。

三、实验材料

（1）菌种　细菌、放线菌、酵母菌及霉菌。

（2）培养基　牛肉膏蛋白胨斜面及半固体深层培养基、豆芽汁葡萄糖斜面培养基、高氏一号斜面培养基、LB液体培养基。

（3）器材及其他　无菌液体石蜡、无菌甘油、带螺口盖和密封圈的无菌试管或1.5mL无菌Eppendorf管、100mL的三角瓶等。

四、方法步骤

1. 斜面低温保藏法（适用于细菌、放线菌、酵母菌及霉菌的保藏）

将菌种接种在适宜的斜面培养基上，在适宜的温度培养，使其充分生长。如果是能形成芽孢或孢子等休眠体的菌种，待形成芽孢或孢子等休眠体后再置于4～5℃冰箱中进行保藏。

不同种类的微生物有不同的保藏期，到期后需转接至新的斜面培养基上，经适当培养后，再进行保藏。此法优点是操作简单，不需特殊设备；缺点是保藏时间短，菌种经反复转接后，遗传性状易发生变异，生理活性减退。各类微生物的培养条件见表10-1。

表10-1　各种微生物斜面培养条件及保藏期

菌类	培养基名称	培养温度/℃	培养时间/d	保藏温度/℃	保藏时间/min
细菌	肉膏蛋白胨斜面	30～37	1～2	4～5	1～3
放线菌	马铃薯葡萄糖或高氏合成一号斜面	25～30	5～7	4～5	3～6
酵母菌	豆芽汁葡萄糖或麦芽汁斜面	25～30	2～3	4～5	2～4
霉菌	豆芽汁葡萄糖或麦芽汁斜面	25～30	3～5	4～5	3～6

2. 半固体穿刺保藏法（适用于兼性厌氧细菌或酵母菌的保藏）

用穿刺接种法将菌种接入半固体深层培养基中央部分，注意不要穿透底部。在适宜的温度培养，使其充分生长。将培养好的菌种置于 4～5℃冰箱保藏。一般在保藏 0.5 年或 1 年后，需转接到新的半固体深层培养基中，经培养后再行保藏。

3. 液体石蜡保藏法（适用于真菌和放线菌保藏）

（1）无菌液体石蜡制备　将液体石蜡置于 100mL 三角瓶内，每瓶装 10mL，塞上棉塞，外包牛皮纸，高压蒸汽灭菌（0.1MPa、30min）。灭菌后将装有液体石蜡的三角瓶置于 105～110℃的烘箱内约 1h，以除去液体石蜡中的水分。

（2）接种、培养及保藏　将菌种接种在适宜的斜面培养基上，在适宜温度下培养，使其充分生长。用无菌吸管吸取无菌液体石蜡，注入到已长好菌的斜面上，液体石蜡的用量以高出斜面顶端 1cm 左右为准，使菌种与空气隔绝，直立于 4～5℃冰箱或室温下保藏，保藏期为 1～2 年。到保藏期后，将菌种转接至新的斜面培养基上，培养后加入适量灭菌液体石蜡，再行保藏。

4. 甘油保藏法（常用于细菌保藏）

（1）无菌甘油制备　将甘油置于 100mL 的三角瓶内，每瓶装 10mL，塞上棉塞，外包牛皮纸，高压蒸汽灭菌（0.1MPa、20min）。

（2）接种、培养及保藏　挑取一环菌种接入 LB 液体培养基试管中，37℃振荡培养至充分生长。用吸管吸取 0.85mL 培养液，置于一支带有螺口盖和空气密封圈的试管中或一支 1.5mL 的管中，再加入 0.15mL 无菌甘油，封口，振荡均匀。然后将其置于乙醇-干冰或液氮中速冻。最后将已冰冻含甘油的培养物置–70～–20℃ 保藏，保藏期为 0.5～1 年。

到期后，用接种环从冻结的表面刮取培养物，接种至 LB 斜面上，37℃培养48h。然后用接种环从斜面上挑取一环长好的培养物，置入装有 2mL LB 培养液的试管中，再加入 2mL 含 30%无菌甘油的 LB 液体培养基，振荡均匀。最后分装于带有螺口盖和密封圈的无菌试管中或 1.5mL 的 Eppendorf 管中，按上述方法速冻保藏。

5. 沙土管保藏法（适用于产孢子的芽孢杆菌、梭菌、放线菌和霉菌保藏）

（1）无菌沙土管制备　取河沙若干，用 40 目筛子过筛，除去大的颗粒。再用10%HCl 溶液浸泡 2～4h 除去有机杂质，倒出盐酸，用自来水冲洗至中性，烘干。另取非耕作层瘦黄土若干，磨细，用 100 目筛子过筛。取 1 份制备的土加 4 份沙混合均匀，装入小试管中（如血清管大小）。装量约 1cm 高即可，塞上棉塞，0.1MPa灭菌 1h，每天一次，连灭 3d。

（2）制备菌悬液　吸取 3～5mL 无菌水至 1 支已培养好的菌种斜面中，用接种环轻轻搅动培养物，使成菌悬液。

（3）加样及干燥　用无菌吸管吸取菌悬液，在每支沙土管中滴加 4～5 滴菌悬液，塞上棉塞，振荡均匀。将已滴加菌悬液的沙土管置于预先放有五氧化二磷或无水氯化钙的干燥器内。当五氧化二磷或无水氯化钙因吸水变成糊状时则应进行更换。如此数次，沙土管即可干燥。也可用真空泵连续抽气约 3h，即可达到干燥效果。

（4）抽样检查　从抽干的沙土管中，每 10 支抽取 1 支进行检查。用接种环取少许沙土，接种到适合于所保藏菌种生长的斜面上，进行培养，观察所保藏菌种的生长及有无杂菌生长情况。

（5）保藏　检查合格后，可采用以下方法进行保藏：沙土管继续放入干燥器中，置于室温或冰箱中。将沙土管带塞一端浸入熔化的石蜡中，密封管口。在煤气灯上，将沙土管的棉塞下端的玻璃烧熔，封住管口，再置于 4℃冰箱中保藏。此法可保藏菌种 1 年到数年。

实验二　冷冻真空干燥保藏法

一、目的要求

了解冷冻真空干燥保藏法的原理，掌握其操作方法。

二、实验说明

该方法首先将待保藏菌种悬浮于保护剂中，以减少因冷冻和水分不断升华对微生物细胞的损害，继而在低温下使微生物细胞快速冷冻，然后在真空条件下使冰升华，以除去水分。由于集中了多种有利于菌种保藏的条件，因此该方法是目前最有效的菌种保藏方法之一，广泛用于细菌（有芽孢或无芽孢的）、放线菌、酵母、产孢子霉菌以及病毒中。其保藏期可达一年至十几年，且存活率高、变异率低；不足之处是所需设备昂贵、操作复杂。

三、实验材料

（1）菌种　细菌、放线菌、酵母菌或霉菌。
（2）培养基　适合培养待保藏菌种的斜面培养基。
（3）器材及其他　脱脂牛奶、2% HCl、安瓿管，长颈滴管、青霉素小瓶、无菌吸管、冷冻干燥装置。

四、方法步骤

1. 常规法

（1）准备安瓿管 安瓿管一般用中性硬质玻璃制成，内径 6～8mm。先用 2% HCl 浸泡过夜，然后用自来水冲洗至中性，最后用蒸馏水冲 3 次，烘干备用。将印有菌名和接种日期的标签纸置于安瓿管内，印字一面朝向管壁，管口塞上棉花并包上牛皮纸，高压蒸汽灭菌（0.1MPa，30min）。

（2）制备菌悬液 利用最适培养基在最适温度下培养菌种斜面，使菌种充分生长，细菌可培养 24～28h，酵母菌培养 3d 左右，放线菌与霉菌则可培养 7～10d。吸取 2mL 已灭菌的脱脂牛奶加到新鲜菌种斜面中，用接种环刮下培养物，制成菌悬液。用无菌长滴管吸取 0.2mL 的菌悬液，滴加到安瓿管内的底部，注意不要使菌悬液粘在管壁上。

（3）菌悬液预冻 将装有菌悬液的安瓿管放在低温冰箱中（-45～-35℃）或放在乙醇-干冰中进行预冻，使菌悬液在低温条件下冻成冰。

（4）冷冻真空干燥 将装有冻结菌悬液的安瓿管置于真空干燥箱中，开动真空泵进行真空干燥。15min 内使真空度达到 66.7Pa，被冻结菌悬液开始升华，继续抽气，随后真空度逐渐达到 26.7～13.3Pa 后，维持 6～8h，干燥后样品呈白色疏松状态。

（5）安瓿管封口及保藏 样品干燥后，先将安瓿管上部棉塞下端处用火焰烧熔并拉成细颈，再将安瓿管接在封口用的抽气装置上，开动真空泵，室温抽气，当真空度达到 26.7Pa 时继续抽气数分钟，再用火焰在细颈处烧熔封口。置于 4℃冰箱中或室温下避光保藏。

2. 简易法

用生化实验室常用的普通冷冻真空干燥装置代替菌种保藏专用的冷冻真空干燥装置，用无菌容器封口膜覆盖的药用青霉素小瓶代替熔封安瓿管，进行菌种的冷冻真空干燥保藏操作。

（1）制备无菌瓶 将药用青霉素小瓶先用 2% HCl 浸泡 8～10h，再用自来水冲洗多次，最后用蒸馏水洗 1～2 次，烘干。将印有菌名及接种日期的标签纸放入小瓶中，瓶口用无菌容器封口膜覆盖扎紧，连同小瓶的橡皮塞一同高压蒸汽灭菌（0.1MPa，30min）。

（2）制备无菌脱脂牛奶 制备脱脂牛奶，或用脱脂奶粉和水配制 20%脱脂奶粉的奶液，0.05MPa 灭菌 20min，并作无菌检验。

（3）制备菌悬液 在培养好的新鲜菌种斜面上，加入无菌水 3mL，用接种环刮下培养物制成分散均匀的菌悬液，然后用无菌吸管将菌悬液分装于无菌青霉素小瓶中，每瓶装 0.2mL，再用无菌长滴管将灭菌脱脂牛奶约 0.2mL 加入上述小瓶中，稍振荡使之混匀。

（4）预冻　将上述小瓶放入 500mL 干燥瓶中，然后放入–45～–35℃低温冰箱中约 0.5h，待小瓶中菌悬液冻结成固体后取出。

（5）冷冻真空干燥　迅速将干燥瓶插在冷冻干燥器（美国威尔兹公司，VIRTISBENCH TOP3 型）的抽真空插管上，迅速抽真空，并冷冻干燥 24～36h，待菌体混合物呈疏松状态，稍一振动即脱离瓶壁方可取出。

（6）封口及保藏　在无菌室内将无菌容器封口膜取下，迅速换以无菌橡皮塞，最后用封口膜将瓶口封住，置于–20℃ 低温冰箱保藏。保藏到期后，细菌和霉菌启封后立即在斜面或平板划线接种即可；酵母菌最好接至 YPD 液体培养基，30℃ 振荡培养 24～48h 后，再将增殖的菌种接种到斜面或平板上进行恢复培养。

实验三　液氮超低温冷冻保藏法

一、目的要求

了解液氮冷冻保藏法的原理，掌握其操作方法。

二、实验说明

生物在超低温（–130℃）条件下，一切代谢停止，但生命仍在延续。将微生物细胞悬浮于含保护剂的液体培养基中，或者把带菌琼脂块直接浸没于含保护剂的液体培养基中，经缓慢冷冻后，再转移至液氮冰箱内，于液相（–196℃）或气相（–156℃）进行保藏。

此法的主要优点是适合保藏各种微生物，特别是保藏某些不宜用冷冻真空干燥保藏的微生物。此外，保藏期也较长，可达一年至数年，菌种在保藏期内不易发生变异。此法的缺点是需要液氮冰箱等特效设备，故其应用受到一定限制。

三、实验材料

（1）菌种　待保藏的细菌、放线菌、酵母菌或霉菌。

（2）培养基　适合培养待保藏菌种的各种斜面培养基或平板、含 10%甘油的液体培养基。

（3）器材及其他　控速冷冻机、液氮冰箱、无菌打孔器、安瓿管及吸管。

四、方法步骤

（1）准备安瓿管　所用安瓿管必须能够经受温度的急速变化而不破裂，故一般采用硼硅酸盐玻璃制品，规格通常为75mm×10mm或能容纳1.2mL液体。洗刷干净后烘干，安瓿管口塞上棉花并包上牛皮纸，高压蒸汽灭菌（0.1MPa，灭菌30min），然后把安瓿管编号备用。

（2）准备保护剂　通常采用终浓度为10%（体积比）甘油或10%（体积比）二甲亚砜作为冷冻保护剂。甘油溶液需经高压灭菌，而二甲亚砜则采用过滤除菌。保藏不产生孢子的霉菌时，除需制备琼脂块外，还需在每个安瓿管中预先加入一定量含10%甘油的液体培养基（加入量以没过即将加入的带菌琼脂块为宜）。0.1MPa灭菌20min备用。

（3）制备菌悬液或带菌琼脂块浸液　在长好菌的斜面中加入5mL含10%甘油液体培养基，制成菌悬液。用无菌吸管吸取1~1.5mL菌悬液分装于无菌安瓿管中，然后用火焰熔封管口。

如果保藏只长菌丝体的霉菌时，可用无菌打孔器从平板上切下带菌落的琼脂块（5~10mm），置入装有含10%甘油液体培养基的无菌安瓿管中，用火焰熔封管口。

为了检查安瓿管口是否熔封严密，可将上述熔封后的安瓿管浸于水中，如发现有水进入管内，说明管口未封严。

（4）预冻　将封好口的安瓿管置于铝盒中，然后置于一较大金属容器中，再将此容器置于控速冷冻机的冷冻室中，以1℃/min的下降速度冻结至-30℃。如无控速冷冻机时，可将封好口的安瓿管置于-70℃冰箱中预冻4h，以代替控速冷冻处理。

（5）保藏　将经过预冻处理的封口安瓿管迅速置于液氮冰箱中，于液相（-196℃）或气相（-156℃）进行保藏。在液氮冰箱的气相中保藏可防止安瓿管取出时破裂。此外，若将安瓿管保藏在液氮冰箱的气相中，则可以不必去掉棉塞，也无需熔封安瓿管口。

（6）恢复培养　当需要使用所保藏的菌种时，将安瓿管从液氮冰箱中取出，立即置于38~40℃水浴中摇动，使管中结冰迅速融化。无菌操作打开安瓿管，并用无菌吸管将安瓿管中的菌悬液全部转移至含有2mL无菌液体培养基中，再从中吸取0.1~0.2mL菌悬液至琼脂斜面上，进行保温培养。

注意事项：

① 安瓿管需绝对密封，如有漏洞及裂口，保藏期间液氮会渗入安瓿管内，当从液氮冰箱中取出安瓿管时，液氮会从管内逸出，由于外面温度高，液氮会急剧气化而发生爆炸，故操作人员应戴皮手套和面罩等。

② 液氮与皮肤接触时，皮肤极易被"冷烧"，故应特别小心操作。同时，由于氮本身无色无臭，在操作时应注意防止窒息。

③ 取出安瓿管时，为了防止其他安瓿管升温而不利于保藏，取出至放回盛放安瓿管的容器的时间一般不要超过 1min。

实验四　厌氧性细菌保藏法

一、目的要求

了解厌氧性细菌保藏法的原理，掌握其操作方法。

二、实验说明

厌氧性细菌只能在氧化还原电位低的条件下生长。其中许多厌氧性细菌若暴露在空气中则迅速死亡，所以它们比好氧性菌种难保藏，尤其保藏无芽孢的厌氧菌更为困难。厌氧菌的培养及保藏要特别注意将培养基和环境中的氧排除。

三、方法步骤

（1）普通保藏法　普通保藏厌氧菌所使用的培养基可依据待保藏的菌种而定，培养基中常加入还原剂以降低其氧化还原电位。

移植时不宜采用接种针接种，宜用毛细管移植，通常取约 0.3mL 移植于培养基上。在移植时勿带入气泡。可用橡皮塞代替棉塞，加入 20%甘油而不替换棉塞也可保藏较长时间。

（2）冷冻真空干燥保藏法　为了长期保藏厌氧菌，最好用冷冻真空干燥法。厌氧菌的冷冻真空干燥技术与好氧菌相似。首先检查欲保藏的菌株有无杂菌污染，然后用适宜的培养基转接，并用厌氧法培养 48h，如果是在厌氧下用平板培养，则快速将菌体分散于保护剂中，制成菌悬液；如是液体培养，24～48h 后离心收集菌体，然后将菌体细胞用保护剂制成菌悬液。用无菌吸管吸取 0.25mL 分装于 1mL 容量的安瓿管中，置于−70℃乙醇-干冰中转动使菌液在安瓿管壁上冻结成薄层，然后置入冷冻机于−20℃干燥，真空封口后放低温暗处保藏。保藏期可在 5 年以上。

冷冻真空干燥保藏厌氧菌时，多采用 10%脱脂乳、7.5%葡萄糖加血清、0.1%谷氨酸钠加 10%乳糖等作保护剂。

实验五　噬菌体保藏法

一、目的要求

了解噬菌体保藏的原理，掌握其操作方法。

二、实验说明

由于噬菌体需依靠寄主生活，其本身无代谢活性，所以噬菌体用低温保藏时相当稳定，比细菌和真菌容易保藏。此外，只有获得效价高、数量多的噬菌体并用其制成悬液后，才能有效地进行保藏。

三、实验材料

（1）菌种　噬菌体及敏感菌。

（2）培养基及试剂　适宜敏感菌生长的液体或固体培养基、琼脂、甘油或二甲亚砜（DMSO）、干冰-乙二醇致冷剂、3%谷氨酸钠溶液等。

（3）器材及其他　摇床、离心机、具塞试管、安瓿管、冷冻真空干燥装置等。

四、方法步骤

1. 噬菌体浓缩液的制备

取液体培养 12h 的敏感细菌，接种于适宜的液体培养基，并加入足量的噬菌体（10^5 个/mL），混合后于适温振荡培养 6h，离心（12000r/min）除去未裂解的细菌细胞，上清液即噬菌体浓缩液。

2. 保藏

（1）低温保藏法　将噬菌体悬液分装于有塞的试管中，密封或把噬菌体悬液制成稀的软琼脂（琼脂含量 0.5%），分装于玻璃管中熔封，置 5℃保藏。这种保藏法可不加保护剂。因而比较简便，保藏大肠杆菌噬菌体数年后其效价几乎不降低，但不是任何种类的噬菌体都适用。当保藏温度降至 -70～-20℃时，为防止冻结损害噬菌体，则需用甘油或二甲亚砜作保护剂。

（2）液氮保藏法　该方法适合于绝大多数噬菌体的保藏，是目前最好的一种方法。使用的保护剂是无菌的 20%脱脂乳（用量与噬菌体悬液量相等），也可用甘油或二甲亚砜等作保护剂分装于安瓿管中，熔封。以下操作同前面介绍的液氮超低温冷冻保藏法。

为了防止安瓿管爆炸，安瓿管可放在液氮冰箱的气相中保藏。

（3）冷冻真空干燥法　20%脱脂乳作保护剂和噬菌体以等量混合，制成悬液，分装于安瓿管中，用干冰-乙二醇致冷剂冻结后，真空冷冻干燥过夜，干燥完成后，熔封，在 5℃下保藏，为了确定熔封是否完全并保持一定的真空度，可用真空度检测计，根据安瓿管内的放电检验真空度即可。

（4）L-干燥法　该方法是使样品在不冻结的条件下进行真空干燥的方法，步骤是：以3%谷氨酸钠与噬菌体制成1∶1的悬液，涂抹在滤纸上，在37℃下干燥60min，将试管塞塞严，在 5℃下进行保藏，这种方法被应用于乳酸菌噬菌体的保藏。恢复培养时用由 1%蛋白胨、0.2%酵母膏、0.2%氯化钠等组成 pH7.0 的培养液将干燥物复水，再用平板法加指示菌测定生存的噬菌体数。

实验六　食用菌菌种保藏法

一、目的要求

了解食用菌菌种保藏的原理，掌握其保藏方法。

二、实验说明

食用菌菌种，既可利用食用菌有性孢子（担孢子或子囊孢子）或各种无性孢子（粉孢子、厚垣孢子、酵母状分生孢子）保藏，也可利用营养菌丝或生长的基质进行保藏，一般采用菌丝体进行保藏。常用的保藏方法有斜面冰箱保藏、液体石蜡保藏、沙土管保藏和真空冷冻干燥保藏。本实验介绍滤纸保藏法、麦粒保藏法、枝条保藏法和菌丝球保藏法及塑料管保藏法。

三、实验材料

（1）菌种　鲜香菇子实体、待保藏的食用菌斜面菌种（本实验用香菇菌种）。

（2）培养基及试剂　PDA 培养基、木屑试管培养基、麦麸葡萄糖液体培养基、牛肉汁斜面培养基、75%酒精棉球、5%来苏水、试管装的生理盐水（每支 5mL）、变色硅胶。

（3）器材及其他　摇床、酒精喷灯、钟罩或烧杯、干燥器、镊子、滤纸（孢子为白色的用黑色滤纸，为其他色的用白色）、耐高温高压塑料管、打孔器（$\Phi<0.5cm$）、接种针、平板（直径 9cm）、液体石蜡、封口机等。

四、方法步骤

1. 滤纸保藏法

将食用菌的孢子吸附在滤纸条上，干燥后进行保藏的方法，称为滤纸保藏法。

（1）滤纸条准备 取黑色滤纸，切成 0.5cm 宽、2～3cm 长的纸条，平铺在 9cm 直径的平板中，用纸包好。另取变色硅胶（1～2 粒），放入干燥试管中，塞上棉塞，随同包好的滤纸条平板，于 121℃下灭菌 30min。灭菌后，均置 80℃烘箱中烘烤 1h 备用。

（2）收集孢子 取鲜香菇子实体，放入接种室（箱）内，用 75%酒精棉球消毒后，切去菇柄的大部分，将菇体菌褶向下插在无菌支架上，并放在铺有黑色滤纸条的平板中，立即盖上无菌的钟罩（或大烧杯），让孢子直接弹射在滤纸上。静置这一孢子收集器 1～2d，在滤纸条上则收集到一层白色孢子。

（3）保藏管的制备 当滤纸条上收集到一定数量孢子后，用无菌镊子将滤纸条分别放入盛有硅胶的无菌试管中，并放在干燥器中 1～2d，除去滤纸条上多余水分，至滤纸条含水量降至 2%为止。最后用酒精喷灯火焰熔封试管上部，即制成保藏管，贴上标签，放在冰箱中保藏。注意本法的关键是滤纸条一定要干，熔封口一定要严密。

（4）复苏培养 当需用保藏的孢子时，可先用砂轮在管壁外侧划痕，在火焰上灼烧划痕。再用浸有 5%来苏儿水的湿布包上，使管壁自动破裂。然后用无菌镊子取出滤纸条，将有孢子的一面贴附在无菌的 PDA 平板上，置 25℃恒温培养。待孢子萌发成菌丝，即可将菌丝转接 PDA 斜面培养基培养。

2. 麦粒保藏法

（1）麦粒保藏管的制备 取籽粒饱满的小麦粒，经淘洗后，用 20℃温水浸泡 5h，过滤稍加晾干后，将麦粒装入试管，装量约占管深 1/4～1/3。121℃下灭菌 1～1.5h，且趁热摇散麦粒。

（2）接种培养 待麦粒保藏管冷却后，无菌操作向每支试管中接入一块香菇菌丝块，或加 0.2mL 菌丝悬浮液，或一滴孢子悬液，摇匀，置 25℃ 恒温培养。当大多数麦粒上出现稀疏的菌丝体时，终止培养。置干燥器内干燥 1 个月，然后保藏在阴凉、干燥处。

（3）使用法 无菌操作挑取保藏管内带有菌丝的麦粒一粒，接种在 PDA 斜面培养基上，培养至菌丝长满斜面即可使用。

注意：麦粒含水量不能超过 25%，麦粒经灭菌后不能破裂。

3. 枝条保藏法

枝条保藏法是自然基质保藏法中的一种。采用树木枝条作为木腐类食用菌或药用菌的保藏培养基，在室温或冰箱中保藏菌种。

（1）枝条准备　选取 1.5～2.0cm 粗的修剪枝条（阔叶树枝条、针叶树枝条和有芳香气味的不适宜），截成 1.5～2.0cm 长，晒干备用。用时将枝条浸在 5%的米糠水中过夜，使枝条吸水，至中心有水痕为止。

（2）木屑培养基准备　取木屑 78%、米糠（或麸皮）20%、石膏粉 1%、糖 1%，先将前三者混合，然后将糖溶在水中加进木屑混合物，使水分含量达 60%。

（3）装管灭菌　将上述枝条和木屑培养基以 3∶1（体积比）混合，装进试管或蘑菇瓶，表面再用木屑培养基盖面并压平，厚约 0.5cm。清洗试管或瓶子，塞上棉塞，121℃下灭菌 2h。

（4）接种保藏　灭菌试管冷却后，接入待保藏的菌种，在 25℃培养，当菌丝长满培养基后，无菌操作将棉塞替换为灭菌橡皮塞，贴上标签，在常温或冰箱中保藏。也可将长满培养基的试管放入干燥器内，让其自然脱水后进行保藏。

（5）使用方法　无菌操作取出试管内的菌种枝条，剥去树皮，将木材部分切成火柴梗大小的块，每支斜面培养基接一块，在适宜温度下培养即可。

4. 菌丝球保藏法

用液体培养法培养菌丝球，然后进行保藏的方法为菌丝球保藏法。

（1）液体培养基的制备　用麦麸葡萄糖培养基（15%粗麦麸煎汁、1%葡萄糖或蔗糖、0.3%KH_2PO_4、0.15%$MgSO_4 \cdot 7H_2O$），分装于 250mL 三角瓶，每瓶 60mL，121℃灭菌 30min。

（2）接种培养　将要保藏的香菇菌种接入灭菌后的三角瓶液体培养基中，置摇床上 26～28℃振荡培养 7～10d 便形成大量菌丝球。

（3）菌丝球保藏　将培养好的菌丝球，在牛肉汤或牛肉汁斜面上进行无菌测定，确证无杂菌感染后，用无菌吸管吸取 4～5 个菌丝球接入无菌生理盐水试管中，换上灭菌橡皮塞，再用石蜡密封，贴上标签，常温下保藏。

黑龙江省应用微生物研究所菌种保藏室应用此法，保藏了蘑菇、灵芝、香菇、黑木耳、茯苓、猴头、侧耳、雷丸等多种担子菌，保藏 39 个月后测定，生长均很旺盛。

5. 塑料管保藏法

塑料管菌种是将菌种小块浸泡在液体石蜡中，由于液体石蜡能抑制微生物的代谢，隔绝氧气，防止水分蒸发，因此可推迟细胞的衰老，延长微生物的生命，保持菌种遗传稳定性。

（1）塑料管准备　将直径 0.5cm 的塑料管截成长 5cm 小段，并装入瓶内进行高温高压灭菌，然后取出，一端用封口机封口。

（2）灌注液体石蜡　用 10mL 的注射器注入灭过菌的液体石蜡油入塑料管内。

（3）移入菌种要快　取平板培养的菌种，用打孔器沿菌苔外缘打孔，并用接种针挑取圆块放入盛液体石蜡的塑料管内，每管放 6 块。

（4）封口　装好菌种块的塑料管，用封口机封口。注意一定要避免管内产生气泡。

（5）编号　封好口的塑料菌种管编好号，放入液态氮罐或冰箱中保藏。

实验七　蒸馏水或其他溶液保藏法

一、目的要求

了解蒸馏水或溶液保藏法的原理，掌握其保藏方法。

二、实验说明

多种微生物如各种细菌、酵母菌、真菌孢子等，可用蒸馏水、糖溶液、缓冲液或其他溶液作为分散媒介将其细胞制成悬浮液，分装在无菌试管或安瓿管中，密封后于低温处保存数年。

三、实验材料

（1）菌种　细菌或酵母菌细胞，真菌孢子等。

（2）试剂　蒸馏水、磷酸盐缓冲液、NaCl 溶液及琼脂溶液等。

（3）器材及其他　接种环、接种铲、试管、安瓿管及胶塞等。

四、方法步骤

1. 悬浮细胞法

（1）取玻璃器皿蒸馏的蒸馏水分装入试管中，每管 5mL，塞棉塞后 121℃灭菌 30min。

（2）用接种环从斜面上或平板上取一环细胞移入一管蒸馏水中，将细胞于水中分散开，取下棉塞无菌地改换成已灭菌的橡皮塞，塞好后于 10℃保存。

（3）恢复培养时可从管内移出一环于新鲜培养基上，而原管塞好后仍可继续保存。

2. 悬浮菌体块法

（1）取玻璃器皿蒸馏的蒸馏水分装入试管中，每管 5mL，塞棉塞后 121℃灭菌 30min。

（2）从平板培养的真菌菌落中切取约 6mm 的小块，连同琼脂一起悬浮于装有无菌蒸馏水的试管中，将棉塞改换已灭菌的橡皮塞塞严，将试管保存于低温处。

（3）恢复培养时由其中取出 1 块悬浮的小块，置于新鲜培养基上即可。

第十一章

病毒常用实验技术

　　病毒是所有生物中构造最为简单（没有细胞结构）的一类微小生物，简单到没有细胞结构，仅是由核酸和蛋白质等少数几种成分组成的超显微"非细胞生物"，既无产能酶系，也无蛋白质与核酸合成酶系，是专性寄生物。由于病毒具有严格的寄生性，必须在易感的活细胞（或组织）中才能增殖，故通常将其接种于敏感细菌、动物（小鼠、家兔及猴等）细胞、鸡胚胎或组织（细胞）中使之增殖。不同病毒的寄主细胞有所不同，进行病毒的分离鉴定，接种什么细胞应根据具体情况而定。

　　病毒因其特殊的非细胞结构以及生物学特性，使得病毒的分离、培养等实验研究，较其他微生物而言有一些特殊的技术要求。掌握这些技术要求对于进一步研究病毒的生物学特性及其防控与利用具有重要意义。

实验一　病毒形态观察与大小测定

一、目的要求

　　掌握病毒形态观察与大小测定方法。

二、实验说明

　　病毒是微生物中体积最小的一类，不仅肉眼看不见，即使是分辨率最好的光学显微镜也只能看到个别大病毒，绝大部分在普通光学显微镜下不能看到，必须借助电子显微镜进行观察。在电子显微镜下，不仅能观察到各种病毒的外观，还可以看清其结构。观察病毒形态与结构，常用磷钨酸负染法。

　　磷钨酸负染法是利用重金属盐类溶液处理生物标本，使它在电镜下呈现出良好的反差。经此种染色处理的生物标本，在电镜下与正染色相反，观察到的不是亮环境下的黑色物象而是暗背景（重金属染液）下的亮象（物体）。

病毒的形态主要有球状、杆状、蝌蚪状等。一般而言，大部分球形病毒属立方体对称（如腺病毒和小 RNA 病毒），大部分杆形病毒属螺旋对称（狂犬病病毒）。

三、实验材料

（1）样品　病毒悬液。

（2）染液　磷钨酸盐（钠、钾）。

（3）器材及其他　投射电子显微镜、铜网、滤纸、吸管等。

四、方法步骤

（1）用吸管吸取少量病毒悬液，直接滴在铜网上（一般每份标本 3～4 个铜网），待 3～5min 后吸去悬液或用小片滤纸吸干；然后用另一吸管吸染液滴于铜网上，待 2～3min 吸去多余染液，待自然干燥后即可进行电镜观察。

（2）电镜观察　按照电镜的使用方法（见第一章实验五），观察标本中的病毒形态，并测量其大小。

① 形态观察。病毒形态较多，常见的有球形、杆形和蝌蚪形等，如黏病毒呈杆状或多形态，腺病毒和小 RNA 病毒属球形，噬菌体呈蝌蚪形。

② 大小测定。一般无胞膜病毒大小比较一致，有胞膜病毒则变动较大（对这类病毒的大小测定，应求其平均值）。应用电镜技术也可准确测量病毒体的大小。病毒大小使用的单位为毫微米即纳米（nm），可按公式计算：

$$病毒体大小(nm) = \frac{病毒体直径 (nm)}{放大倍数} \times 10^6$$

五、注意事项

（1）电镜样品的制备方法。

（2）电镜的正确使用方法。

实验二　病毒包涵体的观察

一、目的要求

1. 了解组织细胞苏木精-伊红染色原理。

2. 掌握病毒包涵体的观察方法。

二、实验说明

包涵体是指某种病毒感染寄主细胞后，在寄主细胞中大量增殖、聚集并使宿主细胞发生病变时，形成的具有一定形态、构造并能用光镜加以观察和识别的特殊"群体"。不同病毒包涵体的形状、大小、染色特性、在寄主细胞中的位置不同（如狂犬病病毒包涵体位于脑神经细胞浆内，腺病毒包涵体位于感染的细胞核内，而巨细胞病毒包涵体在胞浆和核内均有发现），据此可以帮助人们鉴别病毒、诊断传染病。

苏木精-伊红染色液主要用于显示各种组织成分的一般形态结构，以便进行全面观察组织成分是否病变。细胞中的细胞核是由酸性物质组成的，它与碱性染料苏木精的亲和力较强，而细胞浆则含有碱性物质与酸性染料伊红的亲和力较强，所以细胞或组织切片经苏木精-伊红染色液染色后，细胞核被苏木精染成鲜艳的蓝紫色，细胞浆、各种纤维等染成不同程度的红色，红细胞染成橙红色。苏木精-伊红染色是生物学、细胞学、病理学等最基本的染色方法，在教学科研、病理诊断中应用广泛。

三、实验材料

（1）病毒样品　巨细胞病毒。
（2）寄主细胞　传代人胚肺纤维母细胞培养小瓶。
（3）试剂　苏木精-伊红染色液、Bouin 固定液、生理盐水。
（4）器材及其他　恒温培养箱、普通光学显微镜等。

四、方法步骤

（1）将巨细胞病毒接种于有盖玻片的传代人胚肺纤维母细胞培养小瓶中，37℃孵育，待出现 80%～100%细胞病变后，取出盖玻片，在生理盐水中漂洗 2 次。

（2）用 Bouin 固定液将上述漂洗后的盖玻片固定 20～30min，再用生理盐水冲洗 2 次。

（3）苏木精-伊红染色步骤如下

① 将处理好的片子浸入苏木精染液，染色 5～10min，自来水冲洗 1～2min，甩干；

② 浸入 1%盐酸酒精分化液，分化数秒，水洗；

③ 自来水冲洗返蓝 5～10min，浸入返蓝液（饱和碳酸锂溶液），返蓝数秒（此步可使细胞核着色更鲜艳），水洗 1～2min，甩干；

④ 浸入 80%乙醇中脱水 1min，再浸入伊红染液（醇溶性），染色 30～60s［若伊红染液为水溶性，则不需经 80%乙醇中脱水一步，可直接浸入伊红染液（水溶性）

进行染色];

⑤ 依次浸入 80%乙醇、95%乙醇调色脱水（时间不宜过长），显色后浸入无水乙醇中脱水 2min，视情况可重复一次无水乙醇中脱水；

⑥ 将染色并脱水完好的片子浸入透明液（二甲苯），透明 1～2min，可分 2 缸进行操作；

⑦ 用封片胶封片。

（4）用光学显微镜在低倍镜或高倍镜观察　在巨细胞病毒感染的人胚肺纤维母细胞核内有嗜酸性包涵体（有时亦可嗜碱性），包涵体周围可有与核膜明显区分的不着色的一轮晕。一个核内大多有 1 个包涵体，但亦有 2～3 个的。细胞浆内可有界限不明的较小嗜碱性包涵体，但诊断意义不大。

五、注意事项

（1）涂片和切片必须充分固定。

（2）苏木精染液表面产生一层氧化膜、底部产生少许硫酸铝钾结晶属于正常现象，使用前取出氧化膜，并定期过滤。

（3）注意识别细胞中的包涵体。

实验三　噬菌体的分离与纯化

一、目的要求

了解噬菌体分离、纯化的原理，掌握其分离纯化的技术。

二、实验说明

噬菌体是一类专性寄生于细菌和放线菌等微生物细胞的病毒，某种噬菌体往往只能感染一种或与它相近的某种微生物。噬菌体感染常给人类健康和工农业生产带来极大危害，因此了解噬菌体的特性，快速检查、分离纯化噬菌体，对于在生产和科研工作中防止噬菌体污染具有重要作用。

自然界中凡有细菌和放线菌的地方，都会有特异性的噬菌体存在。人们可以从适合其宿主生存的工厂周围土壤、污水、空气、异常发酵液中分离出噬菌体，从含有敏感菌的平板上观察到噬菌斑。一般一个噬菌体可形成一个噬菌斑，可以从中挑出一个噬菌斑继续纯化。

三、实验材料

（1）样品　谷氨酸产生菌（短杆菌 T₆-13）及谷氨酸发酵异常发酵液。

（2）培养基及试剂　牛肉膏蛋白胨液体培养基、半固体及固体培养基、蛋白胨水。

（3）器材及其他　台式离心机、恒温箱、摇床、培养皿、试管、移液管、玻璃刮铲、细菌过滤器等，各种器皿均需在应用前灭菌。

四、方法步骤

1. 噬菌体的分离

（1）菌悬液制备　接种短杆菌 T₆-13 于装有 20mL 牛肉膏蛋白胨液体培养基的 250mL 锥形瓶中，30℃振荡培养 12～13h，使细菌生长至对数期。

（2）噬菌体增殖液制备　取 100mL 谷氨酸发酵异常发酵液（或 100mL 味精厂阴沟污水样品或车间附近土壤），加入 100mL 二倍浓缩的牛肉膏蛋白胨液体培养基的 1000mL 锥形瓶中（取车间附近土壤 1g，加灭菌 CaCO₃ 0.3g，直接用牛肉膏蛋白胨液体培养基即可），同时加入 5mL 上述对数期短杆菌 T₆-13 菌悬液，30℃振荡培养 24h。取培养液于无菌离心管中，4000r/min 离心 10min，将离心后的上清液移入无菌锥形瓶中，作为第一次噬菌体增殖液。

依上法再培养一瓶至对数中期的短杆菌 T₆-13 菌悬液，加进第一次噬菌体增殖液 5mL，继续 30℃振荡培养 24h，离心取上清液至无菌锥形瓶中，作为第二次噬菌体增殖液。同法制备第三次噬菌体增殖液。如果自行分离未知样品中的噬菌体，需寻找敏感的被该噬菌体裂解的指示菌为寄主方可增殖。

（3）裂解液制备　将上述第三次噬菌体增殖后的培养液，加几滴氯仿（帮助噬菌体裂解细菌），4000r/min 离心 10min，离心后的上清液经蔡氏过滤器过滤除菌。所得滤液移入无菌锥形瓶内，30℃振荡培养过夜，经无菌检查确证没有细菌生长时，作为噬菌体无菌增殖液，放冰箱保存，待进一步验证。

（4）分离噬菌体　取上述噬菌体增殖液，用无菌蛋白胨水以 10 倍稀释法适当稀释。取融化后并保温于 50℃水浴中的牛肉膏蛋白胨固体培养基，在无菌培养皿中倒底层平板（直径 9cm 的培养皿大约倒 10mL 培养基），待凝固后分别取噬菌体原液及最后两个稀释度的噬菌体稀释液 0.1mL 于底层培养基上，然后各加入 0.2mL 对数期短杆菌 T₆-13 菌悬液于其上，最后再倾注已融化并保温在 50℃水浴中的半固体上层培养基 5mL 于上述底层平板上，混合均匀，待凝固后于 30℃恒温箱中平置培养 6～24h。

若含敏感菌双层平板上出现透明空斑，证明滤液中有短杆菌 T_6-13 噬菌体。

2. 纯化噬菌体

用接种针在单个有透明空斑的噬菌斑中刺几下，小心采取噬菌体，接入含有对数中期短杆菌 T_6-13 的牛肉膏蛋白胨培养液中，20℃振荡培养 24h 后再依上法适当稀释，继续用双层平板法分离，反复 3～5 次，便可得到形态、大小特征基本一致的噬菌斑，过滤除菌后获得噬菌体纯培养。

实验四　噬菌体效价的测定

一、目的要求

学习和掌握利用噬菌斑计数法测定噬菌体悬液效价的原理与方法。

二、实验说明

噬菌体是一类专性寄生于细菌和放线菌等微生物的病毒，其个体形态极其微小，用常规微生物计数法无法测得其数量。当烈性噬菌体感染细菌后会迅速引起敏感细菌裂解，释放出大量子代噬菌体，然后它们再扩散和感染周围细胞，最终使含有敏感菌的悬液由混浊逐渐变清，或在含有敏感细菌的平板上出现肉眼可见的空斑——噬菌斑。了解噬菌体的特性，快速检查、分离，并进行效价测定，对在生产和科研工作中防止噬菌体的污染具有重要作用。

噬菌体的效价即 1mL 样品中所含侵染性噬菌体的粒子数。效价的测定一般采用双层琼脂平板法。由于在含有特异宿主细菌的琼脂平板上，一般一个噬菌体产生一个噬菌斑，故可根据一定体积的噬菌体培养液所出现的噬菌斑数，计算出噬菌体的效价。此法所形成的噬菌斑的形态、大小较一致，且清晰度高，故计数比较准确，因而被广泛应用。

三、实验材料

（1）菌种　大肠杆菌 18h 培养液，大肠杆菌噬菌体（从阴沟或粪池污水中分离）。

（2）培养基　上层肉膏蛋白胨半固体琼脂培养基（含琼脂 0.7%，试管分装，每管 5mL），下层肉膏蛋白胨固体琼脂培养基（含 2%琼脂），1%蛋白胨水培养基。

（3）器材及其他　无菌试管、培养皿、三角瓶、移液管（1mL、5mL）、恒温水浴锅等。

四、方法步骤

1. 倒平板

将融化后冷却到 45℃左右的下层肉膏蛋白胨固体培养基倾倒于 11 个无菌培养皿中，每皿约倾注 10mL 培养基，平放，待冷凝后在培养皿底部注明噬菌体稀释度。

2. 稀释噬菌体

按 10 倍稀释法，吸取 0.5mL 大肠杆菌噬菌体，注入一支装有 4.5mL 1%蛋白胨水的试管中，即稀释到 10^{-1}，依次稀释到 10^{-6} 稀释度。

3. 噬菌体与菌液混合

将 11 支灭菌空试管分别标记 10^{-4}、10^{-5}、10^{-6} 和对照。分别从 10^{-4}、10^{-5} 和 10^{-6} 噬菌体稀释液中吸取 0.1mL 于上述编号的无菌试管中，每个稀释度平行做三个管，在另外两支对照管中加 0.1mL 无菌水，并分别于各管中加入 0.2mL 大肠杆菌菌悬液，振荡试管使菌液与噬菌体液混合均匀，置 37℃ 水浴中保温 5min，让噬菌体粒子充分吸附并侵入菌体细胞。

4. 接种上层平板

将 11 支融化并保温于 45℃的上层肉膏蛋白胨半固体琼脂培养基 5mL 分别加入到含有噬菌体和敏感菌液的混合管中，迅速搓匀，立即倒入相应编号的底层培养基平板表面，边倒边摇动平板使其迅速地铺展表面。水平静置，凝固后置 37℃ 培养。

5. 观察并计数

观察平板中的噬菌斑，将每一稀释度的噬菌斑数目记录于实验报告表格内，并选取 30～300 个噬菌斑的平板计算每毫升未稀释的原液的噬菌体数（效价）。

$$噬菌体效价 = 噬菌斑数 × 稀释倍数 × 10$$

五、实验结果

记录平板中每一稀释度的噬菌斑数于表 11-1 中，并计算噬菌体的效价是多少。

表 11-1　平板中每一稀释度的噬菌斑数

噬菌体稀释度	10^{-4}	10^{-5}	10^{-6}	10^{-7}	对照
噬菌斑数					

实验五　病毒的鸡胚接种

一、目的要求

掌握病毒鸡胚接种的操作方法。

二、实验说明

鸡胚培养法是用来培养某些对鸡胚敏感的动物病毒的一种培养方法，此方法可用以进行多种病毒的分离、培养、毒力的测定、中和试验以及抗原和疫苗的制备等。

鸡胚培养的技术比组织培养容易成功，也比接种动物的动物来源广，无饲养管理及隔离等的特殊要求，且鸡胚一般无病毒隐性感染，同时它的敏感范围很广，多种病毒均能适应，因此，是常用的一种培养动物病毒的方法。

各种病毒接种鸡胚均有其最适宜的途径，故应注意选择。本实验用鸡新城疫病毒（newcastle-disease virus）接种鸡胚。鸡新城疫病毒适宜接种在尿囊腔和羊膜腔内，经培养后，鸡胚全身皮肤出现出血点，以脑后最显著。

三、实验材料

（1）受精卵　健康鸡群的受精卵，无母源抗体，产后 10d 之内 5d 最佳。

（2）种毒　新城疫病毒悬液。

（3）器材及其他　温箱、照蛋器、卵锥、磨卵器、蛋架、超净工作台、1mL 注射器、20～27 号针头、镊子、酒精灯、灭菌吸管、灭菌滴管、灭菌青霉素瓶、铅笔、透明胶纸、石蜡、2.5%碘酊及 75%酒精棉球等。

四、方法步骤

1. 鸡卵的保存、孵育及检卵

（1）保存　孵育前，保存的最佳室温在 10℃左右，最多不能超过 10d。

（2）孵育　将温箱调节温度为 37.3～37.8℃，湿度 45%～60%。将鸡卵孵入后，每日翻卵 2～3 次。

（3）检卵　孵后第 4d 开始用照蛋器检查发育情况，检出未受精及死亡鸡胚，剔除。

2. 鸡胚接种方法

（1）尿囊腔接种　尿囊腔接种法见图 11-1。

① 孵育 9～11 日龄的鸡胚,经照视后,划出气室及胚胎位置,标明胚龄及日期,

气室朝上立于卵架上。

② 在气室中心或远离胚胎侧气室边缘先后用碘酊棉球及酒精棉球消毒，以卵锥在气室的中央或侧边打一小孔，针头沿孔垂直或稍斜插入气室，进入尿囊，向尿囊腔内注入 0.1～0.3mL 新城疫病毒悬液，拔出针头，用融化的石蜡封孔，直立孵化。

③ 孵化期间，每晚照蛋，观察胚胎存活情况。弃去接种后 24h 前死亡的鸡胚。

④ 收获。时间须视病毒的种类而定，如新城疫病毒在接种后 24～48h 即可收获。

a. 收获前将鸡胚置于 0～4℃ 冰箱中冷藏 4h 或过夜，使血管收缩，以免解剖时出血。

b. 气室朝上立于卵架上，无菌操作轻轻敲打并揭去气室顶部蛋壳，形成直径为 1.5～2.0cm 的开口。

c. 用灭菌镊子夹起并撕开气室中央的绒毛尿囊膜，然后用吸管从破口处吸取尿囊液，每胚可得 5～6mL，贮于无菌小瓶内，无菌检验后，冰冻保存，作种毒或试验之用。

（2）卵黄囊接种法　卵黄囊接种法见图 11-1。

① 选用 6～8 日龄鸡胚，划出气室和胚胎位置，垂直放置在固定的卵架上。

② 用碘酊及酒精棉消毒气室端，在气室的中央打一小孔，针头沿小孔垂直刺入约 3cm，向卵黄囊内注入 0.1～0.5mL 病毒液。

③ 拔出针头，用融化的石蜡封孔，直立孵化 3～7d。

④ 孵化期间，每晚照蛋，观察胚胎存活情况。弃去接种后 24h 内死亡的鸡胚。

⑤ 收获方法：

a. 将濒死或死亡鸡胚气室部用碘酊及酒精棉消毒，直立于卵架上。无菌操作轻轻敲打并揭去气室顶部蛋壳。

b. 用另一无菌镊子撕开绒毛尿囊膜，夹起鸡胚，切断卵黄带，置于无菌器皿中。

c. 如收获鸡胚，则除去双眼、爪及嘴，置于无菌小瓶中保存。

d. 如收获卵黄囊，则用镊子将绒毛尿囊膜与卵黄囊分开，将后者储存于无菌小瓶中。

e. 收获的鸡胚或卵黄囊，经无菌检验后，放置–25℃冰箱冷冻保存。

（3）绒毛尿囊膜接种法　绒毛尿囊膜接种法见图 11-1。

① 选 9～12 日龄鸡胚，经照视后划出气室位置并消毒。

② 在胚胎附近略近气室处，选择血管较少的部位以磨卵器磨一与纵轴平行的裂痕或将蛋壳锉开成三角形，小心挑起卵壳，造成卵窗，见到白色而韧性的壳膜，以针尖小心挑破壳膜，注意切勿损伤其下的绒毛尿囊膜。

③ 另外在气室的顶端钻一小孔。

④ 在卵窗壳膜刺破处滴一滴无菌生理盐水，用橡皮乳头紧贴气室小孔，向外吸气，使卵窗部位的绒毛尿囊膜下陷形成一小凹。

⑤ 除去卵窗部的卵壳，用注射器或吸管滴入 2～3 滴病毒液于绒毛尿囊膜上。

⑥ 用透明胶纸封住卵窗，或用玻璃纸盖于卵窗上，周围用石蜡封固，同时封气室端小孔。

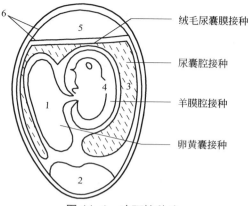

图 11-1 鸡胚接种法
1—卵黄囊；2—卵白；3—尿囊腔；
4—羊膜腔；5—气室；6—卵膜

⑦ 接种部位朝上横卧孵化，不许翻动。每日自卵窗处检查，经 48～96h，病变发育明显，鸡胚可能受感染死亡。

⑧ 收获方法：

a. 用碘酊消毒卵窗周围，用无菌镊子扩大卵窗至绒毛尿囊膜下陷的边缘，除去卵壳及壳膜，注意勿使其落入绒毛尿囊膜上。

b. 另用无菌镊子轻轻夹起绒毛尿囊膜，用小剪刀沿人工气室周围将接种的绒毛尿囊膜全部剪下，置于灭菌的平皿内，观察病变。病变明显的膜，可放入小瓶中保存。

（4）羊膜腔接种法　羊膜腔接种法见图 11-1。

① 选 12～14 日龄鸡胚，经照视后划出气室位置并消毒，按绒毛尿囊膜接种法造成人工气室，撕去卵壳膜，用无菌镊子夹起绒毛尿囊膜，在无大血管处切一 0.5cm 小口。

② 用灭菌无齿弯头镊子夹起羊膜，针头刺破羊膜进入羊膜腔，注入新城疫病毒液 0.1～0.2mL。

③ 用透明胶纸封住卵窗，或用玻璃纸盖于卵窗上，周围用石蜡封固，同时封气室端小孔。

④ 横卧孵化，不许翻动。每日检查发育情况，24h 内死亡者弃去。通常培养3～5d。

⑤ 收获方法：

a. 用碘酊消毒卵窗周围，用无菌镊子扩大卵窗至绒毛尿囊膜下陷的边缘，除去卵壳、壳膜及绒毛尿囊膜，倾去尿囊液。

b. 夹起羊膜，用尖头毛细吸管或注射器穿入羊膜，吸取羊水，装入小瓶中冷藏。每卵可收获 0.5～1mL。

五、注意事项

（1）活胚检查　鸡胚使用前必须进行检查，可根据以下三方面来判断其死活。

① 血管。活胚可见明显的血管，有时可见血管搏动；死胚血管模糊，成淤血带或淤血块。

② 胎动。活胚可见明显的自然运动，尤其用手轻轻转动卵时。但胎龄大于 14d 的胚胎，胎动则不明显，甚至无胎动；死胚见不到任何胎动，胚发红像出血样，有的呈现黑块。

③ 绒毛尿囊膜发育之界线。生活良好之胚胎可见密布血管的绒毛尿囊膜与胚胎的另一面形成较明显的界线。

必须把上述三方面结合起来进行观察，如果胚胎活动呆滞或不能主动地运动，血管模糊扩张或折断沉落，绒毛尿囊膜界线模糊，则可判断胚胎濒死或已经死亡。

（2）鸡胚污染即可引起发育鸡胚死亡或影响病毒的培养，故整个操作应在无菌室或超净工作台内完成，做到无菌操作。

（3）鸡胚培养是在生活鸡胚中进行操作，接种后的鸡胚必须带毒发育一定时间才有利于病毒的增殖，故必须谨慎操作，以免影响鸡胚的生理活动或引起死亡。

（4）培养条件如温度、湿度、翻动等必须适当，并在全程保持稳定。

（5）病毒液使用前及收获后，必先作无菌检验，确定无菌后方能使用或保藏。

（6）将用过的镊子、注射器等放入煮沸锅消毒 5min，取出后擦干包好，高压灭菌待用。卵壳、鸡胚等置于消毒液中浸泡过夜，然后弃掉。无菌室内用紫外线灯消毒 30min。

实验六　病毒的细胞分离培养法

一、目的要求

掌握细胞培养及病毒在细胞的分离接种及观察方法。

二、实验说明

细胞培养在病毒学方面的研究最为广泛，除用作病毒的病原分离外，还可研究病毒的繁殖过程及其细胞的敏感性和传染性（细胞的病理变化及包涵体的形成）。观察病毒传染时细胞新陈代谢的改变，探讨抗体与抗病毒物质对病毒的作用方式与机制，以及研究病毒干扰现象的本质和变异的规律性，可用于病毒的分离鉴定、抗原的制备、疫苗和干扰素的生产、病毒性疾病诊断和流行病学调查等。近年来，细胞培养还用于繁殖病毒载体以用于基因治疗。

动物和鸡胚的接种均受数量、年龄、途径的限制，细胞不仅可以大量生产，而且还可较久地持续培养，便于病毒生长，特别是对那些生长缓慢或需在新环境中逐渐适应的病毒更为有利。

三、实验材料

（1）试剂与培养液　0.25%胰蛋白酶液、细胞生长液、Hank's液、双抗、小牛血清、7%NaHCO₃溶液等。

（2）器材及其他　细胞培养瓶、吸管、吸球、CO_2培养箱、倒置显微镜等。

四、方法步骤

1. 接种标本的处理

（1）粪便标本　用于分离肠道病毒之粪便标本放入装玻璃珠的 40mL 沉淀管内，大约每 2g 粪便用 15mL Hank's 液稀释（其余粪便于–20℃保存备用），用橡皮塞紧后剧烈振摇，使粪便乳化，经 2500r/min 沉淀 15min 后，将上清用无菌八层纱布过滤，于 4℃以 10000r/min 离心 1h 再取其上清，以 1.8mL 加入 0.2mL 抗生素液进行处理（浓度为 25000U/mL 的双抗及 250mg/L 两性霉素 B），剩下的悬液保存于–20℃备用。

在 4℃下经抗生素处理的悬液 1h 后分别接种两管猴肾细胞和人二倍体细胞，每管 0.25mL，置 37℃培养观察细胞病变（CPE）。如果接种材料毒性大出现非特异的细胞退化，则将培养物尽快传代。

（2）肛门拭子　肛门拭子擦试后放在约 2mL 的肉汤内，低温保存，培养前挤出液体于 4℃下 2500r/min 离心 15min，抗生素处理及接种细胞培养方法同上。

（3）咽漱液及咽拭子　呼吸道病毒常取咽漱液或鼻咽拭子（放在肉汤内）标本，立即接种细胞培养物或保存于–70℃，抗生素处理方法同上。

抗生素处理（4℃，1h）后，即可接种两管以上的细胞培养物，每管 0.2mL，37℃培养，观察 CPE（或血吸附，或干扰现象，依病毒种类而定）。

（4）组织悬液　活体检查或尸体解剖取出的组织保存于–70℃，取出此组织选择适当的样品放入无菌平皿内称重，然后移入乳钵内，加入 0.75%牛血清白蛋白的缓冲盐溶液磨成 20%悬液，反复冻融 3 次。若为结缔组织应加入适量铝氧粉研磨。

此悬液经 1500r/min 离心 15min，吸取适量上清，用 500U/mL 双抗处理，4℃下

1h，以每管 0.1～0.2mL 接种 2～4 管细胞，37℃培养，观察 CPE，或进行血吸附实验，或观察干扰现象，必要时也可接种动物。原标本及剩余组织悬液均保存于–70℃。

2. 病毒的细胞培养

病毒的细胞培养，通常用人胚肾（或 Vero 猴肾细胞）、WISH 及 FL 人胚羊膜细胞、人胚二倍体细胞（WI-38、2BS、SL8 等）、鸡胚细胞及传代细胞（如 Hela 细胞，Hep-2 细胞和 KB 细胞）等制备的单层细胞。病毒感染细胞后，大多能引起细胞病变（cytopathic effect, CPE），无需染色可直接在普通光学显微镜下观察，不同病毒 CPE 产生的现象不同，有的细胞变圆、坏死、破碎或脱落如水疱性口炎病毒（VSV）、B$_3$ 型柯萨奇病毒、脊髓灰质炎病毒等。有的只使细胞变圆，并堆集成葡萄状，如腺病毒。而麻疹病毒，呼吸道合胞病毒形成多核巨细胞（或称融合细胞）。有些病毒能使细胞形成包涵体，位于细胞浆内或核内，一至数个不等，嗜酸性或嗜碱性。

有的细胞不发生细胞病变，但能改变培养液的 pH 值，或出现红细胞吸附及血凝现象（如流感病毒或副流感病毒、新城疫病毒、仙台病毒等），有的需用免疫荧光技术，或 ELISA 法检测。用来分离培养病毒常用的细胞如表 11-2 所示。

大多数病毒最适温度为 35～37℃，但鼻病毒最适温度为 33℃。至于呼吸道病毒（合胞病毒除外），一般则以降低温度为宜，而且以旋转鼓培养为佳，但有的病毒需静置培养，应依病毒种类而定。

表 11-2　分离培养病毒常用的细胞培养

类　　型	名　　称
原代细胞培养	猴肾细胞、人胚肾、肺细胞、鸡胚成纤维细胞、兔肾细胞、狗肾细胞等
二倍体细胞株	WI-38（人胚肺细胞株）、HL-8（恒河猴胚细胞株）
传代细胞系	Hela 细胞（人子宫颈癌细胞系）、Chang C/I/L/K（人结肠 C、肠 I、肝 L 与肾 K 细胞系）、BHK-21（幼仓鼠肾细胞系）等

下面以 Hela 细胞为例介绍病毒的细胞培养。

（1）除去传代 Hela 细胞培养瓶中的营养液。

（2）加入 5mL 0.25%胰蛋白酶溶液 37℃孵育 1～2min。

（3）翻转细胞瓶，使细胞生长面在上，胰蛋白酶溶液在下，继续孵育 5～10min。

（4）除去胰蛋白酶溶液，加入原量的含 10%小牛血清的营养液，用 10mL 吸管吹打分散细胞。

（5）用营养液按原量作 3 倍稀释，然后用 1mL 吸管分装培养小瓶，使每小瓶含 1mL 细胞悬液，并置 37℃培养。

单层细胞的生长：培养 24h 后，Hela 细胞贴于玻璃管壁。表现为单个或 2～3 个细胞聚集成的小岛。随后细胞开始分裂繁殖，一般 3～7d 长成单层。Hela 细胞的形态为多形上皮样细胞。

3. 病毒对细胞致病作用的观察

（1）选择生长良好的 Hela 细胞培养小瓶，分试验组（接种病毒样本）和正常细胞对照组（不接种病毒样本）。

（2）试验组　倾去营养液，每瓶加入维持液 0.9mL，然后接种步骤（1）准备好的病毒样本。

（3）正常细胞对照组　倾去营养液后，每瓶加维持液 1mL。

（4）置 37℃ 培养，接种 24h 后，逐日观察结果。

4. 病毒感染细胞的指标

（1）pH 变化　正常细胞代谢时能分解糖类产酸，使维持液中酚红指示剂由红色变黄色。但某些病毒增殖后影响正常细胞代谢，降低了细胞分解代谢产酸的作用，因此维持液 pH 值下降慢于正常细胞。这种差别是病毒在细胞中增殖的一个指标。

（2）细胞病变　细胞受病毒感染后，由于病毒的增殖，使细胞形态学上产生病理性改变，不同病毒引起细胞病变的特征有所不同，依次可识别病毒，比如以下几种。

① 脊髓灰质炎病毒。细胞变圆、缩小，细胞之间可有拉丝，折光性强，病变细胞分散较均匀，不成堆聚集，视野较干净。

② 腺病毒。细胞肿大变圆，常见的 3、7、11 型可有折光性很强的粗大颗粒。细胞聚集成葡萄状，细胞层间可见明显撕裂现象。

③ 疱疹病毒。细胞肿大变圆，边缘较薄有时有拉丝现象，并可有比一般病变细胞大数倍的大圆形细胞及多核巨细胞。病变细胞之细胞膜、细胞浆、细胞核层次较清楚，可见分成三层的靶形病变细胞。

细胞病变的程度用"+"表示，具体如下：

0 表示无细胞病变。

+表示 25%的细胞病变。

++表示 25%～50%的细胞病变。

+++表示 50%～75%的细胞病变。

++++表示 75%～100%的细胞病变。

五、注意事项

（1）接种病毒时需要两个人配合，严格无菌操作。

（2）不同种类病毒最适细胞的选择及培养基的选择。

（3）接种病毒时应将吸有毒种的吸管伸入到培养小瓶内，然后轻轻地吸吹毒种，切不可让毒种污染环境。

（4）吸毒种的吸管应及时放入消毒缸内。

实验七　病毒的半数细胞感染量（$CCID_{50}$）测定

一、目的要求

掌握病毒滴度的测定方法——半数细胞感染量法。

二、实验说明

病毒感染机体以后，或进行复制大量增殖，或被宿主免疫系统识别最终被清除，或者以某种方式形成潜伏性感染。病毒感染后对宿主造成怎样的影响，与病毒在机体中的复制水平密切相关。因此采取合适的临床样本，进行病毒分离或定量分析，对临床鉴定、诊断和确定病程进展具有重要的参考意义。本实验主要介绍用测定病毒 $CCID_{50}$ 法来进行病毒定量的技术。

病毒感染和增殖以后，如何确定病毒滴度的变化？如果病毒感染导致细胞呈现在显微镜下肉眼可辨的细胞病变效应（CPE），或者利用其他实验仪器和设备可以定量测定细胞被病毒感染后的明显变化。则可以通过测定病毒半数细胞感染量（$CCID_{50}$）的方法进行确定。本实验以新冠肺炎病毒在 Vero E6 细胞上的增殖为例，对测定的原理和操作过程予以说明。

三、实验材料

（1）细胞　Vero E6 细胞（非洲绿猴肾细胞）。

（2）培养基与试剂　0.25%胰蛋白酶溶液、DMEM 完全培养基（含 10%胎牛血清）、不含胎牛血清的 DMEM 培养基。

（3）材料及设备　96 孔细胞培养板、移液器、细胞培养箱等。

四、实验方法步骤

1. 单层细胞的准备

（1）将测定用的 96 孔板四周所有孔（共 36 孔）加入无菌三蒸水各 100μL。

（2）用胰酶消化细胞，显微镜下用细胞计数器对细胞进行计数，然后用 DMEM 完全培养基稀释细胞悬液，将细胞密度调整为 2×10^5 个/mL。在 96 孔板中央区域的孔中，加入 100μL/孔稀释好的细胞悬液。

（3）静置后放入培养箱中，37℃和 5%CO₂ 培养过夜（24h），形成 80%～90%汇合的细胞单层。

2. 病毒样品的稀释和感染细胞

（1）将待测病毒样品以无血清 DMEM 培养基连续按 10 倍稀释，依据原病毒液可能的滴度连续稀释 7～8 个稀释度。

（2）弃单层细胞培养上清液，加入病毒稀释液，每个病毒稀释度至少加入 5～10 孔细胞中。

（3）将加有病毒的细胞重新置于 CO₂ 细胞培养箱培养，让病毒感染 1～2h，期间每隔 30min 轻柔混合病毒稀释液，使病毒充分接触并感染细胞。

（4）病毒感染细胞后，用移液器吸弃病毒稀释液。重新加入 DMEM 完全培养基 100μL/孔，然后放入细胞培养箱中培养 3d。

3. 细胞病变的观察

细胞经病毒长时间感染以后，是否产生 CPE，需要利用显微镜对细胞状态进行观察，利用未被病毒感染的细胞为对照，观察不同稀释度病毒是否导致出现 CPE（图11-2），以及出现 CPE 的细胞孔的数量，出现 CPE 的以"+"标记，反之标记为"−"。并计算出现 CPE 的细胞孔数量占这个稀释度感染细胞孔的百分比。

 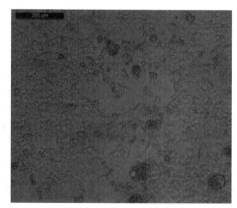

(a) 正常Vero E6细胞　　　　　　　　(b) 接种样本后的Vero E6细胞

图 11-2　显微镜观察细胞形态变化（×100）
（郑夔, 胡凤玉, 孙静, 等. 第 1 株广州本地感染 COVID-19 病例的
新型冠状病毒的分离鉴定. 中国国境卫生检疫杂志, 2020.）

附：细胞 CPE 百分比的定量和统计可选方法。细胞 CPE 的变化也可以利用其他方法反应出来，如加入 MTT[3-(4,5)-dimethylthiahiazo(-z-y1)-3,5-di-phenytetrazolium bromide，噻唑蓝]试剂，然后通过测定细胞代谢 MTT 的能力，利用比色仪器测定细胞吸收光密度（OD$_{570nm}$值）变化，来确定细胞病变的程度。MTT 是人工合成的化合物，可以被细胞线粒体酶分解形成深蓝色物质甲瓒（formazan），细胞病变或死亡后，MTT 不能被转化，表现为 OD 值无明显增加，因此通过比色能客观反映细胞病变的程度。细胞病变后加入 10μL MTT 溶液（5.0mg/mL 溶于 PBS 缓冲液），继续培养 2～4h，用 DMSO 溶解细胞中的甲瓒，10～30min 后测定 OD$_{570nm}$值。则细胞 CPE%可以利用算式：[1−（病毒感染细胞 OD$_{570nm}$/正常 OD$_{570nm}$）×100%]进行计算。相对来说，通过仪器测定获得的结果，由于避免了肉眼观察 CPE 的主观性，获得的结果更为客观。

4. 病毒 CCID$_{50}$ 的统计和计算

根据病毒感染细胞出现 CPE 的细胞孔数量，计算病毒在某一个稀释度的 CPE%。如图 11-3 举例，稀释 10^6 倍时导致 CPE 为 3 孔，计 60% CPE；稀释 10^7 倍时导致 CPE 为 1 孔，计 20% CPE，然后根据不同稀释度累计诱导 CPE 百分比（CPE%）的量进行统计，计算病毒 CCID$_{50}$。

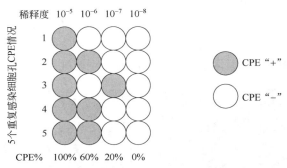

图 11-3　病毒诱导细胞 CPE 的计算和统计

病毒不同稀释度诱导细胞 CPE%的累计统计和计算病毒 CCID$_{50}$，可以按照下列方法进行计算。

（1）介于导致细胞 50% CPE 的两个病毒稀释度之间的均衡距离（proportionate distance，PD）PD 值的计算：PD=(CPE%$_{大于 50\%CPE 的稀释度}$−50%)/(CPE%$_{大于 50\%CPE 的稀释度}$−CPE%$_{小于 50\%CPE 的稀释度}$)。如图 11-3，PD=（60%−50%）/（60%−20%）=0.25；

（2）计算导致细胞 50%CPE 的滴定终点（50% end point）值：该值为 CPE%大于 50%的最大稀释度的对数值（对数的底数取决于梯度稀释时连续稀释倍数，如图 11-3，以 10 为倍数连续稀释，则底数为 10，滴定终点值为 log(10^{-6})=−6）；

（3）计算滴定终点到均衡距离之和 S：如图 11-3，S=−6−0.25=−6.25；

（4）CCID$_{50}$ 计算：log（CCID$_{50}$）=10$^{6.25}$，则 CCID$_{50}$=1.78×10^6；

（5）采用原病毒液的体积：比如用 10μL/孔病毒液感染细胞；

（6）最后计算 $CCID_{50}/mL=(1000\mu L/10\mu L)\times1.78\times10^6=1.78\times10^8$。

五、注意事项

（1）建议每个稀释度接种 8 个孔，若要统计分析则还要增加至 16 个孔。

（2）病毒稀释过程中一定将病毒液与孵育液充分混匀。

（3）本实验需要使用加样器和枪头。使用前用 75%乙醇擦拭加样器，并用紫外线照射 20min，确保无菌。

实验八　病毒蚀斑分析实验

一、目的要求

掌握测定病毒感染力的一种实验方法——病毒蚀斑（plaque assay）技术。

二、实验说明

病毒蚀斑（又称空斑）如同噬菌体的蚀斑，一个蚀斑为一个病毒的繁殖后代品系。在细胞培养中，蚀斑技术是一种比较准确地测定病毒感染力的方法。病毒感染和增殖以后，确定病毒滴度的变化，一些病毒除可以用上述病毒半数细胞感染量（$CCID_{50}$）的方法进行确定外（这类病毒感染将导致细胞出现肉眼可见的 CPE 或利用其他方法检测细胞 CPE 变化，如 MTT 法等）。如果有些病毒感染细胞后可导致细胞裂解，则可以通过测定病毒经连续稀释后，诱导细胞形成蚀斑的数量来进行病毒的定量。蚀斑的形成一方面可以用于病毒定量分析，另外病毒的蚀斑特征还是研究病毒性质的重要内容。下面以肠道病毒 EV71 为例，来说明病毒蚀斑分析的一般实验流程。

病毒蚀斑分析主要适用于那些病毒增殖以后可以导致细胞裂解的病毒定量分析和特征研究。病毒感染敏感单层细胞后，去除未感染游离病毒，然后利用固定覆盖物（如琼脂糖、羧甲基纤维素等）限制感染和进一步增殖的病毒在细胞间随意扩散。由于细胞被病毒感染裂解后形成空斑，所以有的文献中也称病毒空斑分析。一个空斑对应着来源于一个有感染活性的病毒，计为一个蚀斑形成单位（plaque forming unit，PFU）。病毒裂解细胞后形成的空斑可以用多种染料，如中性红、结晶紫、MTT 等进行着色区别。由于活细胞可以被上述染料着色，而裂解后的死细胞不被着色，因而形成肉眼可见的空斑。实验原理和流程见图 11-4。

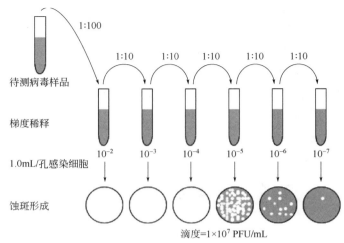

待测病毒样品

梯度稀释

1.0mL/孔感染细胞

蚀斑形成

滴度=1×10⁷ PFU/mL

图 11-4 病毒蚀斑分析

三、实验材料

（1）试剂与培养基

① 1.2%低熔点琼脂糖，用三蒸水配制并灭菌。

② 0.1%中性红溶液。

中性红储存液配制：0.5g 中性红粉末放入 50mL 的三蒸水中（1.0%），在 37℃ 中温育 30min，让粉末完全溶解，然后用 3M 滤纸过滤，室温避光保存。

新鲜工作液配制：用 0.9%NaCl 稀释上述 1.0%中性红储存液成终浓度 0.1%的使用液。注意：不能用 PBS（pH 7.4）等偏碱性等渗溶液溶解中性红，否则颜色会变成黄色，也不要低温长期储存和光照，否则易形成沉淀。

（2）0.5%结晶紫 0.1g 结晶紫溶解在 100mL 福尔马林-PBS 溶液中，用 3M 滤纸过滤，4℃ 储存备用。

（3）MTT 溶液 用 PBS 缓冲液溶解 MTT 粉末，配制成 5mg/mL 浓度，0.22μm 膜过滤除菌。

（4）DMEM 培养基 完全培养基（10%胎牛血清）、低血清浓度 DMEM 培养基（4.0%胎牛血清）、无血清 DMEM 培养液。

（5）0.25%胰蛋白酶。

（6）器材及其他 无菌吸头、移液管、六孔细胞培养板或 6cm 细胞培养皿等。

四、方法步骤

1. 单层细胞的准备

（1）用胰酶消化细胞，显微镜下用细胞计数器对细胞进行计数，然后用 DMEM 完全培养基稀释细胞悬液，将细胞密度调整为 5×10^5 个/mL。在 6 孔板中加入 2.0mL/孔稀释好的细胞悬液。

（2）静置后放入培养箱中，37℃ 和 5% CO_2，培养过夜（24h），形成 90%～100% 汇合的细胞单层。

2. 病毒样品的稀释和感染细胞

（1）将待测病毒样品以无血清 DMEM 培养基连续按 10 倍稀释，依据原病毒液可能的滴度连续稀释 7～8 个稀释度。

（2）弃单层细胞培养上清液，加入病毒稀释液，每孔细胞中加入病毒稀释液 0.5mL。

（3）将加有病毒的细胞重新置于 CO_2 细胞培养箱培养，让病毒感染 1～2h，期间每隔 30min 轻柔混合病毒稀释液，使病毒充分接触并感染细胞。

3. 低熔点琼脂糖覆盖物的准备和覆盖病毒感染细胞

（1）病毒感染后，用移液器将没有吸附的游离病毒吸出弃去。

（2）在 50mL 离心管中，轻柔混合 1.2%琼脂糖溶液和低血清浓度 DMEM 培养基以免产生气泡，然后每孔加入 2mL 0.6%低血清琼脂糖覆盖物。

在病毒感染期间，准备好琼脂糖覆盖物。如下是一块 6 孔板的用量（每孔需加入覆盖物 2.0mL，可根据使用细胞板的数量按比例适当调整）：7.0mL 的低血清浓度 DMEM 培养基于 50mL 无菌离心管中放置于 37℃ 水浴箱中温育，7.0mL 灭菌的 1.2% 琼脂胶放在 42℃水浴（用三蒸水配制的 1.2%琼脂糖提前高压灭菌，放在微波炉里融化，然后在 42℃温育，使用时拿出与低血清浓度 DMEM 培养基混合，制成终浓度为 0.6%的琼脂糖凝胶覆盖物）；注意稍微加快操作，不要耽误太久，10～15min 内完成覆盖的操作，以免琼脂糖凝固。

（3）将加有覆盖物的细胞培养板放置于室温 10～20min，待琼脂糖凝固，然后把它放回细胞培养箱中，继续培养 3d。

4. 蚀斑染色和计数

（1）病毒感染细胞并培养 3d 后，在每孔中加入 0.5mL 新鲜配制的 0.1%中性红等渗溶液，然后立即放回 37℃培养箱中继续温育 4～6h。

（2）小心拿出 6 孔细胞培养板，轻柔除去琼脂糖覆盖物和染色液，晾干后计数蚀斑。

附：其他染色方法

病毒蚀斑还可用含 0.5%结晶紫的福尔马林溶液，或者 MTT 溶液染色，然后按上述类似方法去除覆盖物和染色液，计数蚀斑。用 MTT 染色还可以通过挑取蚀斑来分离纯化病毒。

5. 病毒滴度的计算

用 PFU/mL 的方式计算病毒滴度，病毒滴度用 PFU 来表示，因为我们感染病毒用的是 500μL 的稀释病毒溶液，所以 PFU 用以下公式计算：

PFU/mL=蚀斑数×蚀斑计数的孔对应的病毒稀释倍数×1000/500

例如：如果我们计数蚀斑的孔对应病毒稀释的倍数是 10^5，蚀斑的数量是 20，即病毒滴度为：PFU/mL=$20 \times 10^5 \times (1000/500) = 4 \times 10^6$ PFU/mL。

五、注意事项

（1）病毒应保持感染性。
（2）整个实验过程应严格无菌。

第十二章

常用免疫学实验技术

　　微生物学的发展为免疫学的形成奠定了基础，传统免疫学开始于 19 世纪后期。1880 年，法国微生物学家 Pasteur 偶然发现接种陈旧的鸡霍乱杆菌培养物可使鸡免受毒性株的感染，继而成功研制出了炭疽杆菌减毒疫苗和狂犬病疫苗，并开始了免疫机制的研究。1901 年，"免疫学"一词首先出现在 *Index Medicus* 中，1916 年 *Journal of Immunology* 创刊，免疫学才开始独立作为一门学科。与此同时，研究抗原体反应的血清学（serology）也逐渐形成和发展起来。1896 年 Durham 等人发现了凝集反应，1897 年 Kraus 发现了沉淀反应，1900 年 Landsteiner 发现了人类 ABO 血型，Bordet 发现了补体结合反应。这些实验逐渐在临床微生物检验中得到应用。此后的几十年中，血清学研究代表了免疫学发展的主流。

　　现代免疫学始于 20 世纪中期以后，免疫学众多新发现频频挑战传统免疫学。1945 年 Owen 发现同卵双生的两只小牛的不同血型可以互相耐受；1948 年 Snell 发现了组织相容性抗原；1953 年 Billingham 等人成功进行了人工耐受试验；1956 年 Witebsky 等人建立了自身免疫病动物模型。这些免疫生物学现象迫使人们必须跳出抗感染的圈子，甚至站在医学领域之外去看待免疫学。自此以后免疫学开始向细胞免疫和分子免疫发展，但体外进行的抗原抗体反应即血清学反应（serological reaction）仍然是目前应用最为广泛的一种免疫学技术，为疾病诊断、抗原和抗体鉴定与定量提供了良好方法。本章重点介绍与微生物学相关的免疫学检测方法与技术。

实验一　抗原的制备

一、目的要求

　　学习和掌握微生物的培养方法，细菌全抗原的制备方法。了解菌体多糖抗原的制备方法。

二、实验说明

抗原是疫苗的主要成分，是刺激机体产生免疫反应保护机体的保证，也是制备多克隆抗体的主要途径。抗原根据其类型不同，制备方法也各种各样。肺炎链球菌（streptococcus pneumonia）是一种有荚膜的革兰氏阳性菌。它是一种常见的致病菌，也是社区获得性肺炎最主要的致病原,同时还能够引起鼻窦炎、中耳炎和脑膜炎等。

三、实验材料

（1）菌种　肺炎链球菌菌种。

（2）培养基　营养肉汤培养基。

（3）器材及其他　恒温培养箱、超净工作台、磁珠、甲醛、苯酚、乙醇、乙酸钠、焦亚硫酸钠等。

四、方法步骤

抗原种类不同，制备方法也不同，本实验主要进行肺炎链球菌全菌抗原制备和荚膜多糖抗原制备。

1. 链球菌全菌抗原制备

（1）一级种子液培养　取分离鉴定肺炎链球菌菌种，接种到加有 1%牛血清和 1%葡萄糖的缓冲肉汤中，37℃培养 18～24h，细菌呈旺盛生长，经纯粹检验后不应含杂菌。

（2）二级种子液培养　取一级种子液接种到上述营养肉汤培养基中，37℃培养 5～10h 小时，细菌旺盛生长，并整齐划一，经纯粹检验不应含杂菌。

（3）菌液的培养　营养肉汤培养基应预温至 37℃，有助于细菌迅速生长。按 5%的量接种二级种子液，37℃培养 24～36h，此时细菌的总数已达最高含量，经纯粹检验不应含杂菌。

（4）灭活　培养结束后，对细菌进行灭活。常用甲醛溶液，加入 0.4%福尔马林（以 36%～40%甲醛溶液计算），充分混匀，37℃作用 24h，再加入过量焦亚硫酸钠终止残余的甲醛。

2. 多糖抗原的制备

（1）肺炎链球菌 1mL 菌液至离心管中，5%苯酚杀菌后离心去除菌体，上清液超滤浓缩，加入适量乙酸钠和适宜浓度的乙醇以去除核酸。

（2）4℃过夜后离心收集上清，加入适量乙酸钠和适宜浓度乙醇以完全沉淀多糖。

（3）4℃过夜后离心，沉淀物用 3mol/L 乙酸钠溶解，以等体积苯酚-乙酸钠饱和液离心抽提，充分去除蛋白。

（4）吸取上清水相、用蒸馏水透析，透析内液用滤膜过滤后加入适量乙酸钠和适宜浓度乙醇以沉淀多糖，用无水乙醇洗 2 次，沉淀即为荚膜多糖。

五、注意事项

（1）肺炎链球菌培养过程需严格无菌。
（2）菌体灭活应彻底。
（3）多糖的纯化应注意沉淀与上清的区别。

实验二　免疫血清的制备

一、目的要求

学习和掌握免疫血清的制备过程、收集方法与保存方法，为凝集反应和沉淀反应准备相应抗体。

二、实验说明

用抗原反复多次注射同一动物体，能够产生含有高效价抗体的血清，含有抗体的血清被称为免疫血清（immune serum）或抗血清（antiserum）。由于抗原分子具有多种抗原决定簇，每一种决定簇可激活具有相应抗原受体的 B 细胞产生针对某一抗原决定簇的抗体。因此，将抗原注入机体所产生的抗体是针对多种抗原决定簇的混合抗体，故称之为多克隆抗体（polyclonal antibodies）。

最常用来做实验的抗体来源是血清。供免疫用的动物有哺乳类和禽类，常选用家兔、山羊、绵羊、马、骡和豚鼠等。动物种类的选择主要是根据抗原的特性和所要获得抗体的量和用途来确定。

三、实验材料

（1）实验动物　体重 2～3kg 的健康雄家兔。
（2）菌种　大肠杆菌（*E. coli*）斜面菌种。
（3）试剂　牛血清白蛋白（蛋白含量 1.5mg/mL）、牛肉膏蛋白胨斜面培养基、

0.3%甲醛液（用0.85%生理盐水配制）、75%酒精棉球。

（4）器材及其他 细菌比浊标准管、无菌吸管、无菌注射器（5mL、20mL）、注射针头（5号，B19）、无菌试管、装有玻璃珠的无菌血清瓶、解剖用具（解剖台、兔头夹、止血钳、解剖刀、眼科剪刀、镊子、动脉夹等）、双面刀片、丝线、玻璃管、胶管、离心机和无菌离心管、普通冰箱、超净工作台、水浴箱、碘酒棉球、消毒干棉球等。

四、方法步骤

1. 凝集素（抗体）的制备

（1）凝集原（颗粒性抗原）的制备

① 取37℃恒温培养24h的牛肉膏蛋白胨大肠杆菌斜面。

② 每支斜面菌种中加入5mL 0.3%甲醛溶液，小心地把菌苔洗下制成菌液。

③ 用无菌清洁吸管，吸取上述菌液，注入装有玻璃珠的无菌血清瓶内，振荡10~25min，分散菌块制成菌悬液。

④ 将含菌悬液的血清瓶置于60℃的水浴箱中水浴1h，并不时摇动，把菌杀死。

⑤ 将菌悬液重新接种至牛肉膏蛋白胨斜面培养基中，37℃培养24~48h，如有菌生长，则要在60℃水温中再处理。若无菌生长则进行比浊测定其含菌量。

（2）凝集素的制备

① 免疫方法。选择2~3kg健康雄兔，从耳缘静脉采血2mL，分离出血清。该血清与准备免疫用的抗原进行凝集反应，以检查有无天然凝集素。如没有或只有极微量时，该动物便可用来免疫。

最常用的免疫途径是耳缘静脉注射。将家兔放在家兔固定箱内，一手轻轻拿起耳朵，用碘酒棉球在耳外侧边缘静脉处消毒，然后用酒精棉球涂擦，并用手指轻轻弹几下静脉血管，使其扩张。消毒细菌悬液瓶塞后，用无菌注射器及5号针头吸取菌液，沿着静脉平行方向刺入静脉血管，并慢慢注入菌液，注射完毕，用干棉球按压住注射处，然后拨出针头，并压迫血管注射处片刻，以防止血液向外溢出。注射时发现注射处隆起，不易推进时，表明针尖不在血管中，应拨出针头，重找位置再注射。有时针尖口被堵塞，菌液推不进去，应及时更换针头。注射途径、剂量和日程安排等视抗原和动物不同而有所不同。大肠杆菌免疫家兔的抗原注射剂量和日程安排如表12-1。

② 试血。通常于最后一次注射后7~11d，从兔耳缘静脉抽取2mL血，分离析出血清，用试管凝集反应测定抗血清效价。效价合格即可大量采血，如效价不高，可继续注射抗原免疫，提高效价。

表 12-1　大肠杆菌免疫家兔的抗原注射剂量和日程安排

项目	第 1 日	第 2 日	第 3 日	第 4 日	第 5 日
注射剂量/mL	0.2	0.4	0.6	1.0	2.0

③ 采血。采血分为心脏采血和颈动脉放血。

a. 心脏采血。使免疫家兔仰卧于台上，四肢固定。用左手探明心脏搏动最明显处，用碘酒棉球与酒精棉球消毒后，右手握消毒过的 20mL 注射器和 B19 号针头，在上述部位的肋骨间隙与胸部呈 45°角刺入心脏，微微抽取针筒，此时可发现血液涌入注射器中便可徐徐抽取血液。2.5kg 家兔一次可取血 20～30mL。取血完毕后，用消毒棉球按压进针处迅速拨出针头，进针处用棉球继续压住。并马上将所采的血液注入无菌大试管内，斜放，待血液凝固后，置于 37℃恒温箱中 30min，使血清充分析出，然后放入 4～6℃冰箱中。

b. 颈动脉采血。将免疫家兔固定于兔台上，用少量乙醚麻醉，剪去颈部的毛，然后用碘酒棉球和酒精棉球消毒。沿正中线将颈部皮肤切开到锁骨间，拨开肌膜，暴露出气管，在气管深侧处找到搏动的颈动脉。小心地将颈动脉和迷走神经剥离分开 4～5cm。用镊子拉出颈动脉，用丝线扎紧血管的离心端，在血管的向心端用止血钳夹住。然后用眼科剪在丝线与止血钳之间的血管上剪一个"V"形小切口，将弯嘴眼科镊自切口插入，使其张开，同时将一小玻管插入，用丝线扎紧，以防玻管脱漏。玻管另一端接入一条胶管，胶管通入大试管（或大离心管）内，然后将止血钳慢慢松开，使血液流入试管，直至动物死亡，无血液流出为止。

④ 抗血清分离与保存。取凝固血液 4000r/min 离心 20min，获得抗血清（即凝集素）。加入石炭酸或硫柳汞使其浓度分别达到 0.5%或 0.01%。测定抗血清的效价后，封好瓶口，贴好标签，注明抗血清名称、效价及日期，置于冰箱保存备用。

2. 沉淀素（抗体）的制备

抗原为可溶性抗原（如脂多糖、类毒素或可溶性蛋白等）。通常每千克兔体重注射 2mg 蛋白，牛血清白蛋白抗原浓度为 1.5mg/mL，则 2.5kg 兔应注射 5mg 蛋白。免疫方法、采血方法和抗血清（沉淀素）的分离可参照凝集素制备方法，但效价测定则用沉淀反应来测定。

需要注意的是每个动物对免疫反应不同，产生的抗体效价有高有低，因此在制备抗血清时至少免疫两只家兔。如需保留该免疫动物，则采取心脏直接取血，取血后应从静脉注射等体积的 50%葡萄糖溶液，经过 2～3 个月的饲养，方可再次免疫。若不保留动物，需一次取大量血时，则采用颈动脉放血法。

五、注意事项

（1）抗原制备时的无菌操作，保证菌种的纯粹性。

（2）实验动物的选择，应考虑抗原来源、特性、实验目的及与实验动物的关系。

实验三 凝集反应

一、目的要求

了解玻片凝集反应，学习和掌握用试管凝集反应测定抗血清效价的方法。

二、实验说明

细菌、螺旋体、红细胞等颗粒性抗原与相应抗体结合后，在有适量电解质存在的情况下，抗原颗粒相互凝集成肉眼可见的凝集块，称为凝集反应。参加反应的抗原称凝集原，抗体称凝集素。

三、实验材料

（1）试剂 含 1×10^9 个/mL 大肠杆菌（E. coli）的生理盐水菌悬液、大肠杆菌抗血清、生理盐水。

（2）器材及其他 恒温培养箱、载玻片、小试管（1cm×6.5cm）、试管架、移液管、吸管、水浴锅。

四、方法步骤

1. 玻片凝集实验

（1）在载玻片两端各滴一滴大肠杆菌悬液。

（2）在一端的菌悬液中加入一滴 1∶10 稀释的大肠杆菌抗血清，另一端悬液加入一滴生理盐水。

（3）将载玻片小心地振动使混合液混匀后静置于室温，数分钟后便可观察到加抗血清的一端产生凝集块，而另一端生理盐水对照没有凝集块产生。若反应不明显，可放入培养皿中（皿内放入湿滤纸，以保持一定湿度），37℃保温 30min 后观察结果。亦可将载玻片放置显微镜下，凝集块明显可见。

2. 试管凝集实验

（1）抗血清的稀释　抗血清稀释采取倍比稀释法。取干净小试管10支，排列在试管架上，依次注明号码，每支试管用移液管加入0.5mL生理盐水。

用移液管吸取1∶10稀释的大肠杆菌抗血清0.5mL加入第1管，在管内连续吹吸3次，使血清与生理盐水充分混合，然后吸取0.5mL加入第2管，同样混匀后吸取0.5mL加入第3管，依次类推，直至第9管，混匀后从第9管中吸取0.5mL弃去。第10管不加血清作为对照。此时从第1管到第9管的血清稀释倍数分别为1∶20，1∶40，1∶80，1∶160，1∶320，1∶640，1∶1280，1∶2560，1∶5120。

（2）加入抗原　从第10支管开始，由后向前每支管依次加入0.5mL大肠杆菌菌悬液。此时血清稀释倍数相应加大一倍。

（3）抗原抗体反应　把各管混合液振摇混匀，置于37℃水浴箱中水浴4h或在室温中过夜，观察结果。

（4）结果观察与效价判断　生理盐水对照管中的抗原（细菌）应分散，无凝集块沉淀而呈混浊菌悬液。

实验管如有凝集，管底可见到凝集块，液体上部澄清、半澄清或混浊度降低，管底凝集块轻摇即浮起，呈片块状。

凝集强弱的判断（以"+"表示）如下。

"－"：细菌不被凝集，液体混浊、无透明度，管底无伞状沉淀，但由于菌体自然下沉，管底中央出现圆点状沉淀，振荡时复呈均匀混浊状态。

"+"：液体透明度不明显（25%清亮），25%菌体凝集，管底有少许不明显的伞状沉淀。

"++"：液体中等混浊（50%清亮），50%菌体凝集，管底有中等量的伞状沉淀，振荡时呈小絮片状。

"+++"：液体几乎透明（75%清亮），75%菌体凝集，管底有明显的伞状沉淀，振荡时呈小或大絮片状。

"++++"：液体完全透明（100%清亮），100%菌体凝集，管底出现大片的伞状沉淀，振荡时呈大絮片状，但可打碎成小絮片状。

血清的效价就是呈现50%凝集（即"++"反应）的最高血清稀释倍数。

五、注意事项

（1）血清倍比稀释过程中，力求准确。一是防止液体溢出管外，二是在连续吹吸3次混匀液体时，第2次吸入移液管中的液体高度不能低于第1次，最好是每一稀释度换一支洗净的移液管。

（2）试管水浴或静置后，观察前不宜摇动振荡，以免影响实验结果的准确性。

实验四　沉淀反应

一、目的要求

学习和掌握环状沉淀反应及双向琼脂扩散沉淀反应测定抗体的方法。

二、实验说明

可溶性抗原（细菌的外毒素、内毒素、菌体裂解液、病毒、血清、组织浸出液等）与相应抗体结合，在适量电解质存在下，形成肉眼可见的沉淀物，称为沉淀反应。所用抗原称为沉淀原，抗体称为沉淀素。沉淀反应的抗原可以是多糖、蛋白质、类脂等，抗原分子较小，单位体积内所含的量多，与抗体结合的面积大，故在做定性实验时，常出现抗原过剩，形成后带现象，所以通常稀释抗原，并以抗原稀释度为沉淀反应效价。

三、实验材料

（1）试剂　可溶性抗原（牛血清白蛋白）、兔抗牛血清白蛋白血清、生理盐水（0.85%NaCl）。

（2）器材及其他　电磁炉、恒温培养箱、载玻片、小试管、移液管、玻璃毛细吸管、打孔器等。

四、方法步骤

1. 环状沉淀反应

（1）取 1∶25 的牛血清白蛋白 1mL，用生理盐水以倍比稀释法稀释成 1∶50、1∶100、1∶200、1∶400、1∶800、1∶1600、1∶3200 的抗原溶液。

（2）取 9 支洁净干燥的小试管，每支小试管加入 1∶2 的兔抗牛血清白蛋白血清 0.5mL。

（3）用移液管吸取上面已稀释好的牛血清白蛋白（抗原），按表 12-2 要求，从最大稀释度开始，沿着管壁徐徐加入各小试管中，使之与下层抗体之间形成交界面，切勿摇动混匀，第 8 管加入生理盐水、第 9 管加入兔抗血清以作对照。

（4）静置 15～30min，观察在两液面交界处有无白色环状沉淀物出现。

（5）结果记录　凡有白色环状沉淀物者记"＋"，没有沉淀者记"－"。最大稀释度的抗原与抗体交界面之间还出现白色环状沉淀者，此管的抗原稀释倍数即为抗体（沉淀素）的效价。

表 12-2 环状沉淀反应记录表

项目	试管 1	试管 2	试管 3	试管 4	试管 5	试管 6	试管 7	试管 8	试管 9
抗体（1：2）/mL	0.5	0.5	0.5	0.5	0.5	0.5	0.5	0.5	0.5
抗原稀释度	1：50	1：100	1：200	1：400	1：800	1：1600	1：3200	盐水	兔血清（1：50）
抗原用量/mL	0.5	0.5	0.5	0.5	0.5	0.5	0.5	0.5	0.5
结果									

2. 双向琼脂扩散沉淀反应

（1）称取 1g 优质琼脂于 100mL pH 7.2 的生理盐水中，在沸水中水浴使琼脂溶化后，加入 1%的硫柳汞 1mL 防腐。每块载玻片（7.5cm×4.5cm）滴加 4mL 琼脂溶液，待凝固后用不锈钢吸管在两端（A、B 端）打梅花形小孔（如图 12-1），孔径和孔距均为 3mm。亦可直接用不锈钢管打孔，再用接种针挑去梅花形孔中的琼脂块。

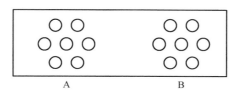

图 12-1　双向琼脂扩散沉淀反应

（2）在 A 端梅花形孔中，用玻璃毛细吸管在中心孔中加入适当稀释的抗血清（抗体），注意要使孔加满，但不外溢；周围孔加入不同稀释度的抗原（例如 1：10、1：20、1：40、1：80、1：160、1：320）。

在 B 端梅花形孔中，同样在中央孔中加入适当稀释度的抗原，周围的孔中加入不同稀释度的抗体。

（3）把以上载玻片放入带盖的铝盒中，下面垫上 3～4 层湿纱布，37℃扩散 24～48h，可看见抗原和抗体反应处呈现的沉淀线。

（4）记录结果。

五、注意事项

（1）在进行环状沉淀反应实验时，一定要沿着管壁加入抗原，而且切勿摇动，否则影响沉淀环的形成。

（2）双向琼脂扩散试验时，抗原或抗体的稀释度多少才合适，必须进行预试验测定，否则会由于抗原、抗体比例不合适而造成假阴性。

实验五　补体结合反应

一、目的要求

了解补体结合试验的原理，掌握补体结合试验的基本过程。

二、实验说明

补体结合试验是以已知抗原（或抗体）和待检抗体（或抗原）作为待检系统，以绵羊红细胞（SRBC）与相应抗体（溶血素）组成指示系统。在实验过程中，补体先与待检系统反应，如果待检系统中抗原与抗体相对应，则结合形成免疫复合物，可优先结合补体，这样补体就不再与指示系统中的致敏红细胞反应，所以不发生溶血；反之，若待检系统中抗原与抗体不相对应，则发生溶血现象（图12-2）。因此，可以根据溶血的出现与否，定性或定量检测抗体或抗原。下面以检测抗体为例说明实验过程。

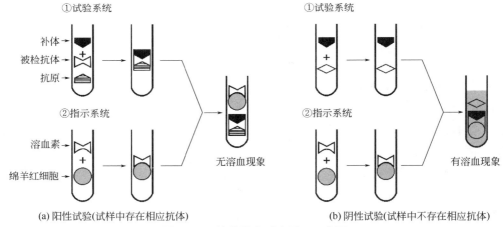

图 12-2　补体结合反应原理示意图

三、实验材料

（1）试剂　补体（新鲜混合豚鼠血清）、已知抗原（或抗体）、待测抗体（或抗原）、绵羊红细胞、溶血素、巴比妥缓冲液（BBS）。

（2）器材及其他　冰箱、水浴锅、试管、吸管、试管架等。

四、方法步骤

1. 预备实验

（1）溶血素滴定　先将溶血素适当稀释，再按表 12-3 将下列成分按次序加入各管中混匀。

表 12-3　溶血素滴定　　　　　剂量单位：mL

试管号	溶血素（稀释度）	1∶30 补体血清	2% SRBC	巴比妥缓冲液	反应温度与时间	假定结果
1	0.1（1∶500）	0.2	0.1	0.2		全溶血
2	0.1（1∶1000）	0.2	0.1	0.2		全溶血
3	0.1（1∶2000）	0.2	0.1	0.2		全溶血
4	0.1（1∶3000）	0.2	0.1	0.2	放置 37℃水浴 30min	全溶血
5	0.1（1∶4000）	0.2	0.1	0.2		半溶血
6	0.1（1∶5000）	0.2	0.1	0.2		微溶血
7	0.1（1∶6000）	0.2	0.1	0.2		不溶血
8	0.1（1∶7000）	0.2	0.1	0.2		不溶血

溶血素单位的计算：当补体用量固定时，以完全溶解一定量红细胞所需的最小量溶血素为 1 个单位。按表 12-3 的假定结果，1∶3000 稀释度 0.1mL 的溶血素为 1 个单位，正式实验时一般要求采用 2 个单位，即应用 1∶1500 稀释度的溶血素 0.1mL。

（2）补体滴定　将新鲜混合豚鼠血清 1∶30 稀释后，按表 12-4 将不同成分按次序加各管中混匀。加入抗原液的目的是观察其对补体和溶血系统的影响。

表 12-4　补体滴定　　　　　剂量单位：mL

试管号	1∶30 补体	巴比妥缓冲液	稀释抗原	反应温度与时间	2%SRBC	2 单位溶血素	反应温度与时间	假定结果
1	0.03	0.27	0.1		0.1	0.1		不溶血
2	0.04	0.26	0.1		0.1	0.1		不溶血
3	0.06	0.24	0.1		0.1	0.1		微溶血
4	0.08	0.22	0.1	放置 37℃水浴 30min	0.1	0.1	放置 37℃水浴 30min	半溶血
5	0.10	0.20	0.1		0.1	0.1		全溶血
6	0.12	0.18	0.1		0.1	0.1		全溶血
7	0.14	0.16	0.1		0.1	0.1		全溶血
8	0.16	0.14	0.1		0.1	0.1		全溶血

补体单位的计算　当溶血素用量固定时，以完全溶解一定量致敏红细胞所需的最小量溶血素为 1 个单位。按表 12-4 的假定结果，1 个单位的补体为 1∶30 稀释血清 0.1mL，正式实验时一般要求采用 2 个单位，可根据所需的量（如 0.2mL）计算补体的稀释度（X）。即 $2 \times 0.1/0.2 = 30/X$，$X = 30$，表示要使 0.2mL 中含有 2 个单位补体，豚鼠血清应作 1∶30 稀释。

（3）抗原和抗体滴定　一般采用方阵滴定法。

① 将 64 支试管按表 12-5 排列成纵向 8 列与横向 8 行的方阵。

② 将抗原和抗体先经 56℃灭活 30min，再分别用 BBS 进行（1∶4）～（1∶256）的倍比稀释。

③ 按照表 12-5 在 1～7 列对应各管中加不同稀释度的抗原 0.1mL，同时在 1～7 行对应管中加不同稀释度的抗体 0.1mL，第八行和第八列均不加血清，以 BBS 代替作为对照。

④ 向每一管加入 2 单位的补体 0.2mL，混匀，4℃放置 16～18h，而后置 37℃水浴 60min。

⑤ 向每一管加入 2%SRBC 和 2 单位溶血素各 0.1mL，混匀后，再放置 37℃水浴 30min。

⑥ 效价判定。以"−"表示完全不溶血，以"1+""2+""3+""4+"分别表示从轻微溶血到完全溶血的不同程度。选择抗原和抗体都呈现完全溶血的最高稀释度作为 1 个单位。如表 12-5 所示结果，抗原 1∶64、抗体 1∶32 计为 1 个单位。正式实验时，抗原一般采用 2～4 个单位[即（1∶16）～（1∶32）]，抗体采用 4 个单位（即 1∶8）。

表 12-5　抗原和抗体方阵滴定结果

抗体＼抗原	1∶4	1∶8	1∶16	1∶32	1∶64	1∶128	1∶256	抗原对照
1∶4	4+	4+	4+	4+	4+	4+	3+	−
1∶8	4+	4+	4+	4+	4+	3+	2+	−
1∶16	4+	4+	4+	4+	3+	2+	2+	−
1∶32	4+	4+	4+	4+	3+	2+	+	−
1∶64	4+	4+	4+	4+	2+	+	−	−
1∶128	4+	2+	+	−	−	−	−	−
1∶256	3+	+	−	−	−	−	−	−
抗体对照		−	−	−	−	−	−	−

2. 正式实验

先将待检血清作（1∶2）～（1∶256）倍比稀释，分别加入编号为 1～8 的试管，然后按照表 12-6 所示在各管中加入 2 个单位抗原、2 个单位补体、补充适量 BBS，将各管混匀进行孵育。同时设阳性对照（加入抗体阳性血清）、阴性对照（加入抗体阴性血清），以及血清对照、抗原对照、溶血素对照、SRBC 对照等 6 个对照管。

3. 结果判断

应该先观察对照管，除阳性对照和 SRBC 对照管完全不溶血以外，其他对照管应完全溶血，方可证明实验结果可靠，若有不溶血现象说明试剂或操作有误。在对照管结果与预期相符合的情况下，待检管呈现溶血现象时为阴性反应，不出现溶血现象时为阳性反应，并按以下标准判断溶血程度，以出现"2+"以上反应的最高血清稀释度为抗体效价。

表 12-6　补体结合试验　　　　　　　　　　　　　　剂量单位：mL

试管号	血清	2单位抗原	巴比妥缓冲液	2单位补体	反应温度与时间	2% SRBC	2单位溶血素	反应温度与时间
1～8（待检管）	0.1	0.1	—	0.2	放置4℃冰箱16～18h后，放置37℃水浴60min	0.1	0.1	放置37℃水浴30min
9（血清对照）	—	0.1	0.1	0.2		0.1	0.1	
10（阳性对照）	0.1	0.1	—	0.2		0.1	0.1	
11（阴性对照）	0.1	0.1	—	0.2		0.1	0.1	
12（抗原对照）	—	0.1	0.1	0.2		0.1	0.1	
13（溶血素对照）	—	—	0.2	0.2		0.1	0.1	
14（SRBC对照）			0.5	—		0.1	—	
15（3U补体）		0.1	—	0.3		0.1	0.1	
16（2U补体）		0.1	0.1	0.2		0.1	0.1	
17（1U补体）		0.1	0.2	0.1		0.1	0.1	

溶血程度判断标准为以下几种。

"++++"：100%不溶血（不溶）。

"+++"：75%不溶血（微溶）。

"++"：50%不溶血（中度溶血）。

"+"：25%不溶血（大部分溶血）。

"－"：完全溶血。

五、注意事项

（1）实验器材应清洁，残留的某些脂类、变性的球蛋白和酸碱等化学物质均可非特异性结合补体或破坏补体活性。

（2）绵羊红细胞、诊断抗原和抗体等试剂均不能被细菌污染。

（3）时间、温度、电解质、酸碱度以及各种成分的剂量等因素均可影响实验结果，所以需对实验的条件和各个环节加以严格控制。

实验六　血凝试验与血凝抑制试验

一、目的要求

掌握血凝和血凝抑制试验的基本原理、操作方法和结果判定方法。

二、实验说明

正黏病毒和许多副黏病毒具有凝集动物红细胞的作用。这是因为这些病毒的囊膜突起-血凝素（糖蛋白）与红细胞表面的黏蛋白受体发生结合，结果形成红细胞-病毒-红细胞复合体，表现为红细胞凝集。如流感病毒和乙脑病毒与某些动物或人的红细胞（常用者有鸡红细胞、O 型人红细胞及豚鼠红细胞）相混合后，可发生凝集现象，称为血细胞凝集现象。但若加入特异抗血清，则凝集现象不会出现，称为血细胞凝集抑制现象。借此可作为病毒存在的指标及鉴定病毒或测定血清中的抗体。

血凝抑制试验属于血清学实验的范畴。它是在血凝试验的系统内加入病毒的抗血清，以不凝血为阳性。在该实验中应用已知病毒的抗血清，可以鉴定未知病毒（如本实验）；应用已知种类的病毒，可测定患者血清中有无相应抗体产生（感染指征），用于这种目的时应先对患者血清予以处理，除去其中的非特异性的抑制物或凝集物，并且需做两次实验以上，恢复期效价比初期高时才有诊断意义。

三、实验材料

（1）试剂　鸡红细胞（CRBC）悬液（把经生理盐水洗涤过的 CRBC 配成 0.5% 悬液）、拟含流感病毒的鸡胚尿囊液、流感病毒抗血清、生理盐水。

（2）器材及其他　冰箱、小试管、吸管、试管架、凹玻板等。

四、方法步骤

1. 血细胞凝集试验（试管法）

（1）取小试管 10 支，在试管架上排成一排，并做好标记。

（2）按表 12-7 顺序和数量加入各种材料。

（3）摇匀，置于室温下约 45min 后观察结果。

（4）结果判定　以"++++""+++""++""+""-"来表示凝集程度。

"++++"（100%凝集）：全部血细胞凝集，凝集的血细胞均匀铺满管底。

"+++"（70%凝集）：大部分血细胞凝集，在管底铺薄膜状，但有少数血细胞不凝集，在管底中心形成小红点。

"++"（50%凝集）：约有半数血细胞凝集，在管底铺薄膜，面积较小，不凝集的红细胞在管底中心聚成小圆点。

"+"（25%凝集）：只有少数血细胞凝集，不凝集的红血细胞在管底聚成小圆点，凝集的血细胞在小圆点周围。

"–"（不凝集）：所有CRBC均不凝集，不凝集的血细胞沉于管底，呈一边缘整齐的致密圆点，色鲜红。

以呈"++"者为阳性管；对照管应该呈"–"。

以阳性管的最高稀释倍数为凝集效价，即在该稀释度时，每0.5mL待检液中含有1个单位的血凝素。

表12-7　血细胞凝集试验　　　　　　　　　　　　　　　　单位：mL

"病毒"稀释度	1:10	1:20	1:40	1:80	1:160	1:320	1:640	1:1280	1:2560	对照
生理盐水	0.9	0.5	0.5	0.5	0.5	0.5	0.5	0.5	0.5	0.5
"病毒液"	0.1	0.5	0.5	0.5	0.5	0.5	0.5	0.5	0.5	弃0.5
0.5%CRBC	0.5	0.5	0.5	0.5	0.5	0.5	0.5	0.5	0.5	0.5

（5）血凝试验如为阴性者，则将待检液（尿囊液）再次接种于鸡胚盲目传代。连续两次后仍为阴性者，则报告该标本未检出流感病毒。

如果血凝试验阳性，则做血凝抑制试验或补体结合试验进一步证实，并可确定该病病毒的型，甚至亚型。

2. 血凝抑制试验（试管法）

（1）取小试管10支，使成一排，按表12-8顺序和液体量加入各种材料。

（2）摇匀，置室温45min后观察结果。

（3）结果判定仍以"++++""+++""++""+""–"表示凝集程度，以"–"表示抑制程度，以"–"为阳性。以呈现"–"的最高稀释倍数为血清的效价。

在用于鉴定的目的时，可以不必定时检查，使用微量的定性法即可。

表12-8　血凝抑制试验　　　　　　　　　　　　　　　　单位：mL

项目	血清稀释度								病毒对照	血清对照
	1:10	1:20	1:40	1:80	1:160	1:320	1:640	1:1280		
生理盐水	0.9	0.5	0.5	0.5	0.5	0.5	0.5	0.5		0.5
免疫血清	0.1	0.5	0.5	0.5	0.5	0.5	0.5	0.5		弃0.5
病毒液	0.5	0.5	0.5	0.5	0.5	0.5	0.5	0.5	0.5	—
0.5%CRBC	0.5	0.5	0.5	0.5	0.5	0.5	0.5	0.5	0.5	0.5

3. 血凝和血凝抑制试验（定性法——玻板法）

在定性法中，凹玻板代替定量法中的试管。血凝试验作为血凝抑制的对照。

（1）取一凹板，做好标记。

（2）在其四个凹窝中各加病毒液一滴。

（3）在第二个凹窝中加生理盐水一滴，在其余三个凹窝中分别加三种不同型的流感病毒抗体 A、B、C。

（4）轻轻摇匀，室温静置 5min，再在四个凹窝中各加 0.5% CRBC 一滴。

（5）再轻轻摇匀，室温静置，待血细胞完全下沉（约需 15min）后，观察结果。

（6）结果判定，分为凝血与不凝血两种现象。凝血者为血凝阳性，血凝抑制阴性；不凝血者为血凝阴性，血凝抑制阳性。

血凝阳性：红细胞凝集，沉降快，大面积铺于凹底，边缘常不整齐。

血凝阴性：红细胞不凝，沉降慢，最后在凹底中心集成一红色圆盘，边缘整齐。

五、注意事项

（1）病毒抗原的定量应标准。

（2）红细胞的准备应注意不能发生非特异性凝集及溶血。

实验七　免疫酶测定法

一、目的要求

了解免疫酶测定法实验原理，掌握间接免疫酶测定法检测抗体的方法。

二、实验说明

免疫酶测定法（enzyme immunoassay）又称酶联免疫吸附测定法（enzyme linked immunosorbert assay，ELISA），简称酶标法，是一种利用酶标记的抗体（或抗抗体）进行抗原、抗体反应的高灵敏度的免疫标记技术，是目前应用最广泛的免疫学技术之一，被广泛用于各种抗原或抗体的检测。

其原理是用酶作标记物标记抗体或抗原，用酶的特殊底物处理标本来显示酶标记的抗体。由于酶的催化作用，使原来无色的底物通过水解、氧化或还原反应而显示出颜色。最终，可根据颜色的呈现情况，判定反应结果。

ELISA可用于检测抗体,也可用于检测抗原。根据检测目的和操作步骤的不同,通常有四种类型(图12-3)的检测方法。

(1)直接法 此法常用来检测抗原。将待测抗原吸附(或称包被)于固相载体表面,冲洗;然后滴加酶标记特异性抗体,感作后冲洗;再加入酶的底物溶液;根据产生有色产物的量,确定待测标本中存在的抗原量。反应中所呈现的颜色可用肉眼粗略观察,也可用酶标分光光度计精确测定。

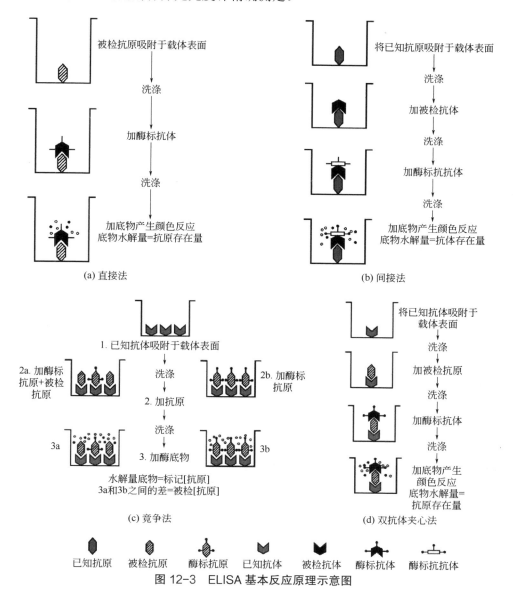

图 12-3 ELISA 基本反应原理示意图

（2）间接法　此法是检测抗体最常用的方法。将已知抗原吸附于固相载体上，加入待测血清（抗体）与之结合，洗涤后，加酶标抗体和底物进行测定。

（3）竞争法　此法可用于抗原及半抗原的定量测定，也可用于测定抗体。以测定抗原为例，将特异性抗体吸附于固相载体上，加入待测抗原和一定量的已知酶标抗原，使二者竞争地与固相抗体结合，经过洗涤分离，最后结合于固相的酶标抗原与待测抗原含量呈负相关。

（4）双抗体夹心法　此法常用于检测抗原。将已知抗体吸附于固相载体，加入待测标本（含相应抗原）与之结合，温育后洗涤，加入酶标抗体及底物溶液进行测定。

三、实验材料（以间接 ELISA 法为例）

（1）样品　待测血清。

（2）抗原　伤寒杆菌 O901 煮沸或超声波粉碎抗原。

（3）试剂　冻干酶联葡萄球菌 A 蛋白（HRD-proteinA）纯品、邻苯二胺（OPD）、聚乙烯塑料反应板（pH9.6 时可吸附蛋白 Ag）、包被液（0.05mol/L 碳酸钠-碳酸氢钠溶液，pH9.6）、稀释液（10%免疫血清 PBS-Tween-20）、洗涤液（0.02mol/L Tris-Tween-20，pH7.4），底物溶液（临用前新鲜配制：0.02mol/L 磷酸氢二钠 25.7mL，0.1mol/L 柠檬酸 24.3mL，蒸馏水 50mL；在缓冲液中溶解 40mg 邻苯二胺，然后加入 30%双氧水 0.15mL。底物对光敏感，需要避光并立即使用）、终止液（2mol/L 硫酸）。

（4）器材及其他　冰箱、恒温培养箱、96 孔聚苯乙烯微量反应板。

四、方法步骤

（1）抗原包被　取洁净的聚苯乙烯微量反应板，于每孔内加伤寒抗原 0.1mL（用包被缓冲液稀释，蛋白含量 10 μg/mL），置 37℃ 1h，弃抗原液，用洗涤液洗涤 3 次，每次 3min。

（2）加待测血清　于每孔内分别加不同稀释度（如 1：5、1：10、1：20……1：160）的待测血清，PBS 空白对照，阴性对照血清，阳性对照血清各 0.1mL。置 37℃ 30min，弃去血清，然后用洗涤液洗涤 3 次，每次 3min。

（3）加酶联 A 蛋白　于每孔加酶联 A 蛋白各 0.1mL，37℃放置 20min，然后用洗涤液洗涤 3 次，每次 3min。

（4）加临时配制的底物溶液各 0.1mL，置暗处 15min。每孔加 2mol/L 硫酸 1 滴终止反应。

（5）结果判断　结果判定，分目测法和比色法。目测法：若颜色于阴性对照相同则为阴性，若较阴性对照深则为阳性，根据颜色深浅以（+）表示。比色法：在酶标仪上测定 OD 值。

结果表示有以下几种：

① 以"+""–"表示阳性、阴性。

② 直接用 OD 值表示。

③ 用终点滴度表示。即将标本连续稀释，以最高稀释度的阳性反应（如规定大于某一 OD 值或阴阳性比值大于某一数值）为该标本滴度。

④ 以单位表示。将已知阳性血清做不同稀释进行滴定，以阳性血清的单位数为横坐标，以相对应的 OD 值为纵坐标，绘制标准曲线。未知样品可根据其 OD 值从标准曲线上找出单位数，再乘以稀释倍数，即可获得未知样品的单位数。

五、注意事项

（1）板的处理　新板一般不用处理，用蒸馏水冲洗即可应用。板用一次即废弃。但不少实验工作者认为用超声波处理，清洁液 Tritonx-100、20%乙二醇处理仍可应用。但发现空白对照显色较深和阳性样品显色结果不理想时，应弃去不用。

（2）载体的吸附条件　载体的吸附均为物理吸附。吸附的多少取决于 pH 值、温度、蛋白浓度、离子强度以及吸附时间等。

较好的吸附条件是：离子强度为 0.05～0.10mol/L，pH9.0～9.6 碳酸盐缓冲液，蛋白浓度为 1～100 μg/mL，4℃过夜或 37℃感作 3h。

（3）酶标抗体使用浓度的确定　于聚苯乙烯板孔中加足够量的抗体包被，温育一定时间，冲洗、把酶标结合物倍比稀释，每个稀释度加 2 孔，温育、冲洗，再加底物显色、比色。以 OD 值为纵坐标，酶标结合物的稀释度为横坐标，制作曲线。找出 OD 值为 1 时，相对应的酶标抗体稀释度为最适酶标抗体稀释度。

（4）反应时间　抗原与抗体、抗体与酶标抗体反应一般在 37℃ 感作 2～3h 达到高峰。时间太短，敏感性下降；时间太长，吸附的抗原或复合物（在这个温度下）可能脱落。

实验八　中和试验

一、目的要求

掌握中和试验的原理与方法。

二、实验说明

中和试验是在体外适当条件下孵育病毒（或毒素）与其特异性抗体的混合物，使病毒与抗体相互反应，再将混合物接种到敏感的宿主体内，然后测定残存的病毒感染力的一种方法。病毒（或毒素）与相应的抗体结合后，失去对易感动物的致病力，谓之中和试验。中和试验也可用于干扰素抗病毒效应和效价测定。

凡是能与病毒（或毒素）结合，并使其失去感染力（或毒力）的抗体称为中和抗体。因为病毒要依赖于活的宿主系统复制增殖，因此，中和试验必须在敏感的动物体内（包括鸡胚）和细胞培养中进行。

三、实验材料

（1）病毒　具有感染力的病毒。

（2）试剂与细胞　病毒抗体阳性的血清和病毒抗体阴性的血清，敏感宿主体系：敏感细胞、敏感动物或鸡胚。

（3）器材及其他　96孔细胞培养板、CO_2恒温培养箱、倒置显微镜、刻度吸管等。

四、试验方法步骤

以细胞培养为例，中和试验分两种方法：固定病毒-稀释抗血清法和固定抗血清-稀释病毒法。

1. 固定病毒-稀释抗血清法

（1）用细胞维持液连续倍比稀释血清。

（2）取 1.0mL 不同浓度的稀释血清分别与 1.0mL 标准病毒（100 $CCID_{50}$/0.1mL）混合，置37℃水浴作用1h。

（3）取混合液0.2mL分别加到细胞已长成单层的96孔细胞培养板中，每一稀释度接种4孔细胞。同时设4孔正常细胞对照和设4孔100 $CCID_{50}$/0.2mL作病毒对照。

（4）设病毒滴度对照。将病毒液连续10倍稀释后，加到细胞已长成单层的96孔细胞培养板中，每个稀释度接种4孔细胞，每孔加0.1mL。必要时还要设抗体阳性血清对照和抗体阴性血清对照。

（5）将96孔细胞培养板置37℃、5%CO_2温箱中孵育，每日观察细胞病变效应（CPE）。

（6）50%血清中和终点的计算：50%细胞不产生细胞病变（CPE）的血清稀释度。根据细胞病变程度，用 Reed-Muench 法计算50%血清中和终点。

该病毒中和试验方法主要用于血清抗体滴度的测量。将100 $CCID_{50}$/单位体积的病毒分别与连续倍比稀释的病人急性期或恢复期血清混合孵育 1h 后，把混合液接种于敏感宿主，然后观察不同稀释度的血清保护宿主感染病毒的情况。

2. 固定抗血清–稀释病毒法

（1）用细胞维持液连续 10 倍稀释病毒分离物（$10^{-8} \sim 10^{-1}$）。

（2）取 0.6mL 不同浓度的病毒稀释液与 0.6mL 标准的抗病毒血清混合。

（3）再取 0.6mL 不同浓度的病毒稀释液与 0.6mL 已知的阴性血清混合。

（4）将混合液置 37℃水浴 1h，然后取 0.2mL 混合液分别接种于细胞已长成单层的 96 孔细胞培养板中，每一稀释度接种 5 孔，设 5 孔正常细胞对照。

（5）将细胞培养板置 37℃、5% CO_2 温箱中孵育，每日观察细胞病变效应（CPE）。

（6）中和试验的病毒 $CCID_{50}$ 的计算：细胞培养中，通常是以病毒的细胞半数感染量（$CCID_{50}$/单位体积）作为中和反应的终点。而动物试验中，用动物半数致死量（LD50/单位体积）作为中和反应的终点。

中和试验中，抗血清组的 $CCID_{50}$ 与阴性血清组的 $CCID_{50}$ 之差的对数等于或大于 2，才能说明中和试验结果为阳性。

五、注意事项

（1）病毒应低温保存，融化后只可使用一次，避免反复冻融，这样会降低病毒的毒力。多次进行同一试验时，应使用同一批冻存的病毒，以减小误差。

（2）人和动物血清中含有一些非特异性的物质，这些物质可增强抗病毒抗体的中和作用，也可以灭活病毒，通常采用加热的方法破坏这些物质。不同来源的血清灭活温度不尽相同，人、豚鼠血清为 56℃，兔为 65℃，时间为 20～30min。在细胞培养中进行中和试验时，要注意避免使用相同的细胞。

（3）病毒与抗血清在 0℃时不发生反应，5℃以上才发生中和反应。通常采用 37℃孵育 1h，一般的病毒即可和抗血清充分反应。但是，一些特殊的病毒在此反应条件下不能充分反应，试验时应根据不同的病毒改变孵育的时间和温度。

实验九　细菌内毒素测定实验（鲎试剂凝胶法）

一、目的要求

掌握凝胶法测定细菌内毒素的方法，了解细菌内毒素作为热源的特性。

二、实验说明

鲎是一种海洋节肢动物，其血液中的有核变形细胞含有凝固酶原和可凝固蛋白。将这些变形细胞冻融裂解后制成鲎变形细胞溶解物（limulus amebocyte lysate，LAL），此溶解物若与待检标本中的内毒素相遇，内毒素激活 LAL 的凝固酶原成为凝固酶，作用于可凝固蛋白，使其凝聚成凝胶状态，鲎试验是目前检测内毒素最敏感的方法之一，比家兔热原试验敏感 10～100 倍，可测出 0.01～1ng/mL 的微量内毒素。

鲎试验在临床上用于革兰氏阴性菌感染引起的内毒素血症、革兰氏阴性细菌性脑膜炎的早期诊断，以及用于药剂、生物制品中的热原检查，是一种快速、简便和高度灵敏的方法。

三、实验材料

（1）设备　电热干燥箱、试管恒温仪、旋涡混匀器、计时器。

（2）试剂　鲎试剂（0.1mL/支，灵敏度 0.015EU/mL）、75%酒精、内毒素检查用水。

（3）器材及其他　恒温培养箱、涡旋混匀器、无热源吸头、具塞试管、细菌内毒素工作标准品（10EU/支）。

四、方法步骤

鲎试验主要有三种方法：凝胶法、沉淀蛋白法和产色底物法。后二种方法是从凝胶法改进而来，其灵敏度比凝胶法高 5～10 倍以上，可定量测定内毒素的含量，但操作较繁琐。

下面介绍的是常用方法——凝胶法。

1. 实验前准备

试验所用的器皿须经处理，去除可能存在的外源性内毒素。耐热器皿用干热灭菌法（250℃、30min）去除；塑料器具置 30%双氧水中浸泡 4h，再用无热原水冲洗后于 60℃烘干。

2. 鲎试剂灵敏度复核

当使用新批号的鲎试剂或实验条件发生了任何可能影响检验结果的改变时，应进行鲎试剂灵敏度复核试验。

（1）取内毒素工作标准品一支，用 75%酒精棉擦拭安瓿颈，开启，开启过程应防止玻璃屑落入瓶内。

（2）向内毒素工作标准品安瓿内加入 1mL 内毒素检查用水，在涡旋混合器上混匀 15min，制成 10EU/mL 的内毒素标准溶液。

（3）根据鲎试剂灵敏度标识值 $\lambda=0.015EU/mL$，用内毒素检查用水将 10EU/mL 内毒素标准溶液稀释成 2λ、1λ、0.5λ、0.25λ 四种浓度的内毒素标准溶液。

具体操作步骤如表 12-9。

表 12-9　鲎试验　　　　　　　　　　单位：mL

初始浓度/（EU/mL）	内毒素标准液量	内毒素检查用水量	终浓度/（EU/mL）
10	0.1	0.9	1
1	0.3	0.7	0.3
0.3	0.1	0.9	0.03（2λ）
0.03	0.5	0.5	0.015（1λ）
0.015	0.5	0.5	0.075（0.5λ）
0.0075	0.5	0.5	0.0375（0.375λ）

注：每稀释一步均应在涡旋混匀器上混匀 30s。

（4）取 0.1mL/支的鲎试剂原安瓿 18 支，其中 16 支分别加入 0.1mL 不同浓度的内毒素标准溶液，每个内毒素浓度平行做 4 支；另外两只各加入 0.1mL 细菌内毒素检查用水作为阴性对照。

（5）将各瓶中溶液轻轻混匀后，封闭瓶口，垂直放入 37℃±1℃的恒温器中，孵育 60min±2min。

（6）将安瓿从恒温器中轻轻取出，缓缓倒转 180°。若管内形成凝胶并且凝胶不变形、不从管壁脱落者为阳性；未形成凝胶或形成的凝胶不坚实、变形并从管壁脱落者为阴性。记录结果。

（7）结果判定。当最大浓度 2λ 管均为阳性，最低浓度 0.25λ 均为阴性，阴性对照管为阴性，试验方法有效。按下式计算反应终点浓度的几何平均值即为鲎试剂灵敏度的测定值 λ_c：

$$\lambda_c=\lg-1\left(\sum X/n\right)$$

式中，X 为反应终点浓度的对数值（lg），反应终点浓度指系列递减的内毒素浓度中最后一个呈阳性的浓度；$n=4$（每个浓度的平行管数）。

当 λ_c 在 $0.5\sim2\lambda$（包括 0.5λ 和 2λ）时，判定该批鲎试剂可用于细菌内毒素检测，并以标示灵敏度为该批试剂的灵敏度。

3. 样品检测

（1）供试品数量　每批产品从首、中、尾箱分别抽取 3 件。

（2）合格标准　产品细菌内毒素含量<0.25EU/件。

（3）供试液制备

① 将预热至 37℃±1℃的细菌内毒素检查用水 10～15mL 注入待检产品内，在

室温 18～25℃下浸提 1h，在浸提过程中辅以晃动。供试液贮存时间不超过 2h。

② 当使用的鲎试剂灵敏度标示值 λ 小于供试品的内毒素限量时，按下式计算，用细菌内毒素检查用水将供试液稀释后进行检查：

$$供试液稀释倍数=cL/\lambda$$

式中，L 为供试品的细菌内毒素限值；c 为供试液浓度，当 L 以 EU/mL 表示时，$c=1.0\text{mL/mL}$；λ 为鲎试剂的标示灵敏度。

（4）检测

① 取 0.1mL/支的鲎试剂原安瓿 15 支，其中：

a. 供试液管：9 支，各加入 0.1mL 供试液。

b. 供试品阳性对照管：2 支，各加入 0.1mL 浓度为 λ 即 0.015EU/mL 的内毒素供试液溶液（用供试液稀释）。

c. 阳性对照管：2 支，各加入 0.1mL 浓度为 λ 即 0.015EU/mL 的内毒素标准溶液（用检查用水水稀释）。

d. 阴性对照管：2 支，各加入 0.1mL 内毒素检查用水。

将各瓶中溶液轻轻混匀后，封闭瓶口，垂直放入 37℃±1℃的恒温器中，孵育60min±2min。

② 将安瓿从恒温器中轻轻取出，缓缓倒转 180°。若管内形成凝胶并且凝胶不变形、不从管壁脱落者为阳性；未形成凝胶或形成的凝胶不坚实、变形并从管壁脱落者为阴性。记录结果。

（5）结果判定

① 若阴性对照管均为阴性,阳性对照管均为阳性,供试品阳性对照管均为阳性,判定试验有效。

② 若供试液管均为阴性，判定供试品符合规定。

③ 若供试液管均为阳性，判定供试品不符合规定。

④ 若供试液出现阳性和阴性管，需进行复试。复试时供试液管需做 4 支平行管，若所有平行管均为阴性，判定供试品符合规定，否则判定供试品不合格。

五、注意事项

（1）因极微量的内毒素即可导致 LAL 凝胶化，本试验所用试管、吸管等均须预先进行去热原处理。玻璃等耐热物品可 180℃干热 2h 以上或 250℃处理 30min，以彻底破坏内毒素；不耐热物品可用双氧水浸泡。

（2）鲎试验测定内毒素虽敏感，但下列因素可影响其敏感性。

① LAL 试剂质量。每批试剂的敏感性可有不同，而这种差异与来源、制备方法等有关。

② pH 对 LAL 凝胶化的影响。pH 对 LAL 凝胶化有明显影响，应将 pH 控制在 6～8，最适 pH 为 7.0±0.2，在检测药物热原时，对偏酸或偏碱药物，须先调正其 pH。

③ 孵育温度和时间。一般为 37℃，45～60min，也可孵育 4～24h，延长观察时间，可增加阳性率。

④ 待检物的性质。如检测血液中内毒素浓度低于 10μg/L 时，仅能在血小板部分测出。

（3）用本法测定时，宜用含血小板丰富的血浆。如用蒸馏水稀释，不仅血小板溶解放出内毒素，且能稀释血浆中的抑制因子，故可明显增强内毒素活性。为了去除血液中的抑制因子，可将稀释血浆加热后进行试验，或用氯仿抽取等方法。

实验十　外周血单个核细胞的分离与观察

一、目的要求

掌握密度梯度离心分离淋巴细胞的方法，了解淋巴细胞分离在免疫学实验中的重要性与用途。

二、实验说明

在免疫学实验中，尤其是细胞免疫实验中，经常需要从外周血中分离出淋巴细胞。可以说，淋巴细胞分离技术是细胞免疫实验最基本的技术。分离淋巴细胞有方法有很多，本实验介绍的是淋巴分离液分离法即密度梯度离心法。淋巴细胞与单核细胞的比重为 1.075～1.090，而红细胞与分叶核白细胞的比重为 1.092。淋巴细胞分离液的比重为 1.077±0.001，与淋巴细胞比重相同，而红细胞较之为重，通过离心，即可将淋巴细胞分离出来。

三、实验材料

（1）试剂　瑞士染液、PBS 缓冲液、淋巴细胞分离液，无 Ca^{2+}、Mg^{2+} Hank's 液（NaCl 4.00g、$NaHCO_3$ 0.175g、KCl 0.20g、$Na_2HPO_4 \cdot 12H_2O$ 0.076g、KH_2PO_4 0.030g、葡萄糖 0.50g、H_2O 加至 500.00mL，用 5.6% $NaHCO_3$ 调 pH 至 7.2，115℃、15min 灭菌，4℃储藏备用）

（2）器材及其他　天平、水平离心机、注射器、吸管、离心管或试管、微量加样器、吸头、载玻片等。

四、方法步骤

（1）静脉抽血 2～3mL，肝素抗凝。

（2）用 pH7.4 的 Hank's 液将血液稀释 1 倍。

（3）取比重 1.077 的淋巴细胞分离液 3～4mL，放入离心管中。

（4）用吸管吸取稀释血液，在距分层液上 1cm 处沿管壁缓慢加入，使稀释血液重叠于分层液上，勿将液面冲破。稀释血液与分层液体积比例约为 2：1。

（5）置于水平离心机中，2000r/min 离心 20min。离心之后见管中分 4 层，上层为血浆及 Hank's 液；第二层为外周血单个核细胞（PBMC）层，主要为淋巴细胞，少量单核细胞，呈一层较厚的白膜；第三层为分层液；最下面为粒细胞和红细胞。

（6）用毛细吸管轻轻插到白膜层，沿管壁周缘吸出淋巴细胞层，移入另一试管中，此时已将淋巴细胞分离出。

（7）吸出的淋巴细胞加一定量的 Hank's 液（4～5mL），充分混匀，1500r/min，弃上清，同法洗涤 2～3 次，用适量 Hank's 液重悬。

（8）取 1 滴淋巴细胞悬液于载玻片上涂开；涂片自然干燥后，加瑞氏染液 5～7 滴，固定 30s 后加等量 PBS 缓冲液染色 8～12min；小量流水从上往下冲洗干净，甩干余水，用滤纸吸干，油镜观察淋巴细胞形态。

五、注意事项

（1）血液应沿管壁缓慢加入在分层液上。

（2）离心转速 2000r/min，时间不能少于 20min。

（3）离心时注意离心管的两两平衡放置。

实验十一　巨噬细胞吞噬功能实验

一、目的要求

掌握巨噬细胞的收集及计数方法，了解巨噬细胞的吞噬机理。

二、实验说明

巨噬细胞（macrophage，MΦ）作为单核吞噬细胞系统的主要细胞，具有活跃的吞噬功能。能清除体内抗原物质及变性的细胞，在特异性及非特异性免疫中均起重要作用。MΦ 受抗原刺激后活化，其吞噬功能明显增强。

在此，介绍两种小鼠腹腔 M 吞噬功能的两种方法。

（1）体内法　在小鼠体内诱导腹腔巨噬细胞产生后，再给小鼠腹腔注射白色念珠菌，30min 后处死小鼠，取出腹腔液，以亚甲蓝染色，油镜下计数吞噬白色念珠菌的百分数，及观察 M 中内因被杀死而染为蓝色的白色念珠菌的形态、数目，以判断 MΦ 的杀伤能力，由此间接地测定机体的非特异免疫水平。

（2）体外法　在体外将小鼠腹腔 MΦ 与白色念珠菌按比例混合，温育，以亚甲蓝染色，油镜下进行观察，观察指标同上。

三、实验材料

（1）动物　小白鼠（雌或雄，20～22g）。

（2）白色念珠菌悬液　接种于沙氏培养基的白色念珠菌，28℃培养 18～24h，生理盐水洗涤，配成 $1×10^7$ 个/mL 细胞悬液。

（3）试剂　无菌 6%淀粉、Hank's 液（含 5%小牛血清）、0.03%亚甲蓝（4℃存放）。

（4）器材及其他　显微镜、恒温培养箱、无菌性注射器、针头、华氏管、吸管等。

四、方法步骤

1. 体内法

（1）实验前 3 天，小白鼠腹腔注射 6%无菌淀粉液 1mL，诱导巨噬细胞渗出至腹腔中。

（2）实验时，每只小鼠腹腔注射白色念珠菌菌液 1mL，轻揉腹部，使菌液在腹腔中分布均匀，利于吞噬。

（3）30min 后，将小鼠拉颈处死，固定，打开腹腔暴露肠管，用接种环取出腹腔液，均匀涂布于载玻片上，然后再滴一小滴 0.03%亚甲蓝，盖上盖玻片。

（4）高倍镜下进行观察，计数。

2. 体外法

（1）将 6%的消毒淀粉液 1mL 注入小鼠腹腔。

（2）72h 后，拉颈处死小鼠，剖腹，吸取腹腔液，1000r/min 离心 5min，收集 MΦ。

（3）Hank's 液洗涤 MΦ，1000r/min 离心 5min，重复二次。

（4）计数 MΦ，以 Hank's 液配制 $1×10^6$ 个/mL 细胞悬液。

（5）取华氏管，加入等量的 $1×10^6$ 个/mL MΦ 悬液及 $1×10^7$ 个/mL 白色念珠菌菌液。

（6）37℃，温育 30min（中间摇动试管二次）。

（7）500r/min 离心 5min，弃上清液。

（8）轻轻振荡试管，取悬液 1 滴加至载玻片，取亚甲蓝 1 滴，混匀后，加盖玻片。

（9）高倍镜观察并计数。

（10）结果判断　计算方法如下。

$$吞噬百分率 = \frac{100个MΦ内发生吞噬的MΦ数}{100} ×100\%$$

$$吞噬指数 = \frac{发生吞噬的100个MΦ内含有的白色念珠菌数}{100（发生吞噬的MΦ数）} ×100\%$$

$$杀菌率 = \frac{被吞入的白色念珠菌中死亡数}{被吞入的白色念珠菌数} ×100\%$$

注：杀死的细菌呈蓝色，活菌不着色。

五、注意事项

（1）吞噬用的白色念珠菌菌龄应在 18～24h 内，不能有假菌丝及出芽现象。

（2）MΦ 数与白色念珠菌数要计数准确，温育时其比例为 MΦ：白色念珠菌=1：10。

（3）温育时要摇动 2～3 次，以免 MΦ 与白色念珠菌沉于管底。

实验十二　人体结核菌素试验

一、目的要求

学习掌握皮内注射法进行结核菌素实验，了解结核菌素实验的结果与意义。

二、实验说明

本实验是测知人体对结核杆菌蛋白有无迟发型超敏反应的一种皮内试验。用于间接了解人体是否感染过结核杆菌，对结核有无获得免疫力。如受试者曾受过结核杆菌感染或接种过卡介苗，则结核菌素可进入组织与致敏淋巴细胞特异性结合，在注射局部释放细胞因子，形成以单核细胞浸润为主的炎症反应，局部表现为红肿、硬结，且直径在 0.5cm 以上。

三、实验材料

（1）抗原　有两种即旧结核菌素（简称旧素，old tuberculin，OT）和结核菌纯蛋白衍化物（purified protein derivative，PPD）。

（2）试剂　75%酒精。

（3）器材及其他　注射器、针头、尺子等。

四、方法步骤

结核菌素实验有皮上、皮肤划痕或点刺与皮内注射法，以皮内注射法应用最为广泛，效果准确。

（1）部位，选左臂屈侧中部皮肤无瘢痕部位，如近期（2 周内）已做过试验，则第 2 次皮试应选在第一次注射部位斜上方 3～4cm 处，或取右前臂。

（2）局部 75% 酒精消毒，用 1.0mL 注射器、4.5 号针头（针头斜面不宜太长），吸取稀释液 0.1mL（5 TU）皮内注射，使成 6～8mm 大小圆形皮丘。

（3）注射后 48h 观察一次，72h 判读结果，测量注射局部红肿处的硬结横与纵径，取其均值为硬结直径。

（4）结果判定：硬结直径＜5mm 为阴性，5～9mm 为弱阳性（+），10～19mm 为阳性（＋＋），≥20mm 或局部出现水泡、坏死或有淋巴炎，均为强阳性（+++）。

五、注意事项

临床结果推断应多方面综合考虑，具体如下。

（1）阳性

① 提示机体受到结核杆菌感染，且已产生变态反应；

② 城市居民，成人绝大多数为阳性，一般意义不大；如用高倍稀释液（1/10000）1 TU 皮试呈强阳性，提示体内有活动性结核病灶；

③ 3 岁以下儿童，呈阳性反应（＋＋），不论有无临床症状，均视为有新近感染的活动性结核，应予治疗。

（2）阴性

① 提示机体未受到结核菌感染，或虽已感染但机体变态反应尚未建立（4～8 周内）；

② 如一周后，再用 5 TU 重新皮试，利用结核菌素的复强作用，若仍为阴，则可除外结核菌感染。

第十三章

动物实验技术

在微生物学实验和研究工作中，动物实验是常用的基本技术之一，其主要用途有以下几个方面：

（1）进行病原体的分离和鉴定　有些直接分离培养有困难的病原菌或需鉴定的细菌，通过易感动物体就可达到目的。如从子宫分泌物中分离布鲁氏菌，可用豚鼠接种法。

（2）确定病原体的致病力　有些细菌在形态、生物学特性等方面性状相似，仅在致病性上不同，可利用动物实验鉴别。

（3）恢复或增强细菌的毒力　多数病原菌长期通过人工传代保存后，其毒力减弱，须通过易感动物恢复或增强其致病力。

（4）测定某些细菌的外毒素　如产气荚膜梭菌的毒素测定。

（5）制备疫苗或诊断用的抗原　如猪瘟兔化弱毒疫苗。

（6）制备诊断或治疗用的免疫血清　如鉴定用的沙门菌诊断血清。

（7）检验药物　用于检验药物的治疗效果及毒性等。

选择实验动物首先应根据实验目的和要求而定，其次是考虑是否容易获得，是否经济和是否容易饲养管理。一切实验动物应具有个体间的均一性、遗传的稳定性和容易获得性三项基本要求。

对实验动物除有严格的遗传学和微生物学要求外，其还应具备下列特点：①对检测目标的反应出现率高，并具有精确性和再现性；②能在实验室条件下长期传代而保持原有生物学性质；③一胎多仔，有利于同窝分组对照，增强可比性；④体型适宜，既易于实验操作，又利于多次多点取得足够分析的样品；⑤生长发育的阶梯和寿限明确，能维持正常生存；⑥世代间距短，个体生命周期快，有利于在短期内观察研究潜在因素对生物个体各阶段以至可能多世代的累积作用；⑦实验结果能够推论至人类，从中导引出有价值的指导措施；⑧同一诱发因素可在多种动物中出现相似性，有助于构成多维图像，以利综合分析。

在做病原性及毒力测定时，必须选用易感动物，如检查猪丹毒丝菌病原性时，须选用易感的小鼠或鸽子。

根据实验要求选用具有特殊反应的动物，如家兔体温反应灵敏，可利用这一特性测定猪瘟兔化弱毒产生的定型热体温变化。

在同一实验中，要选择大小及条件一致的动物，如制备免疫血清时最好选用成年雄性动物。

实验动物一般要观察 1 周确保健康无病才能使用。常用的实验动物有小鼠、大鼠、家兔、豚鼠、蛙、鸽、鸡、猫、猴、猪和羊等。

实验一　实验动物保定法

一、目的要求

了解多种动物的生活习性和防卫机能，认识各种常用保定器具，学会多种实验动物的常用保定方法。

二、实验说明

保定的定义为使用手或器械对实验动物的活动做部分到完全的限制，以进行检查、采样、投药或其他实验操作。因此，保定动物是对实验动物操作前的最基本步骤。但在达到实验者的实验目的的操作过程中，也需要避免使动物产生不必要的痛苦或伤害，因此对实验动物保定的方法需要加以规范，包括保定的器械是否会伤害动物、保定动物时的姿势是否造成不适、保定时间能否尽量缩短或者在可能造成动物不适的保定时需要兽医密切的观察与评估等都在保定动物时的考虑范围。基于以上考虑，如同操作任何实验步骤一样，具备熟练的保定技术，不仅有助于实验顺利且精确地进行，也是对生命的一种尊重。

三、实验材料

（1）实验动物　小鼠、大鼠、豚鼠、家兔、鸡、鸽子、犬等。
（2）器材及其他　家兔保定栏、长柄犬头钳、绷带等动物保定器材。

四、方法步骤

（1）小鼠保定法　小鼠性情较温顺，挣扎力小，比较容易抓取和保定。抓取时，用左手拇指和食指捏住小鼠尾巴中部放在格板或铁笼上。趁着小鼠试图挣脱的瞬间，迅速用另外三个手指压住小鼠的尾巴根部握入手掌；放松拇指和食指，用另外三个手指控制小鼠，然后用食指和拇指捏住小鼠头部两边疏松的皮肤提起小鼠，完成抓取保定。注意，抓小鼠尾巴应抓住尾巴中部或根部，不能仅捏住小鼠尾巴的尾端，因为这时小鼠的重量全部集中到尾端，如果小鼠挣扎，有可能弄破尾端。

在进行解剖、手术、心脏采血、尾静脉注射时，可将小鼠用线绳捆绑在木板上，或固定在尾静脉注射架及粗试管中。

（2）大鼠保定法　大鼠牙齿很锐利，容易咬伤手指，抓取大鼠前最好戴上防护手套，右手轻轻抓住大鼠尾巴的中部并提起，迅速放在笼盖上或其他粗糙面上，左手顺势卡在大鼠躯干背部，稍加压力向头颈部滑行，以左手拇指和食指捏住大鼠两耳后部的头颈皮肤，其余三指和手掌握住大鼠背部皮肤，将鼠提起并翻转置于左手掌中，右手即可进行操作。

对大鼠进行解剖、手术、心脏采血、尾静脉注射时，可用玻璃罩（烧杯等）扣住、线绳加木板、尾静脉注射架等装置进行固定。

（3）豚鼠保定法　豚鼠性情温顺，胆小易惊，一般不易伤人。捉拿时，实验人员可先用手轻轻扣、按住豚鼠背部，顺势抓紧其肩胛上方皮肤，拇指和食指环压其颈部，用另一只手轻轻托住其臀部，即可将豚鼠抓取保定。抓取豚鼠需讲究稳、准、柔、快，不可过分用力抓捏豚鼠的腰腹部，否则容易造成肝破裂、脾淤血而引起死亡。如果在动物实验操作过程中，豚鼠挣扎剧烈，可以用纱布将豚鼠头部蒙住，把豚鼠置于实验台上，实验人员稍微用力扣、按住豚鼠，然后进行操作。

（4）家兔保定法　家兔驯服不咬人，但四肢的爪尖锐，挣扎时容易抓伤人。抓取保定方法是用右手把两耳拿在手心并抓住颈后部皮肤，提起家兔，然后用左手托住臀部。另一种方法是使用家兔保定栏，打开保定栏的前盖，抓取家兔放进栏内，右手抓住家兔耳朵将头部拉过保定栏的开孔，迅速关上栏门。假如家兔挣扎，可用手在它的背上轻轻抚摸，使它安静下来，因为家兔挣扎很容易损伤脊柱。

需要进行手术时，可将家兔固定在兔实验台上，四肢固定，门齿用细绳拴住，固定在实验台的铁柱上。

（5）鸡、鸽保定法　由助手一手握住两翼根部，另一手握住两爪将鸡、鸽在实验台上固定好，即可采血或注射。

（6）犬保定法　犬性情凶猛、咬人，但通人性。如果犬在动物实验前曾与实验人员有接触，受过驯养调教，抓取保定就比较容易。在进行犬的保定时，实验人员应弯下膝盖，一只胳膊绕着它的胸部，另一只胳膊绕着后肢的大腿，两只胳膊一起绕着将犬抱起。

保定比较凶猛的犬时，应使用特制的长柄犬头钳夹住犬颈部，注意不要夹伤嘴或其他部位。夹住犬颈后，迅速用链绳从犬夹下面圈套住犬颈部，立即拉紧犬颈部链绳使犬头固定。再用 1m 长的绷带打一活套，从犬的背面或侧面将活套套在其嘴面部，迅速拉紧活套结，将结打在颌上，然后绕到下颌打一个结，最后将绷带引至颈后部打结固定。麻醉后用绷带捆住犬的四肢，固定在实验台上。头部用犬头固定器固定好后，就可解去嘴上的绷带，以利于犬呼吸和实验人员观察。这时可以进行手术等实验操作。

五、注意事项

① 操作时在不伤害实验动物的同时，要注意自身安全，不要被刮伤、抓伤或咬伤。

② 操作要规范，尽量不要损伤实验动物。

实验二　实验动物接种法

一、目的要求

掌握常用的实验动物接种方法。

二、实验说明

在微生物实验和研究工作中，进行一些病原体的分离鉴定、病原体的致病力及毒力鉴定、药物的治疗效果及毒性等实验时均需接种实验动物。不同种动物、不同用途接种方法各不相同。

三、实验材料

（1）接种材料　细菌培养物（肉汤培养物或细菌悬液）、尿液、脑脊液、血液、分泌物、脏器组织悬液等。

（2）实验动物　常用的有家兔、豚鼠（也称海豚、荷兰猪、天竺鼠）、大白鼠、小白鼠及绵羊等。所需实验动物以自行繁殖为最方便可靠，如必须向外购买，要选择健康无病未做过任何实验的动物。

（3）器材及其他　一次性注射器、酒精棉、剪刀、镊子、酒精灯、火柴等。

四、方法步骤

根据实验目的要求不同，可采用不同的接种方法。对选择的接种部位，要先进行除毛，除毛的方法有剪毛法、拔毛法、剃毛法和化学脱毛法等。除毛后，先用碘酊消毒，再用 75%酒精脱碘。注射病原微生物材料后，实验动物必须同未注射材料的正常动物隔离开饲养，在动物笼上应贴上标签，注明注射日期、注射方法及材料。

1. 皮肤划痕接种

实验动物多用家兔，用剪毛剪剪去肋腹部长毛，必要时再用剃刀或脱毛剂脱去被毛，以 75%酒精消毒，待干。用无菌小刀在皮肤上划几条平行线，划痕口可略见出血，然后用刀将接种材料涂在划痕口上。

2. 皮下接种

皮下接种一般是选择皮下组织疏松、便于接种、易于吸收的部位。家兔或豚鼠的注射量为 0.5～1mL，成年小鼠为 0.2～0.5mL，3～7 日龄的乳鼠 0.05～0.1mL。

（1）家兔皮下接种　由助手把家兔俯卧或仰卧保定，于其背侧或腹侧皮下结缔组织疏松部分剪毛消毒，术者右手持注射器，以左手拇指、食指和中指捏起皮肤使成一个三角形皱褶，于其底部进针，感到针头可随意拨动即表示插入皮下。注射时感到流利畅通也表示在皮下。拔出注射针头时用消毒棉球按住针孔并稍加按摩。

（2）豚鼠皮下接种　保定和术式同家兔。

（3）小白鼠皮下注射　小白鼠皮下注射接种无需助手帮助保定。术者在做好接种准备后，以右手捏取鼠尾，此时鼠头会向前挣扎而可以紧牵其尾，然后用左手的拇指和食指捏住其两耳及其头颈部皮肤使其翻转，背部皮肤固定于左手中指、无名指及拇指基部之间，以小指压住其尾根，小白鼠即仰卧保定于左手上。右手操作局部消毒，把持注射器，以针头稍微挑起皮肤插入皮下，注入时见有水泡微微鼓起即表示注入皮下。拔出针头后，同家兔皮下注射时一样处理。

3. 皮内接种

常以家兔、豚鼠背部或腹部皮肤为注射部位，作家兔、豚鼠的皮内接种时，均需助手保定动物，其保定方法与皮下接种相同。接种时术者以左手拇指及食指夹起皮肤，右手持注射器，针头要很细，针头插入拇指与食指之间的皮肤内，针头插入不宜过深，同时针头插入角度要小，即与夹起的皮肤平行，注射时感到有阻力且注射完毕后皮肤上有小硬泡即为注入皮内的表现。皮内接种要慢，否则容易使皮肤胀裂或自针孔流出注射物而散播传染。注射量一般为 0.1～0.2mL。

4. 肌内接种

肌内接种部位在禽类为胸肌，其它实验动物则为臀部肌肉或后肢多肌肉处。注射量可视实验目的和要求而定。

5. 腹腔内接种

家兔、豚鼠及小白鼠作腹腔接种时，宜采取仰卧保定。接种时其后躯应稍抬高使其内脏倾向前腔，接种部位在腹后侧面，以免刺伤肠管。针头先插入皮下，后进入腹腔，注射时应无阻力。注射后皮肤应无疱隆起。其余术式同于皮下接种。注射量家兔可达 5mL，豚鼠超过 2mL，小鼠不超过 1mL，25～35kg 的猪可注射 100～200mL。

6. 静脉注射

（1）家兔静脉注射　家兔选择耳边缘静脉，可事先以手指轻弹或用酒精棉摩擦耳部，使耳边静脉扩张隆起，便于注射。将家兔纳入保定器内或由助手保定兔体露出其头。选一侧耳边缘静脉，助手以拇指及食指紧压耳根部，使静脉怒张，术者剪去静脉管上皮肤的毛，消毒局部。若需对同一动物作多次接种，应自接近耳尖处开始刺入接种，以后逐次接近耳根。接种时术者左手执兔耳，右手持针（针头不宜太细），以与静脉平行方向刺入静脉，同时助手放松其紧压手指，以便血液流通。注射时无阻力且有血向前流即表示注入静脉。缓缓注射，注射完针头拔出后，用消毒棉球紧压针孔片刻，以免流血或注射物溢出。

（2）豚鼠静脉内接种　豚鼠静脉内接种比较困难，因为豚鼠没有裸露明显的静脉可寻。若必须作静脉注射，使豚鼠俯卧保定，腹面向下，将其后肢剃毛，用 70% 酒精消毒皮肤，施以全身麻醉，用锐利刀片从后肢内上侧向外下方切一长约 1cm 的切口，使露出皮下静脉，用最小号针头（26 号），刺入静脉慢慢注入接种物。接种完毕，皮肤应缝合一两针。

（3）小白鼠静脉接种　小白鼠静脉内接种时，选尾侧静脉，体重在 15～20g 为宜。因其尾部皮肤比较柔软、菲薄，静脉管清晰可见。若体重在 20g 以上，尾部皮肤较厚、较硬，对缺乏经验的人更难注射好。先将鼠尾浸于 50℃ 热水中 1～2min，使其皮肤变柔软，血管舒张，这时可明显见到暗红色静脉，注射时常用左右两侧的两根尾静脉，这两根静脉比较固定，容易注入。接种时用一玻璃杯扣住小白鼠，露出尾部，术者用左手指捏住鼠尾，右手取装有 4 号针头的注射器，使针头与尾巴呈小于 30° 刺入尾静脉。如进针和注射药液均很通畅，皮肤不变白、不隆起，表示针头确实已刺入静脉，则可按规定剂量及速度（一般为 0.05～0.1mL/s）推入药液，注射量一般不超过 1.5mL。

（4）禽类静脉接种　禽类选翼下静脉注射。注射时可先用乙醚或二甲苯涂擦注射部位使血管扩张，然后用酒精棉消毒，使针头沿血管平行刺入。

7. 脑内接种

做病毒学实验研究时，有时用脑内接种法。小鼠的注射部位在颅骨正中线的两侧，内眼角与耳根连线的中点，注射剂量为 0.03～0.05mL。家兔在两眼外眼角连接线上离颅骨正中线约 2mm 处，注射剂量为 0.2mL。豚鼠的注射部位同家兔，因家兔与豚鼠头骨较厚，注射针头不能直接刺入，故需用消毒的穿颅锥进行穿颅，再用 26 号针头经穿颅孔将接种样品徐徐注入，注射量为 0.1～0.2mL。

脑内接种通常多用小白鼠，特别是乳鼠（1～3 日龄）。接种时通常将小白鼠用乙醚进行轻度麻醉，用碘酒消毒其颅部毛发再以酒精棉球拭去碘液，用 1 毫升结核菌素注射器，以最小号针头吸取接种物，于两耳根连接线中点略偏左（或右）处，经皮肤及颅骨稍向后下刺入少许即可，注射完毕拔出针头，以棉球压住针孔片刻。接种乳鼠时一般不麻醉，不用碘酒。家兔和豚鼠脑内接种法基本上和小白鼠相同，唯其颅骨稍硬。

凡脑内注射后一小时内出现神经症状的动物作废，认为是接种创伤所致。

8. 鼻内接种

将小鼠放入一个有盖的玻璃缸内，缸内放一块浸有乙醚的脱脂棉，通过缸壁看到动物麻醉后，即可将其由缸内取出，进行滴鼻接种，剂量为 0.03～0.05mL。豚鼠、家兔和较大动物的乙醚麻醉，可用麻醉口罩，也可用戊巴比妥作腹腔或静脉注射进行麻醉，注射量为每 500g 体重 20～25mg。

9. 胃内接种

将小鼠固定，用钝头注射针头从口腔慢慢插入食管，注入接种液。

10. 气管内接种

兔、豚鼠肺部感染时可采用气管接种。注射部位先行脱毛，局部消毒后，用注射器在喉头下部气管环处直接刺入，将接种材料注入。

鸡气管内接种时，由助手固定鸡的两翼及头部，迫其将喙张开，术者左手拿一扁平镊子将鸡舌钳住向外稍拉出；用右手持装有 16 号钝头注射针头的注射器，将注射针头插入张开的喉头，向气管注入接种液。

11. 眼内接种

常用实验动物为家兔和鸡，常用的接种方法为结膜接种法。将实验动物头固定好，用注射器或滴管直接将接种物滴入眼内，鸡接种量一般为 0.03mL/眼。

五、注意事项

① 动物接种时注意自身安全。

② 各种接种方法操作不当都会损伤实验动物，应格外小心。

③ 若进行腹部皮下注射，注意勿刺入腹腔。

④ 进行静脉注射时，必须缓慢进药。

实验三 实验动物采血法

一、目的要求

掌握常用的实验动物采血方法。

二、实验说明

根据实验目的和要求可采取不同的血液处理方法。一般在采血前一天禁食，只给蔬菜和饮水，保证血清中无乳糜存在。如欲取得清晰透明的血清，宜于早晨没有饲喂之前抽取血液，如采血量较多，则应在采血后，以生理盐水作静脉（或腹腔内）注射或饮以盐水补充水分。可直接将血液采集于无菌试管内，放成斜面，先在 37℃ 30min 凝固后，再放 4℃ 过夜，次日分离血清。如大量采血分离血清时，可在采血后立即进行离心，这样可得到多量的血清。如需要抗凝血，可在容器内加入抗凝剂或玻璃珠振摇，即可得到抗凝血或脱纤维血液。

三、实验材料

（1）实验动物　家兔、豚鼠、小白鼠、鸡、绵羊、猪、牛、羊等。
（2）器材及其他　试管、注射器、离心机、抗凝剂等。

四、方法步骤

1. 家兔采血

耳静脉采血：操作与兔静脉注射相同。只需待耳缘静脉充血后，在靠耳尖部的血管用 7～8 号针头采血。

心脏采血：如采大量血液，则用心脏采血法。动物左仰卧由助手保定，或以绳索将四肢固定，术者在动物左前肢腋下处局部剪毛及消毒，在胸部心脏跳动最明显处下针。用一寸半长 12 号针头，直刺心脏，感到针头跳动或有血液向针管内流动时，即可抽血，一次可采血 15～20mL。

颈动脉采血：将家兔仰卧保定，颈部剪毛、消毒，沿颈静脉沟切开，剥离肌肉，找到颈动脉（用手指按捏时可以感到搏动）并结扎，于近心端插入一玻璃导管，使血液自行流至无菌容器内，凝后析出血清。如利用全血，可直接流入含抗凝剂的瓶内，或含有玻璃珠的三角瓶内振荡脱纤防凝。2kg 以上家兔可采血 100mL 以上，以此法常将动物放血致死。

2. 豚鼠采血

豚鼠一般采用心脏采血法。助手保定豚鼠后，术者用碘酊或酒精将左侧胸部皮肤消毒，然后用手触诊心脏，在心搏动最明显处，用针头插入胸壁稍向右下方刺入，刺入心脏则血液可自行流入针管，一次未刺中心脏稍偏时，可将针头稍提起向另一方向再刺。如多次没有刺中，应换一动物，否则有心脏出血致死的可能。

3. 小白鼠采血

可将尾部消毒，用剪刀断尾少许，使血液溢出，即得血液数滴，采血后用烧烙法止血。也可自心脏采血，或摘除眼球放血。

4. 鸡采血

剪破鸡冠可采血数滴供作血涂片用。少量采血可从翅静脉采取，将动物侧卧保定，掀起一翼，即可见有一条粗大静脉，局部消毒，将翅静脉刺破以试管盛之，或用注射器采血。

心脏采血：由助手将鸡作右侧卧，使左侧胸部朝上。从胸骨脊前端至背部下凹处连线的中点垂直刺入；或自龙骨突起前缘引一直线到翅基，再由此线中点向髋关节引一直线，此线前 1/3 和中 1/3 交界处就是心脏采血部位；或由肱骨头、股骨头、胸骨前端三点所形成三角形中心而稍偏前方处找出心脏位置，以食指摸到心搏动后，用 20mL 注射器配 12～16 号针头，由选定部位垂直刺入。如刺入心脏，可感到心搏动，一次采不到可更换角度再行刺入心脏，成年鸡一般采 30～40mL 不致造成死亡。

5. 绵羊采血

在微生物实验室中绵羊血最常用，一般由颈静脉采血。采血时由一助手半坐骑在羊背上，两手各持其一耳（或角）或下颚，因为羊的习惯好后退，令尾靠住墙根。术者在其颈部上 1/3 处剪毛消毒，用左手按压近心部位，使颈静脉显著怒张，用右手持装有橡胶管的采血针或大号注射针头刺入静脉内，血液即可由针头经胶管流入含有玻璃珠的无菌烧瓶内，随即振摇脱纤，防止凝固。成年绵羊一般每隔 3～4 周可采血 300～400mL。采血完毕，应立即用酒精棉球紧按刺破伤口，直至无血液流出为止。

6. 犬采血

犬通常采血的部位有头静脉、跖静脉、颈静脉和股静脉。从头静脉采血时通常将动物呈胸骨卧位保定，在肘关节后握住前腿便可使静脉固定并使回流受阻，然后在前肢的背面便可看到和触摸到静脉。跖静脉位于后肢踝关节的侧面，通常使动物呈侧卧位固定，握住动物的跗关节，使肢伸展便可使跖静脉怒张，可以清楚地看到该静脉跨过跗关节的外侧面。若要大量采血最好自颈静脉采血，动物固定时将颈伸直并稍向一侧歪，对颈基部施加压力可阻止静脉回流，剪去颈部的毛即可看清血管。

自颈静脉采血，通常需两个人操作，一人固定犬，另一人采集血样。行股静脉采血时，将动物呈侧卧位保定并使其后腿伸直，虽看不见股静脉，但其位置紧靠股动脉搏动的内侧。

7. 牛、马采血

牛、马颈静脉采血方法与羊颈静脉采血法相同。

牛颈动脉放血：将采血动物横侧卧保定于采血架上，沿颈静脉沟切开皮肤，将皮瓣向两侧分离，细心剥开肌肉，并将迷走神经和颈动脉剥离 2～3cm 长的一段，结扎近头端，近心端用动脉钳夹住，在中央切一小孔，插入装有橡胶管内的玻璃弯管，用丝线扎紧，放松动脉钳，此时血液即可沿橡胶管喷射于无菌容器中。

8. 猪采血

前腔静脉是常用采集猪血的部位，仔猪可采取仰卧位保定，较大的猪可采用站立保定，将针头从肩前端和颈腹侧肌之间的凹陷处刺入。成年猪可采取耳后静脉采血。

五、注意事项

各种动物心脏采血时易扎针过多或流血过多致死，需在采血的同时密切观察动物的反应。

实验四　感染动物观察

一、目的要求

掌握常用实验动物的正常生理体征及发病后的体征。

二、实验说明

动物接种后，须按照实验要求进行观察和护理，死亡的动物还要进行剖解观察病理变化。

三、实验动物

家兔、豚鼠、小白鼠、鸡、绵羊、猪、牛、羊等。

四、实验内容

1. 观察内容

（1）外表检查　注射部位皮肤有无发红、肿胀及水肿、脓肿、坏死等。检查眼结膜有无肿胀发炎和分泌物。对体表淋巴结注意有无肿胀、发硬或软化等。

（2）体温检查　注射后有无体温升高反应和体温稽留、回升、下降等表现。

（3）呼吸检查　检查呼吸次数和呼吸状态（节律、强度等）。观察鼻腔分泌物的多少、色泽和黏稠性等。

（4）循环器官检查　检查心脏搏动情况，有无心动衰弱、心跳紊乱和加速，并检查脉搏的频率等。

正常实验动物的体温、脉搏和呼吸见表13-1。

表13-1　正常实验动物的体温、脉搏和呼吸

实验动物	体温/℃	脉搏/（次/min）	呼吸/（次/min）
猪	38.5～40.0	60～80	10～20
绵羊或山羊	38.5～40.0	70～80	12～20
犬	37.5～39.0	70～120	10～30
猫	38.0～39.0	110～120	20～30
豚鼠	38.5～40.0	150	100～150
大白鼠	37.0～38.5	—	21
小白鼠	37.4～38.0	—	—
鸡	41.0～42.5	140	15～30
鸭	41.0～42.5	140～200	16～28
鹅	41.0～42.5	140～200	16～28

2. 剖解观察

实验动物经接种后而死亡或予以扑杀后，应对其尸体进行剖解，以观察其病变情况，并可取材保存或进一步做微生物学、病理学、寄生虫学、毒物学等检查。

① 先用肉眼观察动物体表的情况。

② 将动物尸体仰卧固定于解剖板上，充分露出胸腹部。

③ 用70%酒精或其他消毒液浸擦尸体颈胸腹部的皮毛。

④ 以无菌剪刀自其颈部至耻骨部切开皮肤，并将四肢腋窝处皮肤剪开，剥离胸腹部皮肤使其尽量翻向外侧，注意皮下组织有无出血、水肿等病变，观察腋下、腹股沟淋巴结有无病变。

⑤ 用毛细管或注射器穿过腹壁及腹膜吸取腹腔渗出液供直接培养或涂片检查。

⑥ 另换一套灭菌剪剪开腹腔，观察肝、脾及肠系膜等有无变化，采取肝、脾、肾等实质脏器各一小块放在灭菌平皿内，以备培养或直接涂片检查。然后剪开胸腔，观察心、肺有无病变，可用无菌注射器或吸管吸取心脏血液进行直接培养或涂片。

⑦ 必要时破颅取脑组织做检查。

⑧ 如欲做组织切片检查，将各种组织小块置于10%甲醛溶液中固定。

⑨ 剖检完毕妥善处理动物尸体，以免散播传染，最好火化或高压蒸汽灭菌，或者深埋。若是小白鼠尸体可浸泡于3%来苏尔液中杀菌，而后倒入深坑中，令其自然腐败，所用解剖器械也须煮沸消毒，用具用 3%来苏尔浸泡消毒。

五、注意事项

① 对感染动物每天或每周观察一次，检查饲养管理情况是否适合，编号、标志有无失落，隔离消毒是否符合要求。

② 感染动物在观察期间死亡者，应立即进行剖检观察，否则应置冷藏，但不宜搁置时间过长。

③ 如在预定观察时间到达后，动物仍无病变情况出现，或未死亡者，也应将其麻醉或放血迫杀致死，观察内脏病理变化情况。

第十四章

生产实践中常用微生物分离与性能鉴定技术

在生产和科研中，人们常常需要从自然界混杂的微生物群体中分离出具有特殊功能的纯种微生物，或重新分离被其他微生物污染或因自发突变而丧失原有优良性状的菌种，或通过诱变及遗传改造后选出优良性状的突变株及重组菌株。筛选及纯化菌种一般包括采样、富集培养、纯种分离和性能测定四个步骤。纯种分离的操作方法有稀释平板分离法、涂布法、划线分离法、单细胞分离法等。本章主要介绍一些食品工业常用的微生物分离与纯化方法。

实验一　乳酸菌的分离与性能鉴定

一、目的要求

了解乳酸菌的分离原理，掌握其分离技术。

二、实验说明

乳酸菌在自然界中普遍存在，在国民经济中起着相当大的作用。乳酸菌为营养要求特殊且复杂的一类细菌，生长繁殖时需要多种氨基酸、维生素，微量需氧，故分离培养相对比较困难。所以分离乳酸菌时应先进行富集培养，再选择合适的培养基进行分离培养。

分离培养时，一般可在培养基中添加西红柿、酵母膏、吐温（tween）80等物质，以促进乳酸菌生长；同时也添加醋酸盐，以抑制某些细菌的生长，但对乳酸菌无害；

此外，还应在培养基中加一些碳酸钙或酸碱指示剂溴甲酚绿（BCG）等，以鉴别分离出来的是否为乳酸菌菌落。乳酸菌产生的乳酸可溶解培养基中的碳酸钙在菌落周围形成透明圈，含 BCG 呈蓝绿色的培养基中乳酸菌产生的乳酸可使菌落及周围培养基呈黄色。

三、实验材料

（1）样品　泡菜 10g、酸奶 1 瓶。

（2）培养基　麦芽汁碳酸钙固体培养基、麦芽汁培养基、BCG 脱脂乳粉培养基、10%脱脂乳粉培养基。

（3）试剂　0.1mol/L NaOH、1%酚酞、2%标准乳酸、正丁醇、甲酸、1.6%溴甲酚绿酒精溶液（pH6.8～7.2）。

（4）器材及其他　微量注射器、新华 1 号滤纸、平皿、细口瓶、吸管、带胶帽毛细管、三角瓶、无菌水、涂棒等。

四、方法步骤

1. 泡菜中乳酸菌的分离及鉴定

（1）富集培养　取样品 1g 于无菌细口瓶中，加入麦芽汁培养基至瓶口处，加塞后置 25℃培养 24～48h，如培养液内出现绢丝样波动物，镜检细胞杆状，革兰氏染色阳性，则可初步判定为乳酸菌。然后以同一方法移接培养 2～3 代，接种量为 3%～5%。

（2）分离

① 取适当的 3 个稀释度的稀释液 0.5～1mL，分别置于 3 个无菌培养皿中，每个稀释度平行 2 个平皿。

② 将融化并冷至 45～50℃的麦芽汁碳酸钙琼脂培养基 10～12mL 加入上述各皿中摇匀，待凝固后覆盖同样培养基 4～5mL，凝固后置 25℃培养 3～5d 即可出现针头状圆形菌落，菌落周围出现透明圈。

③ 选透明圈大的菌落，用带胶帽的无菌毛细管刺入培养基内取菌，接入麦芽汁液体培养基中，25℃培养 24～48h。再用穿刺接种法转接至麦芽汁碳酸钙标准琼脂管中 25℃培养 48h 后保藏。其培养液供分析鉴定用。

（3）性能测定

① 镜检　细胞杆状、G+。

② 乳酸的鉴定（纸色谱分析法）　分为以下三步：

a. 点样　将滤纸裁成适当大小，用铅笔在距纸的底边 3cm 处划一直线（称原线）。在线上每间隔 2cm 标上一个点（称为原点），然后分别用微量注射器吸取麦芽汁（作空白）、发酵液和标准乳酸液点在各原点上。点的直径以 0.3～0.5cm 为宜，点样量 10～30μL。

b. 展开　展开剂为正丁醇：甲酸：水＝80：15：5。取其 40mL 内加 3%溴酚蓝指示剂 0.4mL 于分液漏斗中，充分摇匀乳化后放入色谱分析缸中，将滤纸缝合成筒状，悬挂在缸内且不要蘸上溶液，进行 1～2h 平衡。然后将滤纸放下进行展开，当溶剂前沿距滤纸上端 0.5cm 处时，取出滤纸用铅笔在溶剂前沿处划一直线晾干。

c. 分析　在色谱分析滤纸上，底板呈现蓝色而有机酸呈黄色斑点，被测样斑点的 R_f 值如果与标准乳酸斑点的 R_f 值相等即可确定为乳酸。

$$R_f（移动速率）= \frac{原点到色谱分析点中心距离}{原点到溶剂前沿的距离}$$

③ 乳酸生成量的测定　用刻度吸管取发酵液 5mL 于 150mL 三角瓶中，加水 10mL，1%酚酞指示剂 2 滴，用 0.1mol/L 氢氧化钠滴定至微红，计算产酸量。

$$乳酸（g/100mL）= \frac{NaOH物质的量浓度 \times V \times 90.08 \times 10^{-3}}{样品的体积} \times 100$$

式中　V——消耗的氢氧化钠体积，mL；

90.08——乳酸的摩尔质量，g。

2. 酸奶中乳酸菌的分离与鉴定

（1）制备牛乳营养琼脂平板

① 取脱脂乳粉 10g 溶于 50mL 水中，加入 1.6%溴甲酚绿酒精溶液 0.01mL，0.075MPa 灭菌 20min。

② 另取琼脂 2g 溶于 50mL 水中，加酵母膏 1g，溶解后调 pH 至 6.8，0.1MPa 灭菌 20min。

③ 趁热将①、②两部分以无菌操作混合均匀，倒平板 6 个，待冷凝后置 37℃培养 24h。

（2）初步判定　样品经稀释后取 10^{-7}、10^{-6} 二个稀释度的稀释液各 0.1mL，分别注入上述平板上，用无菌涂布器依次涂布 2～3 个皿，43℃培养 48h，如出现圆形稍扁平的黄色菌落及周围培养基也为黄色者可初步判定为乳酸菌。

（3）培养　将典型菌落转至脱脂乳发酵管内，43℃培养 8～24h，若牛乳管凝固、无气泡、呈酸性，镜检细胞杆状或链球状、G^+，则将其连续传代若干次，挑选 43℃培养 3～24h 能凝固的乳管，保存备用。

（4）鉴定及测定　乳酸的鉴定及生成量的测定同前。

实验二 醋酸菌的分离与性能鉴定

一、目的要求

了解醋酸菌分离原理，掌握其分离技术。

二、实验说明

醋酸菌是重要的工业用菌，不但可用来酿醋，还可用于制造葡糖酸、维生素 C 等。醋酸菌的细胞呈椭圆状或杆状，单个、成对或成链，G^-，专性好氧。自然界中醋酸菌分布很广，在未杀菌的醋、黄酒、啤酒、果酒、酒糟、大曲等中可分离出生醋酸多的氧化醋酸杆菌。

醋酸为挥发酸，有醋的气味。其钠盐、钙盐等溶液与三氧化铁溶液共热时，生成红褐色沉淀，原液体变成无色，可以此进行分离菌的鉴别。

三、实验材料

（1）样品　发酵成熟的固体醋醅 30g。

（2）培养基　米曲汁碳酸钙乙醇培养基。

（3）试剂　1%三氧化铁溶液、0.1mol/L NaOH 标准溶液、革兰氏染色液、1%酚酞指示剂、无菌水、95%乙醇、无水乙醇等。

（4）器材及其他　平皿、三角瓶、吸管、试管、玻璃珠等。

四、方法步骤

1. 富集培养

10～12°Bx 米曲汁 100mL，加入结晶紫 0.0002g（抑制菌），自然 pH，0.1MPa 灭菌 30min 后冷却至 70℃时加入 3～5mL 95%的乙醇，摇匀，待冷至 45～50℃时，加入 1～2g 样品 30℃振荡培养 24h。若测定增殖液的 pH 明显下降，有醋味，镜检菌体为 G^-，形态与醋酸菌符合即可分离。

2. 平板分离

① 取增殖液 10mL 于装有 90mL 无菌水三角瓶中（内含玻璃珠数粒）摇匀，以 10 倍稀释法依次稀释至 10^{-7}，然后分别取 10^{-7}、10^{-6}、10^{-5} 三个稀释度的稀释液各 1mL 注入无菌平皿内，每个稀释度平行两个皿。

② 溶化米曲汁碳酸钙乙醇培养基，稍冷后（70℃左右）加入 3%的无水乙醇，摇匀，待冷至 45～50℃时迅速倾入上述各平皿，随即轻轻摇匀，待凝固后置 30℃

培养 2～3d。醋酸菌因产生醋酸溶解了培养基中的碳酸钙，可使菌落周围产生透明圈。

③ 挑选周围有透明圈的菌落，接于米曲汁碳酸钙乙醇斜面培养基上，30℃培养 24～48h。

3. 性能测定

将各分离菌株分别接入米曲汁（10～12°Bx）液体培养基中（300mL 三角瓶装 20mL 培养基），0.1MPa 灭菌 30min，冷却后加入无水乙醇 1mL，30℃振荡培养 24h。

（1）镜检　细胞呈整齐的椭圆或短杆状、G^-。

（2）醋酸的定性鉴别　取发酵液 5mL 于洁净试管中，用 0.1mol/L NaOH 标准溶液中和，加 1%三氧化铁溶液 2～3 滴，摇匀，加热至沸，如有红褐色沉淀产生且原发酵液已变得无色，即可证明是醋酸。

（3）生成量测定　取发酵液 1mL 于 250mL 三角瓶中，加中性蒸馏水 20mL，1%酚酞指示剂 2 滴，用 0.1mol/L NaOH 溶液滴定至微红色，计算产酸量。

$$醋酸（g/100mL）=\frac{NaOH物质的量浓度\times V\times 60.06\times 10^{-3}}{样品体积}\times 100$$

式中　V——滴定时耗用的 NaOH 的体积，mL；

　　　60.06——醋酸的摩尔质量，g。

实验三　谷氨酸产生菌的分离与性能鉴定

一、目的要求

了解谷氨酸产生菌分离的原理，掌握其分离技术。

二、实验说明

谷氨酸产生菌在自然界中广泛存在，尤以中性或富含有机质的土壤中最多。目前味精生产使用的菌种多以棒杆菌属（*Corynebacterium*）、短杆菌属（*Brevibacterium*）、小杆菌属（*Microbacterium*）的细菌为主，它们具有以下特性：①菌落一般呈乳白、淡黄或黄色，表面光滑，圆形，中央略隆起，中等生长；②菌体为类球形、短杆至棒状、呈八字排列，无鞭毛，不运动，无芽孢，G^+；③生物素缺陷型，在通气条件下培养，产生谷氨酸。

谷氨酸产生菌的分离筛选要控制生物素的亚适量。在平板分离培养基中加入适量的溴百里酚蓝（BTB）指示剂，生酸菌在此种培养基上使菌落及周围的培养基变为黄色，再通过控制生物素亚适量，从中可进一步筛选谷氨酸产生菌。谷氨酸可用纸色谱分析法鉴别。

三、实验材料

（1）样品　富含有机质的土壤。

（2）培养基　BTB 肉汤培养基，谷氨酸菌初筛培养基、复筛培养基（谷氨酸菌种子培养基）。

（3）试剂　0.4%溴百里酚蓝酒精溶液、0.5%茚三酮、正丁醇、冰醋酸、标准谷氨酸溶液、无菌水。

（4）器材及其他　平皿、涂棒、吸管、三角瓶、玻璃珠、色谱分析缸、新华 1 号滤纸、小铲、信封等。

四、方法步骤

1. 采样

用无菌小铲采集离地面 5～10cm 深处的土壤若干，装入无菌信封。

2. 分离

① 溶化 BTB 肉汤培养基，稍冷后倒平板，每皿约 12mL。

② 取土壤 1g 于 200mL 无菌三角瓶中（内有玻璃珠数粒），加 99mL 无菌水振荡 5～10min，用无菌纱布过滤得滤液。

③ 滤液适当稀释，取后两个稀释度各 0.1mL 于 BTB 肉汤琼脂平板上，依次涂布 2～3 个皿，32℃培养 48h。

④ 将周围培养基及本身呈黄色的菌落移接至肉汤琼脂斜面上，32℃培养 24～48h。

3. 性能鉴定

将分离得到的菌株分别接入初筛培养基管中，30℃振荡培养 24～48h。

（1）镜检　将细胞个体均匀、类球状、短杆状至棒状、呈八字排列，无芽孢、无鞭毛、G^+ 的菌管选出。

（2）谷氨酸鉴定　点样、平衡、展开方法同本章实验一，展开剂为正丁醇：冰醋酸：水=4：1：1，显色剂为 0.5%茚三酮的丙酮溶液。

显色方法：色谱分析结束，取出色谱分析纸，晾干后用喷雾器喷显色剂，待丙酮挥发后，于 105℃烘箱加热 5～10min，氨基酸呈现紫色斑点。分别测量发酵液与标准谷氨酸斑点 R_f。

实验四　枯草芽孢杆菌的分离及初筛

一、目的要求

学习掌握枯草芽孢杆菌的分离原理和操作技术。

二、实验说明

枯草芽孢杆菌是目前工业用淀粉酶和蛋白酶的生产菌，由于其具有较强的抗高热能力，因而分离时可先采用热处理的方法进行富集，然后利用该菌产酶的特性，选择以淀粉或酪蛋白为主要碳源的分离培养基。因为酶的水解作用可使菌落周围出现透明圈，所以可根据透明圈的直径（C）与菌落直径（H）的比值初步鉴定酶活力。C/H 值越大者，其酶活力越高。

枯草芽孢杆菌的营养细胞呈杆状，两端钝圆，单生或成短链，可运动，G^+，芽孢中央生，不膨大。菌落扩展、表面干燥，污白或微带黄色。

三、实验材料

（1）样品　含有枯草芽孢杆菌培养液。

（2）培养基及试剂　普通肉汤培养基、淀粉琼脂培养基、酪素琼脂培养基、0.02mol/L 碘液、无菌水。

（3）器材及其他　平皿、吸管、三角瓶。

四、方法步骤

1. 富集培养

取样品 5mL 接入普通肉汤培养基中，80～90℃水浴加热 10～15min，然后振荡培养 24h。

2. 倾注分离

将培养液再经一次热处理后，进行适当稀释，取后 3 个稀释度的稀释液各 1mL 注入无菌平皿中，每稀释度平行两个皿。将淀粉琼脂培养基与酪素琼脂培养基融化后冷却至 50℃倾入各皿，立即摇匀，凝固后 30℃培养 24～48h。

分离淀粉酶菌株时，可取碘液加在淀粉平板上的菌落周围，观察形成透明圈的情况，选取 C/H 值大的菌落接入斜面培养基，培养备用。

分离蛋白酶菌株时，可直接观察在酪素平板上菌落周围所形成的透明圈，选 C/H 值大的菌落接入斜面培养基，培养备用。

3. 纯种鉴别

根据革兰氏染色、细胞形态及菌落特征进行鉴别。

4. 纯化

将选定的菌株，进行平板分离纯化，所用的培养基与分离培养基同。

实验五　酒曲中酵母菌的分离

一、目的要求

学习并掌握酒曲中酵母菌的分离方法。

二、实验说明

在液体培养基中酵母菌生长比霉菌快，酸性环境中酵母菌比细菌更适宜。利用这两个特性，可以将酒曲中的酵母菌先在酸性液体培养基中进行富集培养，然后再用合适的培养基进行分离。

三、实验材料

（1）样品　酒曲 1 小块。

（2）培养基　酸性豆芽汁（0.5%乳酸）、蔗糖豆芽汁琼脂、蔗糖豆芽汁。

（3）器材及其他　平皿、接种环、小刀、试管等。

四、方法步骤

1. 富集

用无菌的小刀割开曲块,从内部取米粒大小,加入到一管酸性豆芽汁培养液中，振荡后置于 25℃保温箱内 24h。用接种环移植培养液于另一管酸性豆芽汁培养液中，再进行培养，遇有菌丝条（霉菌）应立即挑出，烧灭。经过如此 3～4 次移植培养即可分离。

2. 分离

用接种环钓取最后一管的培养液划线接种到 2～3 个蔗糖豆芽汁琼脂平板上，25℃培养48h。

3. 选择

对平板上的菌落进行制片镜检，并记录酵母菌菌落特征，同时选择不同类型的酵母菌菌落分别接种蔗糖豆芽汁琼脂斜面，25℃培养 48h 备用。

4. 液体培养

将上述各酵母菌株分别接入蔗糖豆芽汁试管中，25℃培养 24h，记录培养特征，镜检并记录细胞形态。

5. 性能测定

依据不同目的选择相应的性能测定方法。

实验六　啤酒酵母的分离

一、目的要求

学习并掌握啤酒酵母的分离方法。

二、实验说明

在啤酒生产中野生酵母菌的污染及生产菌株的变异和衰老都会影响啤酒的质量，特别是口味和发酵速度。要保持产品的质量，需要定期进行生产菌株的分离与纯化。

啤酒酵母菌细胞呈圆形或卵圆形，平均直径为 4～5μm，不游动。在麦芽汁固体培养基上菌落呈白色，不透明。有光泽、表面光滑，边缘整齐。

三、实验材料

（1）样品　啤酒发酵液。
（2）培养基　麦芽汁琼脂培养基。
（3）器材及其他　平皿、吸管等。

四、方法步骤

1. 稀释

将啤酒发酵液以 10 倍稀释法稀释至 10^{-7}，取后 3 个稀释度的稀释液各 0.1mL 分别注入无菌平皿中，每个稀释度作两个皿。

2. 分离

将融化后冷却至 50℃时的麦芽汁琼脂培养基倾注于上述各平皿中，摇匀、静置凝固后 25℃培养 2～3d。

3. 选择

依据啤酒酵母的个体形态与菌落特征，对平板上长出的菌落进行选择，并接种于麦芽汁琼脂斜面，25℃培养 24h 备用。

4. 纯化

采用平板分离法连续进行 3 次挑选菌株纯化后可为纯种。

5. 性能测定

对分离菌株进行生成子囊孢子的速度、发酵力、致死温度和凝集力等性能的测定，同时测定发酵液及成品酒的双乙酰含量，通过比较，选出优良菌株投入生产。在啤酒的生产中，每年至少分离纯化一次生产菌株。

实验七　根霉的分离

一、目的要求

了解根霉分离的原理，掌握其分离技术。

二、实验说明

根霉在自然界分布很广，其菌落大小不固定，生长迅速，可蔓延覆盖整个培养基表面，菌落呈疏松棉絮状，可形成假根和匍匐丝，由假根处向外生出 2～4 根孢子囊梗，孢子囊梗顶端形成孢子囊，根霉有性繁殖产生接合孢子。在自然界中，根霉常与其他霉菌混生，所以分离时可采取高稀释度、添加抑制剂、早移植等措施，以获得好的效果。根霉是发酵工业中常用的糖化菌。

三、实验材料

（1）样品　甜酒药。
（2）培养基与试剂　葡萄糖豆芽汁琼脂培养基、无菌水。
（3）器材及其他　玻璃研钵、平皿、接种钩。

四、方法步骤

① 取甜酒药一小块于无菌研钵中，加 10mL 无菌水，研磨成悬浮液。

② 将悬浮液以 10 倍法稀释至 10^{-8}，取后 3 个稀释度的稀释液各 0.1mL 于无菌平皿中，每个稀释度作两个皿。

③ 融化葡萄糖豆芽汁琼脂培养基并冷却至 45～50℃，倾入以上各皿，摇匀，待凝，于 25℃培养 18h。

④ 观察有无菌丝生长，此时菌丝细短，不易发现，故宜在光线亮处倾斜平板仔细观察。用接种钩挑挖菌丝一段，移植于葡萄糖豆芽汁斜面上 25℃培养 3d。

⑤ 依据菌体形态及菌落特征鉴别根霉，必要时进行生理生化试验予以验证。

⑥ 用米粉或麸皮培养基培养分离菌株，然后测定糖化酶活力，选择优良菌株。

实验八　柠檬酸产生菌的分离

一、目的要求

学习并掌握柠檬酸产生菌的分离原理及方法。

二、实验说明

黑曲霉发酵糖类生成柠檬酸的能力很强，目前工业上多以其作为柠檬酸生产菌。黑曲霉耐酸性很强，在 pH1.6 时仍能良好生长。利用其产酸高、耐酸性强的特性，采用 pH1.6 的酸性营养滤纸分离该菌，方法简便。

三、实验材料

（1）样品　霉烂橘皮。

（2）培养基与试剂　酸性蔗糖培养基、Deniges 氏液、2%高锰酸钾溶液、0.1mol/L氢氧化钠、1%酚酞指示剂、无菌水。

（3）器材及其他　三角瓶、平皿（内放滤纸于皿底）。

四、方法步骤

① 取烂橘皮一小块切碎，置 10mL 带玻璃珠的无菌水三角瓶中，振荡 5min 后适当稀释。

② 取后两个稀释度的稀释液各 0.5mL 于酸性蔗糖培养基中，摇匀后倾入平皿内的滤纸上，以湿透滤纸而无液体流动为度。25℃培养 2～3d 即有菌落出现。

③ 将各分离菌株接种于酸性蔗糖培养基中（500mL 三角瓶中装有 25mL 培养基），30℃振荡培养 24～48h 后进行性能测定。

a. 柠檬酸鉴定　取 5mL 上述发酵液于洁净试管中，加 Deniges 氏液 1mL，加热至沸，然后滴加高锰酸钾溶液，若出现白色沉淀，即证明有柠檬酸存在。

b. 生酸量测定　以常规酸碱中和的方法测定（参见本章实验一）。

实验九　黑曲霉糖化酶菌株的分离

一、目的要求

学习并掌握黑曲霉糖化酶菌株的分离原理与方法。

二、实验说明

黑曲霉具有典型的菌落形态和分生孢子头,分生孢子众多,团聚紧密较难分散。制备孢子悬液时添加 0.001%～0.01%的月桂基磺酸钠作为分散剂效果良好，如采用玻璃珠打散法也可获得好的分散效果。

黑曲霉糖化菌株的分离先用淀粉琼脂培养基培养，由于糖化酶的作用，长出的菌落周围的淀粉被水解，遇碘后呈无色透明圈，而平板的其他地方呈蓝色。可根据透明圈的大小，筛选出糖化力强的菌株。

三、实验材料

（1）样品　黑曲霉种曲。

（2）培养基与试剂　2%淀粉察氏培养基、0.02mol/L 碘液、无菌水。

（3）器材及其他　平皿、三角瓶、试管、玻璃珠、涂布器、纱布。

四、方法步骤

① 溶化淀粉察氏培养基，稍冷却后倒制平板数个。

② 取种曲少许于 10mL 带玻璃珠的无菌水三角瓶中，充分振荡打散孢子团，然后用数层纱布过滤于无菌试管中。

③ 将上述滤液以 10 倍稀释法稀释至 10^{-7}，取后 3 个稀释度的稀释液各 0.2mL 于淀粉察氏培养基平板上用无菌涂布器分别依次涂布 2～3 个皿，30℃培

养 1~2d。

④ 待刚形成菌落而分生孢子尚未生成时，在菌落周围滴加碘液，挑选透明圈大的菌落于淀粉察氏培养基斜面上，30℃培养 5d。

⑤ 测定各菌株的糖化酶活力。

实验十　米曲霉的分离

一、目的要求

学习并掌握米曲霉的分离原理与方法。

二、实验说明

米曲霉和黄曲霉的菌落特征差别不大，它们的区别仅在于前者小梗多为一层，后者小梗多为两层。由于黄曲霉有些菌株产生黄曲霉毒素而被禁用，酿造工业中多选用米曲霉。蛋白酶活力强的种可用于酱油酿造，糖化酶活力强的种多用于黄酒生产。

三、实验材料

（1）样品　优质酱油种曲。

（2）培养基　米曲汁斜面培养基、酪素培养基。

（3）器材及其他　试管、三角瓶、平皿、玻璃珠、纱布等。

四、方法步骤

① 取种曲一小块于 20mL 带玻璃珠的无菌水三角瓶中，充分振荡使其分散均匀。用数层无菌纱布过滤于一无菌试管中，稀释至孢子浓度为 300~500 个/mL。

② 融化酪素培养基，稍冷后倒平板。取孢子悬液 0.1mL 于平板上，用无菌涂布器依次涂布 2~3 个皿，32℃培养 24~48h。

③ 挑选透明圈直径与菌落直径比值大的菌落，将其接种于米曲汁斜面培养基上，32℃培养 3d 至斜面长满孢子。

④ 测定蛋白酶活力。

实验十一　土壤中自生固氮菌的分离

一、目的要求

了解土壤中自生固氮菌的分离原理，掌握其分离技术。

二、实验说明

自生固氮菌是指那些能独立固定氮气合成含氮化合物的微生物。土壤中微生物数量众多，要分离自生固氮菌，必须用选择性培养基——阿什比（ashby）无氮培养基，这样绝大多数不能固氮的微生物因没有氮源供应，而不能生长，从而使自生固氮菌得到富集和生长。

三、实验材料

（1）样品　菜园土。
（2）培养基及试剂　阿什比无氮培养基、无菌水。
（3）器材及其他　灭菌培养皿、镊子、接种环、酒精灯等。

四、方法步骤

1. 富集培养（小土粒法）

将灭菌后冷却至50℃左右的阿什比培养基倒平板。用已灭菌的镊子将黄豆粒大的菜园土摆入已冷凝的平板培养基上。将接种后的平板正面放置在培养箱中，28℃培养3～4d后，土粒周围有半浑浊或透明胶状菌落出现，有的在后期会产生褐色的色素。

2. 划线分离纯化

用接种环挑取上述菌落少许，在新的阿什比平板上划线分离，而后置28℃培养4d。当平板上出现单菌落，按无菌操作转入阿什比斜面试管中，28℃培养4d后涂片镜检，若无杂菌，则转移到另一斜面上，28℃培养3～4d后，得纯培养，放于冰箱中保存备用。若有杂菌则需进一步划线分离，直到得到纯培养。

实验十二　豆科植物根瘤中根瘤菌的分离

一、目的要求

了解根瘤菌的分离原理，掌握其分离技术。

二、实验说明

根瘤菌与豆科植物的共生固氮作用，是土壤中氮的主要来源之一，对农业生产具有重要意义，进行根瘤菌特性的研究以及选育高效根瘤菌进行生产应用，都需要有根瘤菌的纯培养，获得根瘤菌纯培养最简便的方法就是从根瘤中进行分离。

根瘤菌是化能异养型微生物，对其进行分离与培养，除需要常规的碳氮源外，还有其他一些要求。如快生型根瘤菌能利用多种糖类、多元醇和有机酸，而慢生型种类对碳源要求较严格，适合利用五碳糖；除此之外，培养基中还需加入一些植物性氮素物质（如酵母汁、豆芽汁等）、铁、钙、镁、钼、钛及 E 族维生素等营养物质才生长旺盛，因此培养根瘤菌时通常在培养基中加酵母汁来满足其对营养的特殊要求。

根瘤表面杂菌多，从中分离培养根瘤菌的技术关键在于除去表面杂菌。首先是利用氯化汞溶液杀死根瘤表面杂菌，其次是在培养基中加结晶紫，进一步抑制杂菌，保证根瘤菌生长繁殖的条件。

三、实验器材

（1）样品　植株和根瘤都生长健壮的豆科植物新鲜标本（要求根系比较完整，根瘤壮硕）。

（2）培养基及试剂　结晶紫甘露醇酵母汁培养基、无菌水、95%酒精、0.1%氯化汞（$HgCl_2$）溶液。

（3）器材及其他　无菌平板、小剪刀、眼科镊子、接种环、酒精灯等。

四、方法步骤

1. 根瘤菌的分离

① 配制结晶紫甘露醇酵母汁培养基，灭菌后倒入 3 套无菌平板中，凝固后待用。

② 用清水洗净植物根部泥土，选取主根上部新鲜、色泽粉红、丰满的根瘤 5～8 个，用剪刀连同一小部分根部组织一块剪下，以免损伤根瘤。

③ 将剪下的根瘤浸在 95%酒精中 5min，转入 0.1%氯化汞溶液中浸 5min，换试管无菌水浸洗 4 次，洗时要振荡，每次 5min。用尖端灼烧灭菌的镊子取出一个根瘤于一套平板琼脂上，按下列方法在平板琼脂上划线分离：

a. 将根瘤夹破，用破开的一面在平板上划线 3 条（A）；

b. 将接种环灭菌，从 A 划线 3 条；

c. 将接种环灭菌，从 B 划线 3 条；

d. 将接种环灭菌，从 C 划线 3 条。

注意：划线时，要将平板置于酒精灯火焰旁。

④ 划完后，将平板倒转，置 28～30℃下培养 2～4d，取出平板，观察结果。

2. 根瘤菌的纯化

选择典型的根瘤菌菌落涂片镜检。若不纯可进一步划线分离或者稀释分离以纯化。

实验十三　土壤中苏云金杆菌的分离

一、目的要求

了解土壤中苏云金杆菌的分离原理，掌握其分离技术。

二、实验说明

土壤是微生物的大本营，苏云金杆菌的分布与土壤和植被有很大关系，因此要求采集地具有代表性，能代表该地主要土壤类型和主要植被类型。在植被类型相似的地方，分别采集不同环境条件下的土壤。另外，苏云金杆菌含有芽孢，在分离时用 70～80℃的高温处理样品 10min，以杀死非芽孢菌；及选用选择性培养基对其进行富集等措施，均可大大提高其分离效率。

三、实验材料

（1）样品　具有代表性的不同土壤类型或植被类型的土样 50g。

（2）培养基及试剂　BPA（溴甲酚紫琼脂）培养基、BP 培养基、无菌水、苯酚。

（3）器材及其他　玻璃刮铲、采样铲、塑料袋、摇床。

四、方法步骤

1. 土样的采集

选择具有代表性的地块,将表层土铲去 5～10cm,用干净的采样铲取约 50g 土,每个采样点至少取 10 处,并将所采土样装于无菌塑料袋中混合,然后把样品置通风阴凉处风干,碾碎,充分混匀后取约 50g 细土于无菌小塑料袋中,密闭保存于低温干燥处。

2. 苏云金杆菌的分离

称 1g 土样于 BPA 培养基中,充分振荡后置 30℃摇床振荡培养 42h,取出,于 75～80℃水中处理 10～15min。稍静置后,吸取 0.5mL 于 BP 平板上,涂布均匀,倒置于 30℃培养箱中培养 24h。挑选 3～5 个类似苏云金杆菌的菌落接种到 BP 斜面上,30℃培养 72h 以上,常规制片,苯酚品红染色镜检。将有伴孢晶体的分离体确定为苏云金杆菌,转移到另一支 BP 斜面上,培养后保存。

实验十四　土壤中放线菌的分离及其抑菌活性的测定

一、目的要求

了解土壤中放线菌分离及其抑菌活性测定的原理,掌握其分离技术与抑菌活性测定技术。

二、实验说明

土壤是分离各种微生物的源泉,因而能产生多种抗生素的放线菌大多也是从土壤中分离筛选到的。分离放线菌常用平板稀释法,但由于分离到平板上的放线菌菌落多由孢子产生,而且放线菌生长速度慢于细菌和真菌等其他土壤微生物。因而影响了放线菌的分离效率。为了从样品中分离到较多的放线菌,一般采取以下措施:①土壤样品预先处理;②采用选择性培养基;③培养基中添加抑制细菌和真菌生长的物质。

从土壤中分离得到的菌株能否产生有实用价值的抗生素必须经过一系列的筛选和测定工作才能确定。在琼脂平板上测定这些菌株的代谢产物在植物(或动物)体外的抗菌活性是最常用的一种手段。一般来说,抗生素的筛选工作可以直接用某些病原菌作为筛选模型。体外抑菌试验的结果在有抑菌活性的抗生菌菌落周围，往往出现明显的抑菌圈。根据抑菌圈的大小、透明程度、边缘整齐与否来判断该菌株抗菌活性的强弱。一般选留抑菌圈大、透明且边缘整齐的菌株作进一步筛选。

三、实验材料

（1）样品　比较干燥、偏碱性且有机质丰富的土样，金黄色葡萄球菌。

（2）培养基及试剂　牛肉膏蛋白胨培养基，卵蛋白培养基，肉汤斜面培养基，25～50U/mL 的链霉素、50U/mL 的制霉菌素或 30U/mL 的多菌灵，无菌水。

（3）器材及其他　灭菌培养皿、打孔器、恒温水浴锅、接种环、解剖针等。

四、方法步骤

1. 土壤中放线菌的分离

（1）土样的预处理　将采回的土样在空气中干燥 5～9d，以减少细菌的量，而放线菌的孢子不受影响。

（2）稀释　称土样 5g，放在 45mL 的无菌水中振荡 10min，吸取 1mL 加到 9mL 无菌水中，然后按 10 倍法依次稀释到 10^{-4}。

（3）制板　取 10^{-2}、10^{-3}、10^{-4} 稀释液各 1mL 分别加入已溶化的 15mL 卵蛋白培养基（其中加入适量的 25～50U/mL 的链霉素，50U/mL 的制霉菌素或 30U/mL 的多菌灵），混匀后倒入灭菌培养皿中凝成平板。

（4）培养　将平板置于 28～32℃条件下培养 4～7d 后，观察放线菌生长情况。

（5）保存　用接种环将分离出来的各放线菌单菌落转移到斜面培养基上，并编号，培养后低温保存。

2. 放线菌抑菌活性的测定

（1）待测放线菌培养　用卵蛋白琼脂培养基倒平板数套（每个平板内倒入融化的培养基约 20mL）。用记号笔在平板底划线，将平板 3 等分，每等分写上一个待测菌株的编号。按编号将各待测菌株用密集划线的方法接种到平板上，置于 28℃温室培养 3～5d 备用。

（2）金黄色葡萄球菌的准备　将金黄色葡萄球菌接种到肉汤斜面培养基上，于 28℃培养 2～3d 后，用无菌水将金黄色葡萄球菌的菌苔洗下，制成菌悬液（若浓度太大，可适当稀释）。将菌悬液与溶化并冷却到 50℃左右的牛肉膏蛋白胨培养基混匀后，倒平板，冷凝，并编号。

（3）观察　用打孔器将长好的各待测菌株菌苔分别打成圆形的小菌块。用解剖针将菌块移到金黄色葡萄球菌平板上，注意将长有菌苔的一面朝上。各待测菌株应分别一一做好标记。将平板置于 28～30℃温室中培养 1～2d，取出观察有无抑菌圈、抑菌圈的清晰度,用尺量出抑菌圈的直径或用"-""+""++""+++"等符号记录各待测菌抑菌活性的有无和强弱程度。

注意:若无卵蛋白培养基,用高氏一号培养基或淀粉铵培养基均可分离放线菌。

实验十五 光合细菌的分离

一、目的要求

了解光合细菌分离的原理,掌握其分离技术。

二、实验说明

光合细菌广泛分布在天然土壤、水体和淤泥中,能利用自然中有机物、硫化氢、氨等进行光合作用。近年来,在水产养殖业及废水处理中得到广泛应用。光合细菌属光能异养型,因此进行分离时,除供给其一般的碳氮源外,还应提供各种无机盐、光照条件及厌氧环境。另外,光合细菌是一类厌氧条件下进行不放氧光合作用的细菌的总称,所以在分离时还应根据所需分离的具体菌种选择其最适合的培养基配方,必要时还可对其先进行富集再分离。

本实验只介绍光合细菌分离的一般方法。

三、实验材料

(1)样品 土壤、活性污泥及池塘底泥等均可,50~100g。

(2)培养基及试剂 光合细菌基础培养基、焦性没食子酸、2.5mol/L NaOH 溶液、液体石蜡。

(3)器材及其他 100mL 量筒、真空干燥器、灭菌吸管、培养皿、100W 灯泡、真空抽气泵、玻璃棒、橡皮塞、点滴瓶等。

四、方法步骤

1. 光合细菌的富集

将采集的土样或淤泥 50g 置于 100mL 量筒中,加入培养基至离管口约 5cm 高度,用玻璃棒充分搅拌,然后加入厚度约 1cm 的液体石蜡密封以形成厌氧条件,塞上橡皮塞以减少水分蒸发和避免灰尘落入(图 14-1)。将接种后的量筒置于 28~30℃

保温，5000～10000lx 光照条件下培养，或用 100W 灯光照射，约经 2 周后培养液玻璃管上长满红色细菌菌落。

2. 富集物的培养

富集培养成功后，把吸管插入细菌生长良好的泥层，将细菌同泥一起吸出，移入装有培养基的点滴瓶中继续培养一段时间（一周或几周）至光合细菌生长良好后，再以同样的操作，反复进行光照培养，直到培养液变成鲜红色，用肉眼可以判断富集培养已经成功。

3. 光合细菌的分离

用无菌吸管吸取少量多次富集后的菌液，在上述培养基中加 1.5%～2%琼脂制成的固体平板上进行划线分离。将接种后的培养皿放入真空干燥器中，按每 100mL 培养物需焦性没食子酸 1g 及 2.5mol/L NaOH 10mL 计算，将焦性没食子酸与 NaOH 装入玻璃瓶，混合成碱性焦性没食子酸，置干燥器内吸收容器中的氧气。立即盖紧干燥器盖子，密封，并用真空泵抽去空气，置恒温下进行厌氧培养（图 14-2）。干燥器外应设置灯光保证一定的光照度，在 28～30℃恒温下培养约 2 周，至平板上生长出带红色的菌落。

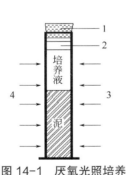

图 14-1 厌氧光照培养
1—橡皮塞；2—液体石蜡；3、4—灯光照射

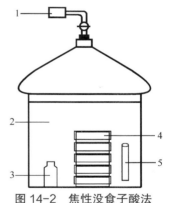

图 14-2 焦性没食子酸法
1—真空泵接口；2—干燥器；3—焦性没食子酸+氢氧化钠；4—培养物；5—厌氧指示器

4. 接至斜面并观察

将平板上单个菌落移接至试管斜面上，置于上述真空干燥器内进行厌氧培养，同样需给予一定光照，28～30℃培养 2 周。涂片经简单染色后观察菌体形态。

注意：

① 如急需光合细菌，可省去第二步，直接用无菌吸管自红色菌落密集处吸取少量菌液进行划线分离。

② 若条件较差，无干燥器或焦性没食子酸等，可用透明胶带等将接种后的平板开

口处封死，直接于光照条件下，28～30℃培养2周，同样可得到光合细菌的分离物。

实验十六　产甲烷细菌的富集与分离

一、目的要求

了解产甲烷细菌富集与分离的原理，掌握其富集分离的技术。

二、实验说明

在大多数的自然厌氧环境中，产甲烷细菌的数量一般并不多，而且产甲烷细菌本身能利用的碳源和能源基质谱都很窄，又很不相同，如大多数种能利用 H_2/CO_2，有些种能利用甲酸，少数种能利用乙酸、甲醇、甲胺类物质，个别种只能利用乙酸，另外某些产甲烷细菌生长需要一些特定的生长因子。因此要分离某种产甲烷细菌或未知的产甲烷细菌新种，必须先将分离源进行富集培养。

产甲烷菌是一类严格的厌氧菌。在其分离过程中，不仅应使用无氧试剂和无氧培养基，而且还要使全部操作环节都在严格厌氧的条件下进行。

本实验所使用的亨盖特滚管技术，就是把适当稀释度的产甲烷菌富集培养物，在无氧条件下接入含灭菌琼脂培养基的厌氧试管中，然后将它在滚管机上均匀滚动，使含菌培养基均匀地凝固在试管内壁上。经培养后，试管内壁上生成在解剖镜下清晰可见的单菌落。

三、实验材料

（1）样品　污泥或沼气发酵液等。

（2）培养基及试剂　产甲烷细菌培养基、青霉素液、硫化钠（1%）和碳酸氢钠（5%）混合试剂、甲酸钠、甲醇、乙酸钠。

（3）器材及其他　高纯度的氮、氢和二氧化碳、厌氧技术装置、灭菌注射器（1mL）、往复式振荡器、水浴锅、试管架、滚管机、冰块及涡旋混合器等。

四、方法步骤

1. 产甲烷细菌的富集

（1）分离源的采集　分离污泥可以从阴沟、下水道、沼气池、池塘、江河湖泊等处采集污泥沉积物。采集时除去上面的表层，把底下呈现乌黑色的沉积物采集入带塞的广口瓶中。采集后立即封闭瓶口，迅速带回实验室富集。整个过程中应使采集物尽量少接触空气。

（2）富集培养

① 小心地打开瓶塞，在打开而尚未全部打开之前，迅速插入氮气流针头，避免空气的窜入。

② 打开污泥采集物瓶口，去除表层，挑取下层约 1g 重的污泥，迅速加入装有培养液的厌氧培养瓶中。

③ 迅速重新塞上瓶塞，并抽出氮气流针头，用铝盖封紧。若使用的是螺口厌氧试管则加螺帽。

④ 注射器用氮气流来回抽动数次，去尽空气。在每瓶 20mL 厌氧产甲烷细菌液体培养基中，用无菌塑料注射器加入硫化钠（1%）和碳酸氢钠（5%）混合试剂、青霉素液各 0.4mL（若是 5mL 的试管培养液则加 0.1mL）。

⑤ 分别以 H_2/CO_2、甲酸钠、甲醇、乙酸钠作基质。后三种基质各取 0.4mL 分别注射进液体培养基中，每种基质两瓶。为促进富集生长，每培养基瓶中可加入少量乙酸钠（5mL 试管培养液加基质 0.1mL）。

⑥ 以氢和二氧化碳作基质的处理，此时用氢气流置换厌氧瓶气相中的氮气。用氢气流针头（可用 6 号或 7 号注射针头）插入厌氧瓶胶塞，然后在胶塞上再插入另一个出气针头。3～5min 后，先拔去出气针头，再拔氢气流针头。最后再注射入高纯无氧的二氧化碳 50mL，厌氧瓶以 30mL 气相计，注入 6mL 二氧化碳（30mL 厌氧试管以 25mL 气相计，加入 $CO_2$5mL）。由于产甲烷细菌对氢和二氧化碳的利用会形成负压，因此每隔 1～2d 需要重复充以氢和二氧化碳混合气，以防空气进入。也可以用 2kg 压力的氢和二氧化碳（80：20 容积比）的混合气体直接注入瓶中，这样由于有过量的氢和二氧化碳，瓶内不会产生负压。

⑦ 放置于 35～40℃下的往复式振荡器上培养。

⑧ 待液体培养基中出现乳白色浑浊或污泥物呈胶结絮状时即可停止培养，进行分离。

2. 产甲烷细菌的分离

① 装有溶化后的固体培养基的培养管，放置排列于 45～50℃ 的水浴锅中，每一富集培养处理，排列 7～8 支，每列前放一支同样组分、仅缺少琼脂的液体培养基，每个处理重复一次。

② 每支培养管的 5mL 培养液中，用 1mL 注射器分别加入硫化钠（1%）和碳酸氢钠（5%）混合试剂、无氧青霉素液各 0.1mL。

③ 把相应基质的富集培养物在涡旋混合器上将富集絮状物打散。

④ 用 1mL 灭菌注射器以氮气流洗去氧后，吸取 0.1mL 富集培养物，迅速注入加有同一基质的产甲烷细菌液体培养基中，此管立即在涡旋混合器上混匀，然后依次同法稀释，每次稀释后均应混匀。稀释程度视富集培养物中产甲烷细菌的数量而定，以最后 2～3 个稀释度的培养管中出现 10 个以下单菌落为宜。稀释时，每做一个稀释度都要更换一个注射器。

⑤ 在滚管机水槽中加入冰块，并加入冷水。水位加至滚轴下线浸入冰水中约 2～3mm，使滚轴转动时冰水在滚轴上形成一层均匀水膜。冰块使滚管过程中水温保持在较低温度，能使培养管中产甲烷细菌琼脂培养基迅速凝固。

⑥ 启动滚管机，调节滚轴转速（60～80r/min），把已接入富集培养物的琼脂培养基的培养管平稳放在滚轴与支托点之间，任意均匀转动。待琼脂培养基在培养管内壁凝固成均匀透明的琼脂薄膜为止。若无滚管机，可在一瓷盘中加水和冰块（为降低温度还可加少量食盐），用手滚管。

⑦ 如以氢和二氧化碳为基质，滚管后用氢气替代氮气，并注入二氧化碳。每支厌氧培养管中注入 6mL 二氧化碳，或直接以氢和二氧化碳（5∶1 体积比）进行换气。滚管前加入硫化钠，这样可防止硫化氢的逸散（若厌氧试管内的气相为 25mL 则应注入 $5mL CO_2$）。

⑧ 放置于 35～37℃培养，10～15d 后可见细小菌落出现。但以乙酸盐为基质的产甲烷菌菌落出现所需时间较长。

实验十七　香菇纯种的分离

一、目的要求

了解香菇纯种的分离原理，掌握器分离技术。

二、实验说明

香菇在自然界中，与其他微生物混杂生活在一起，因此，制作菌种时，首先必须小心地将香菇与这些杂菌加以分离，再通过培养和鉴定，获得高纯度的优良香菇菌种。

香菇菌种的分离培养，主要是利用种菇的组织块或孢子作为繁殖材料，经人工分离培养获得纯菌丝体。其分离方法有组织分离、孢子分离和基内菌丝分离。本实验只学习前两种方法。

三、实验材料

（1）样品　鲜香菇（种菇）。
（2）培养基及试剂　马铃薯蔗糖琼脂斜面培养基、75%酒精。
（3）器材及其他　孢子采集器、解剖刀、接种环、酒精灯。

四、方法步骤

1. 种菇的选择和处理

选择纯正、朵型好、出菇早、盖大、肉厚、柄短、无病虫、八成熟的菇体作种菇，刷去表面杂质，用 75%酒精棉球擦洗外部进行消毒。放置在无菌烧杯中备用。

2．分离和培养

（1）香菇多孢分离法　孢子是其基本繁殖单位。孢子分离主要是利用香菇成熟的有性孢子萌发成菌丝获得纯菌种。孢子分离有单孢分离法和多孢分离法。香菇属异宗配合型，单孢子萌发形成的菌丝不结实，故采用多孢分离法。

孢子采集器是用来采香菇孢子的一种装置，它由搪瓷盘、大烧杯、平板和种菇支架组成，盘内铺有纱布（图 14-3）。整个装置经灭菌后放入接种室（或箱）中备用。

① 采集孢子　在接种室（或箱）内，将消毒处理后的菇柄切去，掀开烧杯，将其迅速插在支架上，菌褶向下，正对敞口的平板，盖好烧杯，用无菌水浸湿纱布，并用纱布塞好烧杯边缘。将此装置静置 1～2d，在平板内收集到一层白色的粉末状孢子。

接种培养　按无菌操作，用接种环蘸取少量孢子，在试管琼脂斜面培养基表面划线接种，再移入 25℃恒温箱中培养，经3～4d孢子萌发。筛选萌发早、生长快、长势好、无污染的菌丝进行转管纯化培养。约10d 以后菌丝长满斜面即得香菇母种。

② 菌褶涂抹法　香姑菌褶的褶片之间都有一定的距离，分离时，在无菌条件下，把接种针或接种环准确地插入褶片之间，轻轻地抹下褶片表面子实层上尚未弹射的孢子，再往试管斜面培养基表面划线接种，经过适温培养，孢子萌发成菌丝，再经转管、纯化即得母种。此法只要操作仔

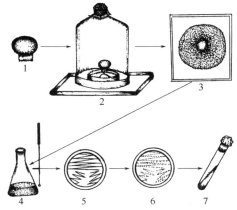

图 14-3　钟罩法采集分离香菇孢子

1—种菇；2—孢子采集装置；3—孢子印；4—孢子悬浮液；5—用接种环蘸孢子液在平板上划线；6—孢子萌发；7—移入试管培养基内培养

细，勿使接种环接触到长期暴露在空气的部分，皆不易感染。

（2）香菇组织分离法　香菇组织分离法是采用香菇子实体的组织块来培养母种的方法。食用菌的子实体实际上是菌丝体的特殊结构，是组织化的纯菌丝体。香菇的菌肉是丝状菌肉，这种组织化的菌丝体再生力较强，因此，只要切取一小块子实体的组织块，将其移植在适合的培养基上，适温培养，即能迅速生长，获得纯菌丝体，方法如下：

① 切取种块　在无菌室或接种箱内，将已消毒处理了的种菇撕开，用已灭菌的解剖刀在菌柄与菌盖交界处，切取米粒大的长方形组织 1 块（图 14-4）。

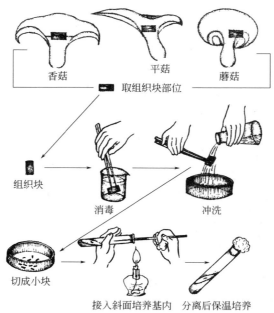

图 14-4　香菇组织分离法

② 接种培养　用解剖刀的刀尖挑取此组织块放入斜面培养基试管中，再用无菌接种铲将种块植于斜面培养基中央（事先倒去试管中的冷凝水，否则影响种块成活），在 25℃下培养 10d 左右菌丝即可长满斜面，得母种。

第十五章

食品微生物指标检测技术

"民以食为天，食以安为先"，食品卫生质量安全直接关系着消费者的食用安全与身心健康。评定食品质量的微生物指标是根据食品卫生要求，从微生物学的角度，对不同食品所提出的具体指标要求。国家卫生健康委员会颁布的食品微生物检验指标主要有：菌落总数、大肠菌群、致病菌等。其中致病菌检测应结合不同食品、不同场合，选择不同的参考菌进行检验。食品微生物指标检测对保证食品卫生质量和人们的食用安全具有重要意义。

实验一　食品中菌落总数的测定

一、目的要求

掌握食品中菌落总数的测定方法。

二、实验说明

菌落总数（aerobic plate count）是指食品检样经过处理，在一定条件下（如培养基、培养温度和培养时间、需氧性质等）培养后，所得每克（或毫升）检样中形成的微生物菌落总数。菌落总数只包括在平板计数琼脂上生长发育的嗜中温需氧菌或兼性厌氧菌的菌落总数。

菌落总数主要作为判定食品被细菌污染程度的标记，也可以应用这一方法观察食品中细菌的性质及其在食品中繁殖的动态，确定食品的保质期，以便作为被检样品卫生学评价的依据。

三、实验材料

1. 设备和材料

除微生物实验室常规灭菌及培养设备外，其他设备和材料如下。

① 恒温培养箱：36℃±1℃，30℃±1℃。

② 冰箱：2～5℃。

③ 恒温水浴锅：46℃ ±1℃。

④ 天平：感量为 0.1g。

⑤ 均质器。

⑥ 振荡器。

⑦ 无菌吸管：1mL（具 0.01mL 刻度）、10mL（具 0.1mL 刻度）或微量移液器及吸头。

⑧ 无菌锥形瓶：容量 250mL、500mL。

⑨ 无菌培养皿：直径 90mm。

⑩ 无菌玻璃珠：直径约 5mm。

⑪ 无菌试管：16mm×160mm。

⑫ pH 计或 pH 比色管或精密 pH 试纸。

⑬ 无菌刀、剪子、镊子等。

⑭ 放大镜或/和菌落计数器。

2. 培养基和试剂

① 平板计数琼脂（plate count agar，PCA）。

② 磷酸盐缓冲液。

③ 无菌生理盐水。

④ 75%乙醇。

四、检验程序

菌落总数的检验程序见图 15-1。

五、检验步骤

1. 样品稀释

① 不同样品的稀释

a. 固体样品和半固体样品：无菌操作称取 25g 样品放于盛有 225mL 磷酸盐缓冲液或生理盐水的无菌均质杯内，8000～10000r/min 均质

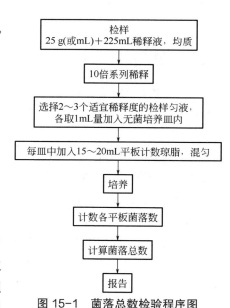

图 15-1 菌落总数检验程序图

1~2min，或放于盛有 225mL 磷酸盐缓冲液或生理盐水的无菌均质袋中，用拍击式均质器拍打 1~2min，制成 1∶10 的检样匀液。

b. 液体样品：以无菌吸管吸取 25mL 样品放于盛有 225mL 磷酸盐缓冲液或生理盐水的无菌锥形瓶（瓶内预置适当数量的无菌玻璃珠）中，充分混匀，制成 1∶10 的检样匀液。

② 用 1mL 无菌吸管或微量移液器吸取 1∶10 检样匀液 1mL，沿管壁缓慢注于盛有 9mL 稀释液的无菌试管中（注意吸管或吸头尖端不要触及稀释液面），振摇试管或换用 1 支 1mL 无菌吸管反复吹打，使其混合均匀，制成 1∶100 的检样匀液。

③ 按上述操作，依次制备 10 倍递增系列稀释检样匀液。每递增稀释一次，换用 1 支 1mL 无菌吸管或吸头。

④ 根据对样品污染情况的估计，选择 2~3 个适宜稀释度的检样匀液（液体样品可包括原液），在进行 10 倍递增稀释时，吸取 1mL 检样匀液放于无菌培养皿内，每个稀释度做两个培养皿。同时，分别吸取 1mL 空白稀释液加入两个无菌培养皿内作空白对照。

⑤ 及时将 15~20mL 冷却至 46℃左右的平板计数琼脂（可放置于 46℃±1℃恒温水浴箱中保温）注入培养皿，并转动培养皿使其混合均匀。

2. 培养

待琼脂凝固后，翻转平板，36℃±1℃培养 48h±2h。水产品 30℃±1℃培养 72h±3h。

如果样品中可能含有在琼脂培养基表面弥漫生长的菌落时，可在凝固后的琼脂表面覆盖一薄层琼脂培养基（约 4mL），凝固后翻转平板再培养。

3. 平板菌落计数

菌落计数一般用肉眼观察，必要时用放大镜或菌落计数器，记录稀释倍数和相应的菌落数量。菌落计数以菌落形成单位（colony-forming units，CFU）表示。记录不同稀释度相应平板上的菌落数。

① 选取菌落数在 30~300CFU 之间、无蔓延生长的平板计数菌落总数。低于 30CFU 的平板记录具体菌落数，大于 300CFU 的平板记录为多不可计。每个稀释度的菌落数应采用两个平板的平均数。

② 其中一个平板有较大片状菌落生长时，则不宜采用，而应以无片状菌落生长的平板作为该稀释度的菌落数；若片状菌落不到平板的一半，而其余一半中菌落分布又很均匀，即可计算半个平板后乘以 2 以代表一个平板菌落数。

③ 当平板上出现菌落间无明显界线的链状生长时，则应将每条链作为一个菌落计。

4. 菌落总数的计算方法

① 若只有一个稀释度平板上的菌落数在适宜计数范围内，计算两个平板菌落数的平均值，再将平均值乘以相应的稀释倍数，作为每克（毫升）样品中菌落总数结果。

② 若有两个连续稀释度的平板菌落数在适宜计数范围内时，按下列公式计算：

$$N=\sum C/(n_1+0.1n_2)d$$

式中　N——样品中菌落数；

　　　$\sum C$——平板（含适宜范围菌落数的平板）菌落数之和；

　　　n_1——第一稀释度（低稀释倍数）平板个数；

　　　n_2——第二稀释度（高稀释倍数）平板个数；

　　　d——稀释因子（第一稀释度）。

举例说明：表 15-1 列出的是连续两个稀释度的菌落数在适宜计数范围内。

表 15-1　连续两个稀释度的菌落数在适宜计数范围内

稀释度	1：100	1：1000
菌落数/CFU	232，244	33，35

$$N=\sum C/(n_1+0.1n_2)d$$
$$=(232+244+33+35)/[2+(0.1\times2)]\times10^{-2}$$
$$=24727$$

上述数据按后边菌落总数的报告要求进行修约后，表示为 25000 或 2.5×10^4。

③ 若所有稀释度的平均菌落数均大于 300CFU，则应按稀释度最高的平板进行菌落计数，其他平板可记录为多不可计，结果按平均菌落数乘以最高稀释倍数计算。

④ 若所有稀释度的平均菌落数均小于 30CFU，则应按稀释度最低的平均菌落数乘以稀释倍数计算。

⑤ 若所有稀释度（包括液体样品原液）均无菌落生长，则以小于 1 乘以最低稀释倍数计算。

⑥ 若所有稀释度的平均菌落数均不在 30～300CFU 之间，其中一部分小于 30CFU 或大于 300CFU 时，则以最接近 30CFU 或 300CFU 的平均菌落数乘以稀释倍数计算。

5. 菌落总数的报告

① 菌落数小于 100CFU 时，按"四舍五入"原则修约，以整数报告。

② 菌落数大于或等于 100CFU 时，第 3 位数字采用"四舍五入"原则修约后，取前 2 位数字，后面用 0 代替位数；也可用 10 的指数形式来表示，按"四舍五入"原则修约后，采用两位有效数字。

③ 若所有平板上均为蔓延菌落而无法计数时，则报告菌落蔓延。

④ 若空白对照平板有菌落生长，则此次检测结果无效。

⑤ 称重取样以 CFU/g 为单位报告，体积取样以 CFU/mL 为单位报告。

实验二　食品中大肠菌群 MPN 的测定

一、目的要求

掌握食品中大肠菌群 MPN 计数方法。

二、实验说明

大肠菌群（coliforms）系指在一定培养条件下能发酵乳糖产酸、产气的需氧和兼性厌氧革兰氏阴性无芽孢杆菌。大肠菌群主要来源于人畜粪便，故以此作为粪便污染指标来评价食品的卫生质量，推断食品中是否有污染肠道致病菌的可能。

最可能数（most probable number，MPN）是基于泊松分布的一种间接计数方法。

MPN 法是统计学和微生物学结合的一种定量检测法。待测样品经系列稀释并培养后，根据其未生长的最低稀释度与生长的最高稀释度，应用统计学概率论推算出待测样品中大肠菌群的最大可能数。本法适用于大肠菌群含量较低食品的大肠菌群计数。

三、实验材料

1. 设备和材料

除微生物实验室常规灭菌及培养设备外，其他设备和材料如下。

① 恒温培养箱：$36℃±1℃$。

② 恒温水浴锅：$46℃±1℃$。

③ 冰箱：$2\sim4℃$。

④ 天平：感量 0.1g。

⑤ 均质器。

⑥ 振荡器。

⑦ 无菌吸管：1mL（具 0.01mL 刻度）、10mL（具 0.1mL 刻度）或微量移液器及吸头。

⑧ 无菌锥形瓶：容量 500mL。

⑨ 无菌培养皿：直径 90mm。

⑩ 无菌试管：16mm×160mm。

⑪ 无菌玻璃珠：直径约 5mm。

⑫ pH 计或 pH 比色管或精密 pH 试纸。

⑬ 菌落计数器。

2. 培养基及试剂

① 月桂基硫酸盐胰蛋白胨（lauryl sulfate tryptose，LST）肉汤。

② 煌绿乳糖胆盐（brilliant green lactose bile，BGLB）肉汤。

③ 磷酸盐缓冲液。

④ 无菌生理盐水。

⑤ 无菌 1mol/L NaOH。

⑥ 无菌 1mol/L HCl。

四、检验程序

大肠菌群 MPN 计数的检验程序见图 15-2。

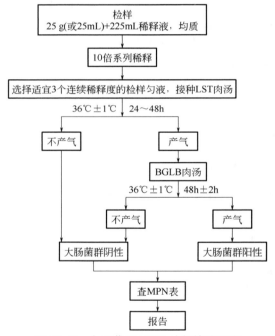

图 15-2　大肠菌群 MPN 计数检验程序

五、检验步骤

1. 样品稀释

① 固体样品和半固体样品：无菌操作称取 25g 样品放于盛有 225mL 磷酸盐缓冲液或生理盐水的无菌均质杯内，8000～10000r/min 均质 1～2min，或放于盛有 225mL 磷酸盐缓冲液或生理盐水的无菌均质袋中，用拍击式均质器拍打 1～2min，制成 1∶10 的检样匀液。

② 液体样品：以无菌吸管吸取 25mL 样品放于盛有 225mL 磷酸盐缓冲液或生理盐水的无菌锥形瓶（瓶内预置适当数量的无菌玻璃珠）或其他无菌容器中充分振摇或置于机械振荡器中振摇，充分混匀，制成 1∶10 的检样匀液。

检样匀液 pH 值应在 6.5～7.5 之间，必要时用 1mol/L 无菌 NaOH 或 1mol/L HCl 调节。

③ 用 1mL 无菌吸管或微量移液器吸取 1∶10 检样匀液 1mL，沿管壁缓慢注于盛有 9mL 磷酸盐缓冲液或生理盐水的无菌试管中（注意吸管或吸头尖端不要触及稀释液面），振摇试管或换用 1 支 1mL 无菌吸管反复吹打，使其混合均匀，制成 1∶100 的检样匀液。

④ 根据对样品污染情况的估计，按上述操作，依次制备 10 倍递增系列稀释检样匀液。每递增稀释一次，换用 1 支 1mL 无菌吸管或吸头。从制备检样匀液至接种完毕，整个过程不得超过 15min。

2．初发酵试验

每个样品，选择 3 个适宜连续稀释度的检样匀液（液体样品可选择原液），每个稀释度接种 3 管月桂基硫酸盐胰蛋白胨（LST）肉汤，每管接种 1mL（如接种量超过 1mL，则用双料 LST 肉汤），36℃±1℃培养 24h±2h。观察管内是否有气泡产生。产气者进行复发酵试验，如未产气则继续培养至 48h±2h，产气进行复发酵试验，仍未产气者，计为大肠菌群阴性。

3．复发酵试验

用接种环分别从产气的 LST 肉汤管中取培养物 1 环，移种于煌绿乳糖胆盐（BGLB）肉汤管中，36℃±1℃培养 48h±2h，观察产气情况。产气者，计为大肠菌群阳性管。

4．大肠菌群最可能数（MPN）的报告

根据复发酵试验确证的大肠菌群 BGLB 阳性管数，查 MPN 检索表（见附录五），报告每克（或每毫升）样品中大肠菌群的 MPN 值。

实验三　食品中沙门菌的检验

一、目的要求

掌握食品中沙门菌（*Salmonella*）的检验方法。

二、实验说明

沙门菌属是肠杆菌科中的一个大属，也是肠杆菌科中最重要的病原菌，包括2000多个血清型。沙门菌病常在动物中广泛传播，人沙门菌感染和带菌也非常普遍。动物的生前感染或食品受到污染，均可使人发生食物中毒。因此，检测食品中是否含有沙门菌，对保证食品安全非常重要。

三、实验材料

除微生物实验室常规灭菌及培养设备外，其他设备和材料如下。

1. 设备和材料

① 冰箱：2～5℃。

② 恒温培养箱：36℃±1℃，42℃±1℃。

③ 均质器。

④ 振荡器。

⑤ 电子天平：感量 0.1g。

⑥ 无菌锥形瓶：容量 500mL、250mL。

⑦ 无菌吸管：1mL（具 0.01mL 刻度）、10mL（具 0.1mL 刻度）或微量移液器及吸头。

⑧ 无菌培养皿：直径 60mm、90mm。

⑨ 无菌试管：3mm×50mm、10mm×75mm。

⑩ 无菌毛细吸管。

⑪ pH 计或 pH 比色管或精密 pH 试纸。

⑫ 全自动微生物生化鉴定系统。

2. 培养基和试剂

① 缓冲蛋白胨水（BPW）。

② 四硫磺酸钠煌绿（TTB）增菌液。

③ 亚硒酸盐胱氨酸（SC）增菌液。

④ 亚硫酸铋（BS）琼脂。

⑤ HE 琼脂。

⑥ 木糖赖氨酸脱氧胆盐（XLD）琼脂。

⑦ 沙门菌属显色培养基。

⑧ 三糖铁（TSI）琼脂。

⑨ 蛋白胨水、靛基质试剂。

⑩ 尿素琼脂（pH7.2）。

⑪ 氰化钾（KCN）培养基。

⑫ 赖氨酸脱羧酶试验培养基。

⑬ 糖发酵管。

⑭ 邻硝基苯-*β*-D-半乳糖苷（ONPG）培养基。

⑮ 半固体琼脂。

⑯ 营养琼脂（NA）。

⑰ 沙门菌 O 和 H 诊断血清。

⑱ 生化鉴定试剂盒。

⑲ 硫化氢（H₂S）。

⑳ 生理盐水。

四、检验程序

沙门菌检验程序见图 15-3。

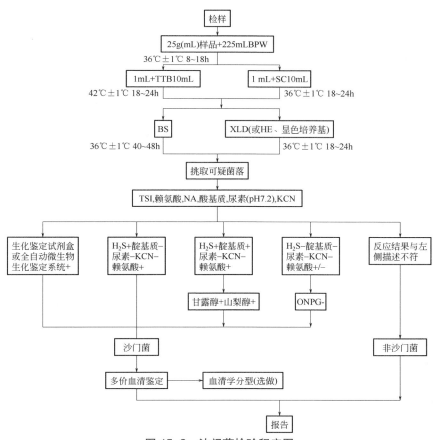

图 15-3　沙门菌检验程序图

五、检验步骤

1. 预增菌

无菌操作称取 25g（mL）样品，放入盛有 225mL BPW 的无菌均质杯或合适容器内，以 8000～10000r/min 均质 1～2min，或置于盛有 225mL BPW 的无菌均质袋中，用拍击式均质器拍打 1～2min。若样品为液态，不需要均质，振荡混匀。如需调整 pH 值，用 1mol/L 无菌 NaOH 或 1mol/L HCl 调 pH 至 6.8±0.2。无菌操作将检样匀液转至 500mL 锥形瓶或其他合适容器内（如均质杯本身具有无孔盖，可不转移样品），如使用均质袋，则可直接进行培养，于 36℃±1℃培养 8～18h。

如为冷冻产品，应在 45℃ 以下不超过 15min，或 2～5℃ 不超过 18h 解冻。

2. 增菌

轻轻摇动培养过的检样匀液，移取 1mL，转种于 10mL TTB 内，于 42℃±1℃培养 18～24h。同时，另取 1mL，转种于 10mL SC 内，于 36℃±1℃培养 18～24h。培养温度应视所增殖的目的菌而定，如果增殖的目的菌是伤寒沙门菌，就应以 37℃培养为好，而其他沙门菌则以 42℃培养为好。

3. 分离培养

分别用直径 3mm 接种环取增菌液 1 环，划线接种于一个 BS 琼脂平板和一个 XLD 琼脂平板（或 HE 琼脂平板或沙门菌属显色琼脂平板），于 36℃±1℃ 分别培养 40～48h（BS 琼脂平板）或 18～24h（XLD 琼脂平板、HE、沙门菌属显色琼脂平板），观察各个平板上生长的菌落特征。沙门菌在不同平板上的菌落特征见表 15-2。

表 15-2　沙门菌属在不同选择性琼脂平板上的菌落特征

选择性琼脂平板	菌落特征
BS 琼脂	菌落为黑色有金属光泽、棕褐色或灰色，菌落周围培养基可呈黑色或棕色；有些菌株形成灰绿色的菌落，周围培养基不变
HE 琼脂	蓝绿色或蓝色，多数菌株菌落中心黑色或几乎全黑色；有些菌株为黄色，菌落中心黑色或几乎全黑色
XLD 琼脂	菌落呈粉红色，带或不带黑色中心，有些菌株可呈现大的带金属光泽的黑色中心，或呈现全部黑色的菌落；有些菌株为黄色菌落，带或不带黑色中心
沙门菌显色培养基	按显色培养基的说明进行判定

4. 生化试验

① 自选择性琼脂平板上分别挑取 2 个以上典型或可疑菌落，接种三糖铁琼脂（先在斜面划线，再于底层穿刺），接种针不要灭菌，直接接种赖氨酸脱羧酶试验培

养基和营养琼脂平板，于 36℃±1℃ 培养 18～24h，必要时可延长至 48h。沙门菌属在三糖铁琼脂和赖氨酸脱羧酶试验培养基内的反应结果见表 15-3。

表 15-3　沙门菌属在三糖铁琼脂和赖氨酸脱羧酶试验培养基内的反应结果

三糖铁琼脂				赖氨酸脱羧酶试验	初步判定
斜面	底层	产气	硫化氢		
K	A	+（−）	+（−）	+	可疑沙门菌属
K	A	+（−）	+（−）	−	可疑沙门菌属
A	A	+（−）	+（−）	+	可疑沙门菌属
A	A	+/−	+/−	−	非沙门菌
K	K	+/−	+/−	+/−	非沙门菌

注：K，产碱；A，产酸；+，阳性；−，阴性；+（−），多数阳性，少数阴性；+/−，阳性或阴性。

② 接种三糖铁琼脂和赖氨酸脱羧酶试验培养基的同时，可直接接种蛋白胨水（供做靛基质试验）、尿素琼脂（pH7.2）、氰化钾（KCN）培养基；也可在初步判断结果后，从营养琼脂平板上挑取可疑菌落接种。于 36℃±1℃ 培养 18～24h，必要时可延长至 48h，按表 15-4 判定结果。将已挑菌落的平板储存于 2～5℃ 或室温至少保留 24h，以备必要时复查。

a. 反应序号 A1：典型反应判定为沙门菌属。如尿素、KCN 和赖氨酸脱羧酶 3 项中有 1 项异常，按表 15-5 可判定为沙门菌；如有 2 项异常为非沙门菌。

b. 反应序号 A2：补做甘露醇和山梨醇试验，沙门菌靛基质阳性变体两项试验结果均为阳性，但需结合血清学鉴定结果进行判定。

c. 反应序号 A3：补做 ONPG。ONPG 阴性为沙门菌，同时赖氨酸脱羧酶阳性，但甲型副伤寒沙门菌赖氨酸脱羧酶为阴性。

d. 必要时按表 15-6 进行沙门菌生化群的鉴别。

③ 如选择生化试剂盒或全自动微生物生化鉴定系统，可根据可疑菌落的三糖铁琼脂和赖氨酸脱羧酶试验的初步判断结果，从营养琼脂平板上挑取可疑菌落，用生理盐水制备成浊度适当的菌悬液，使用生化鉴定试剂盒或全自动微生物生化鉴定系统进行鉴定。

表 15-4　沙门菌属初步生化反应鉴别表

反应序号	硫化氢（H₂S）	靛基质	pH7.2 尿素	氰化钾（KCN）	赖氨酸脱羧酶
A1	+	−	−	−	+
A2	+	+	−	−	+
A3	−	−	−	−	+/−

注：+，阳性；−，阴性；+/−，阳性或阴性。

表 15-5 反应序号 A1 非典型反应的判定

pH7.2 尿素	氰化钾（KCN）	赖氨酸	判 定 结 果
−	−	−	甲型副伤寒沙门菌（要求血清学鉴定结果）
−	+	+	沙门菌Ⅳ或Ⅴ（要求符合本群生化特性）
+	−	+	沙门菌个别变体（要求血清学鉴定结果）

注：+，阳性；−，阴性。

表 15-6 沙门菌属各生化群的鉴别

项目	Ⅰ	Ⅱ	Ⅲ	Ⅳ	Ⅴ	Ⅵ
卫矛醇	+	+	−	−	+	−
山梨醇	+	+	+	+	+	−
水杨苷	−	−	−	−	−	−
ONPG	−	−	+	−	+	−
丙二酸盐	−	+	+	−	−	−
氰化钾	−	−	−	+	+	−

注：+，阳性；−，阴性。

5. 血清学鉴定

（1）抗原的准备与自凝性检查 一般采用 1.2%～1.5%琼脂培养物作为玻片凝集试验用的抗原。

首先排除自凝集反应，在洁净的玻片上滴加一滴生理盐水，挑取待试培养物与生理盐水混合，使成为均一性的浑浊悬液，将玻片轻轻摇动 30～60s，在黑色背景下观察反应（必要时用放大镜），若出现可见的菌体凝集，即认为有自凝性，反之无自凝性。对无自凝性的培养物参照下面方法进行血清学鉴定。

（2）多价菌体抗原（O）鉴定 在玻片上划出 2 个约 1cm×2cm 的区域，挑取 1 环待测菌，各放 1/2 环于玻片上的每一区域上部，在其中一个区域下部加 1 滴多价菌体（O）抗血清，在另一区域下部加 1 滴生理盐水，作为对照；再用无菌接种环或针分别将两个区域内的菌苔研成乳状液，将玻片倾斜摇动混合 1min，并对着黑暗背景进行观察；任何程度的凝集现象皆为阳性反应。O 血清不凝集时，将菌株接种在琼脂含量较高的培养基（如 2%～3%）上再检查；如果是由于 Vi（毒力）抗原的存在而阻止了 O 凝集反应时，可挑取菌苔于 1mL 生理盐水中做成浓菌液，于酒精灯火焰上煮沸后再检查。

（3）多价鞭毛抗原（H）鉴定 操作同多价菌体抗原（O）鉴定。H 抗原发育不良时，将菌株接种在 0.55%～0.65%半固体琼脂平板的中央，待菌落蔓延生长时，在其边缘部分取菌检查；或将菌株通过装有 0.3%～0.4%半固体琼脂的小玻管 1～2 次，自远端取菌培养后再检查。

（4）血清学分型（选做项目）

① O 抗原的鉴定

用 A～F 多价 O 血清做玻片凝集试验，同时用生理盐水做对照。在生理盐水中自凝者为粗糙形菌株，不能分型。

被 A～F 多价 O 血清凝集者，依次用 O_4，O_3、O_{10}、O_7，O_8，O_9，O_2，O_{11} 因子血清做凝集试验。根据试验结果，判定 O 群。被 O_3、O_{10} 血清凝集的菌株，再用 O_{10}、O_{15}、O_{34}、O_{19} 单因子血清做凝集试验，判定 E_1、E_4 各亚群，每一个 O 抗原成分的最后确定均应根据 O 单因子血清的检查结果，没有 O 单因子血清的要用两个 O 复合因子血清进行核对。

不被 A～F 多价 O 血清凝集者，先用 9 种多价 O 血清检查，如有其中一种血清凝集，则用这种血清所包括的 O 群血清逐一检查，以确定 O 群。每种多价 O 血清所包括的 O 因子如下：

O 多价 1　　A，B，C，D，E，F 群（并包括 6，14 群）

O 多价 2　　13，16，17，18，21 群

O 多价 3　　28，30，35，38，39 群

O 多价 4　　40，41，42，43 群

O 多价 5　　44，45，47，48 群

O 多价 6　　50，51，52，53 群

O 多价 7　　55，56，57，58 群

O 多价 8　　59，60，61，62 群

O 多价 9　　63，65，66，67 群

② H 抗原的鉴定

属于 A～F 各 O 群的常见菌型，依次用表 15-7 所述 H 因子血清检查第 1 相和第 2 相的 H 抗原。

表 15-7　A～F 群常见菌型 H 抗原表

O 群	第 1 相	第 2 相	O 群	第 1 相	第 2 相
A	a	无	D（不产气的）	d	无
B	g,f,s	无	D（产气的）	g,m,p,q	无
B	i,b,d	2	E_1	h,v	6,w,x
C1	k,v,r,c	5,z15	E_4	g,s,t	无
C2	b,d,r	2,5	E_4	i	

不常见的菌型，先用 8 种多价 H 血清检查，如有其中一种或两种血清凝聚，则

再用这一种或两种血清所包括的各种 H 因子血清逐一检查，以确定第 1 相和第 2 相的 H 抗原。8 种多价 H 血清所包括的 H 因子如下：

H 多价 1　　a，b，c，d，i

H 多价 2　　eh，enx，enz_{15}，fg，gms，gpu，gp，gq，mt，gz_{51}

H 多价 3　　k，r，y，z，z_{10}，lv，lw，lz_{13}，lz_{28}，lz_{40}

H 多价 4　　1，2；1，5；1，6；1，7；z_6

H 多价 5　　z_4z_{23}，z_4z_{24}，z_4z_{32}，z_{29}，z_{35}，z_{36}，z_{38}

H 多价 6　　z_{39}，z_{41}，z_{42}，z_{44}

H 多价 7　　z_{52}，z_{53}，z_{54}，z_{55}

H 多价 8　　z_{56}，z_{57}，z_{60}，z_{61}，z_{62}

每一个 H 抗原成分的最后确定均应根据 H 单因子血清的检查结果，没有 H 单因子血清的，要用两个 H 复合因子血清进行核对。

检出第 1 相 H 抗原而未检出第 2 相 H 抗原的，或检出第 2 相 H 抗原而未检出第 1 相 H 抗原的，可在琼脂斜面上移种 1～2 代后再检查。如仍只检出一个相的 H 抗原，要用位相变异的方法检查其另一个相。单相菌不必做位相变异检查。

位相变异试验方法如下。

a. 简易平板法：将 0.35%～0.4%半固体琼脂平板烘干表面水分，挑取因子血清 1 环，滴在半固体平板表面，放置片刻，待血清吸收到琼脂内，在血清部位的中央点种待检菌株，培养后，在形成蔓延生长的菌苔边缘取菌检查。

b. 小玻管法：将半固体管（每管 1～2mL）在酒精灯上溶化并冷却至 50℃，取已知相的 H 因子血清 0.05～0.1mL，加入溶化的半固体内，混匀后，用毛细吸管吸取分装于供位相变异试验的小玻管内，待凝固后，用接种针挑取待检菌，接种于一端。将小玻管平放在平皿内，并在其旁放一团湿棉花，以防琼脂中水分蒸发而干缩，每天检查结果，待另一相细菌解离后，可以从另一端挑取细菌进行检查。培养基内血清的浓度应有适当的比例，过高时细菌不能生长，过低时同一相细菌的动力不能抑制。一般按原血清（1：200）～（1：800）的量加入。

c. 小倒管法：将两端开口的小玻管（下端开口要留一缺口，不要平齐）放在半固体管内，小玻管的上端应高出于培养基的表面，灭菌后备用。临用时在酒精灯上加热溶化，冷至 50℃，挑取因子血清 1 环，加入小套管中的半固体内，略加搅动，使其混匀，待凝固后，将待检菌株接种于小套管中的半固体表层内。每天检查结果，待另一相细菌解离后，可从套管外的半固体表面取菌检查，或转种 1%软琼脂斜面，于 37℃培养后再做凝集试验。

③ Vi 抗原的鉴定

用 Vi 因子血清检查。已知具有 Vi 抗原的菌型有：伤寒沙门菌、丙型副伤寒沙门菌、都柏林沙门菌。

④ 菌型的判定

根据血清学分型鉴定的结果，按照常见沙门菌抗原表（见附录六）判定菌型。

6. 结果与报告

综合以上生化试验和血清学鉴定结果，报告 25g（mL）样品中检出或未检出沙门菌。

实验四　食品中金黄色葡萄球菌的定性检验

一、目的要求

掌握食品中金黄色葡萄球菌（*Staphylococcus aureus*）定性检验方法。

二、实验说明

金黄色葡萄球菌是引起食物中毒的重要病原菌之一，中毒主要是其产生的肠毒素引起的。葡萄球菌肠毒素中毒是一个世界范围的问题，我国也比较常见。葡萄球菌食物中毒的媒介食品主要为肉、奶、鱼、蛋类及其制品等动物性食品。由于在无芽孢细菌中，葡萄球菌的抵抗力最强，因此应注意防范该菌污染食品而引起的食物中毒。

三、实验材料

除微生物实验室常规灭菌及培养设备外，其他设备和材料如下。

1. 设备与材料

① 恒温培养箱：36℃±1℃。

② 冰箱：2～5℃。

③ 恒温水浴箱：37～65℃。

④ 天平：感量为 0.1g。

⑤ 均质器。

⑥ 振荡器。

⑦ 无菌吸管：1mL（具 0.01mL 刻度）、10mL（具 0.1mL 刻度）或微量移液器及吸头。

⑧ 无菌锥形瓶：容量 100mL、500mL。

⑨ 无菌培养皿：直径 90mm。

⑩ 注射器：0.5mL。

⑪ pH 计或 pH 比色管或精密 pH 试纸。

2. 培养基和试剂

① 7.5%氯化钠肉汤。

② 血琼脂平板。

③ Baird-Parker 琼脂平板。

④ 脑心浸出液肉汤（BHI）。

⑤ 兔血浆。

⑥ 稀释液：磷酸盐缓冲液。

⑦ 营养琼脂小斜面。

⑧ 革兰氏染色液。

⑨ 无菌生理盐水。

四、检验程序

金黄色葡萄球菌定性检验程序见图 15-4。

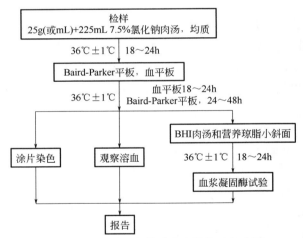

图 15-4　金黄色葡萄球菌定性检验程序图

五、检验步骤

1. 样品的处理

① 固态或半固态样品：无菌操作称取 25g 样品放入盛有 225mL 7.5%氯化钠肉汤无菌均质杯中，8000～10000r/min 均质 1～2min，或放入盛有 225mL 7.5%氯化钠肉汤的无菌均质袋中，用拍击式均质器拍打 1～2min。

② 液态样品：以无菌吸管吸取 25mL 样品放入盛有 225mL 7.5%氯化钠肉汤的

无菌锥形瓶（瓶中可预置适当数量的无菌玻璃珠）中，振荡混匀。

2. 增菌和分离培养

① 将上述检样匀液于 36℃±1℃ 培养 18～24h。金黄色葡萄球菌在 7.5% 氯化钠肉汤中呈浑浊生长。

② 将上述培养物，分别划线接种到 Baird-Parker 平板和血平板，血平板 36℃±1℃ 培养 18～24h；Baird-Parker 平板 36℃±1℃ 培养 24～48h。

③ 初步鉴定（群体形态鉴定）。金黄色葡萄球菌在 Baird-Parker 平板上菌落为圆形，直径 2～3mm，凸起，表面光滑、湿润、有光泽，颜色呈灰黑色至黑色，常有浅色（非白色）的边缘，周围绕以不透明圈（沉淀），其外常有一清晰带。当用接种针触及菌落时，具有黄油样黏稠感。有时可见到不分解脂肪的菌株，除没有不透明圈和清晰带外，其他外观基本相同。从长期贮存的冷冻或脱水食品中分离的菌落，其黑色常较典型菌落浅些，且外观可能较粗糙，质地较干燥。

金黄色葡萄球菌在血平板上菌落较大，圆形，凸起，表面光滑、湿润，金黄色（有时为白色），菌落周围可见完全透明溶血圈。

3. 确证鉴定

从 Baird-Parker 平板和血平板挑取可疑菌落进行革兰氏染色镜检及血浆凝固酶试验。

① 染色镜检：金黄色葡萄球菌为革兰氏阳性球菌，无芽孢，无荚膜，直径为 0.5～1μm。

② 血浆凝固酶试验：挑取 Baird-Parker 平板或血平板上至少 5 个可疑菌落（小于 5 个全选），分别接种到 5mL BHI 和营养琼脂小斜面，36℃±1℃ 培养 18～24h。

取新配制的兔血浆 0.5mL，放入小试管中，再加入 BHI 培养物 0.2～0.3mL，振摇均匀，放入 36℃±1℃ 恒温箱或水浴箱内；每 0.5h 观察 1 次，观察 6h，如出现凝固（即将试管倾斜或倒置时，呈现凝块）或凝固体积大于原体积的一半，判定为阳性结果。同时以血浆凝固酶阳性或阴性葡萄球菌菌株的肉汤培养物作为对照。也可用商品化的试剂，按说明书操作，进行血浆凝固酶试验。

结果如可疑，挑取营养琼脂小斜面的菌落到 5mL BHI，36℃±1℃ 培养 45～48h，重复试验。

4. 葡萄球菌肠毒素检验（选做）

葡萄球菌肠毒素的检测可用商品化的 A、B、C、D、E 型金黄色葡萄球菌肠毒素分型酶联免疫吸附试剂盒完成，按使用说明进行。一般针对可疑食物中毒样品或产生葡萄球菌肠毒素的金黄色葡萄球菌菌株的鉴定。

5. 结果与报告

① 根据菌落特征、染色镜检与血浆凝固酶试验结果，判定是否为金黄色葡萄

球菌。

② 结果报告：在 25g（mL）样品中检出或未检出金黄色葡萄球菌。

实验五　食品中副溶血性弧菌的检验

一、目的要求

掌握食品中副溶血性弧菌（*Vibrio parahaemolyticus*）的检验方法。

二、实验说明

副溶血性弧菌是分布极广的海洋细菌，是以海产品为媒介食品引起食物中毒的重要病原菌之一，尤其是在每年夏秋季节（6～9月份）的沿海地区，常引发食物中毒；非沿海地区，近些年食物中毒发生率上升明显。

三、实验材料

1. 设备与材料

① 恒温培养箱：36℃±1℃。

② 冰箱：2～5℃、7～10℃。

③ 恒温水浴箱：36℃±1℃。

④ 天平：感量为0.1g。

⑤ 均质器或无菌乳钵。

⑥ 无菌试管：18mm×180mm、15mm×100mm。

⑦ 无菌吸管：1mL（具0.01mL刻度）、10mL（具0.1mL刻度）或微量移液器及吸头。

⑧ 无菌锥形瓶：容量250mL、500mL、1000mL。

⑨ 无菌培养皿：直径90mm。

⑩ 全自动微生物生化鉴定系统。

⑪ 无菌手术剪、镊子。

2. 培养基和试剂

① 3%氯化钠碱性蛋白胨水。

② 硫代硫酸盐-柠檬酸盐-胆盐-蔗糖（TCBS）琼脂。

③ 3%氯化钠胰蛋白胨大豆琼脂。

④ 3%氯化钠三糖铁琼脂。

⑤ 嗜盐性试验培养基。

⑥ 3%氯化钠甘露醇试验培养基。

⑦ 3%氯化钠 MR-VP 培养基。

⑧ 3%氯化钠赖氨酸脱羧酶试验培养基。

⑨ 3%氯化钠溶液。

⑩ 我妻氏血琼脂。

⑪ 氧化酶试剂。

⑫ 革兰氏染色液。

⑬ ONPG 试剂。

⑭ Voges-Proskauer（V-P）试剂、靛基质试剂。

⑮ 弧菌显色培养基。

⑯ 生化鉴定试剂盒。

⑰ 0%、6%、8%、10%氯化钠浓度的胰蛋白胨水。

⑱ 含 3%氯化钠的 5%甘油溶液。

四、检验程序

副溶血性弧菌检验程序见图 15-5。

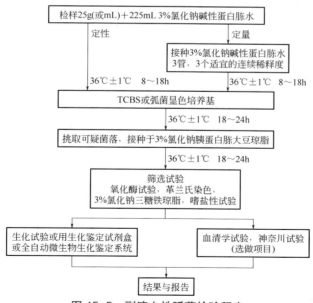

图 15-5　副溶血性弧菌检验程序

五、检验步骤

1. 样品制备

① 非冷冻样品采集后应立即置 7～10℃冰箱保存，尽可能及早检验；冷冻样品应在 45℃ 以下不超过 15min 或在 2～5℃不超过 18h 解冻。

② 鱼和头足类动物取表面组织、肠或鳃；贝类取全部内容物，包括贝肉和体液；甲壳类取整个动物，或者动物的中心部分，包括肠和鳃。如为带壳贝类或甲壳类，则应在自来水中洗刷外壳并甩干表面水分，然后以无菌操作打开外壳，按上述要求取相应部分。

③ 以无菌操作取检样 25g（mL），加入 3%氯化钠碱性蛋白胨水 225mL，用旋转刀片式均质器以 8000r/min 均质 1min，或拍击式均质器拍击 2min，制备成 1∶10 的检样匀液。如无均质器，则将样品放入无菌乳钵，自 225mL 3%氯化钠碱性蛋白胨水中取少量稀释液加入无菌乳钵，样品磨碎后放入 500mL 无菌锥形瓶，再用少量稀释液冲洗乳钵中的残留检样 1～2 次，洗液放入锥形瓶，最后将剩余稀释液全部放入锥形瓶，充分振荡，制备成 1∶10 的检样匀液。

2. 增菌

① 定性检测。将制备的 1∶10 检样匀液置 36℃±1℃恒温箱，培养 8～18h。

② 定量检测。用无菌吸管吸取 1∶10 检样匀液 1mL，注入含有 9mL 3%氯化钠碱性蛋白胨水的试管内，振摇试管混匀，制备 1∶100 检样匀液。同法依次制备 10 倍系列稀释检样匀液，每递增一次，换用一支 1mL 无菌吸管。根据对检样污染情况的估计，选择 3 个适宜的连续稀释度，每个稀释度接种 3 管含有 9mL 3%氯化钠碱性蛋白胨水的试管，每管接种 1mL，置 36℃±1℃恒温箱，培养 8～18h。

3. 分离

对所有显示生长的增菌液，用接种环在距离液面以下 1cm 内蘸取一环增菌液，于 TCBS 平板或弧菌显色培养基平板上划线分离。一支试管划线一块平板。36℃±1℃ 培养 18～24h。

典型副溶血性弧菌在 TCBS 平板上呈圆形、半透明、表面光滑的绿色菌落，用接种环轻触，有类似口香糖的质感，直径 2～3mm。从培养箱取出 TCBS 平板后，应尽快（不超过 1h）挑取菌落或标记要挑取的菌落。典型的副溶血性弧菌在弧菌显色培养基上的特征按照产品说明进行判定。

4. 纯培养

挑取 3 个或以上可疑菌落，划线接种 3%氯化钠胰蛋白胨大豆琼脂平板，于 36℃±1℃ 培养 18～24h。

5. 初步鉴定

① 氧化酶试验。挑取纯培养的单个菌落进行氧化酶试验，副溶血性弧菌氧化酶阳性。

② 涂片镜检。将可疑菌落涂片，革兰氏染色，镜检观察形态。副溶血性弧菌为革兰氏阴性菌，呈棒状、弧状、卵圆状等多形态，无芽孢，有鞭毛。

③ 3%氯化钠三糖铁琼脂。挑取纯培养的单个菌落，接种3%氯化钠三糖铁琼脂斜面并穿刺底层，36℃±1℃培养24h，观察结果。副溶血性弧菌在3%氯化钠三糖铁琼脂中的反应为底层变黄不变黑，无气泡，斜面颜色不变或红色加深，有动力。

④ 嗜盐性试验。挑取纯培养的单个菌落，分别接种0%、6%、8%和10%不同氯化钠浓度的胰蛋白胨水，36℃±1℃培养24h，观察液体浑浊情况。副溶血性弧菌在无氯化钠和10%氯化钠的胰胨水中不生长或微弱生长，在6%氯化钠和8%氯化钠的胰胨水中生长旺盛。

6. 确定鉴定

取纯培养物分别接种含3%氯化钠的甘露醇试验培养基、赖氨酸脱羧酶试验培养基、MR-VP培养基，36℃±1℃培养24~48h后观察结果；3%氯化钠三糖铁琼脂隔夜培养物进行ONPG试验。可选择生化鉴定试剂盒或全自动微生物生化鉴定系统。

7. 血清学分型（选作项目）

① 菌悬液制备。接种两管3%氯化钠胰蛋白胨大豆琼脂试管斜面，36℃±1℃培养18~24h。用含3%氯化钠的5%甘油溶液冲洗斜面培养物，获得浓厚菌悬液。

② K抗原的鉴定。取一管菌悬液，首先用多价K抗血清进行检测，出现凝集反应时再用单个的抗血清进行检测。用蜡笔在一张玻片上划出适当数量的间隔和一个对照间隔。在每个间隔内各加一滴菌悬液，并对应加入一滴K抗血清。在对照间隔内加一滴3%氯化钠溶液。轻微倾斜玻片，使各成分相混合，再前后倾动玻片1min。阳性凝集反应可以立即观察到。

③ O抗原的鉴定。将另外一管菌悬液转移至离心管内，121℃灭菌1h。灭菌后4000r/min离心15min，弃去上层液体，沉淀用生理盐水洗三次，每次4000r/min离心15min，最后一次离心后留少许上层液体，混匀制成菌悬液。用蜡笔将玻片划分成相等的间隔。在每个间隔内各加一滴菌悬液，将O群血清分别加一滴到间隔内，最后一个间隔加一滴生理盐水作为自凝对照。轻微倾斜玻片，使各成分相混合，再前后倾动玻片1min。阳性凝集反应可以立即观察到。如果未见到与O群血清的凝集反应，将菌悬液121℃再次灭菌1h后重新检测。如仍为阴性，则培养物的O抗原属于未知。根据表15-8报告血清学分型结果。

8. 神奈川试验（选作项目）

神奈川试验是在我妻氏血琼脂上测试是否存在特定溶血素。神奈川试验阳性结果与副溶血性弧菌分离株的致病性显著相关。

用接种环将测试菌株的 3%氯化钠胰蛋白胨大豆琼脂 18h 培养物点种于表面干燥的我妻氏血琼脂平板。每个平板上可以环状点种几个圈。36℃± 1℃ 培养不超过24h，并立即观察。阳性结果为菌落周围呈现半透明环的 β 溶血。

9. 结果与报告

根据检出的可疑菌落生化性状，报告每 25g（mL）样品中检出副溶血性弧菌。如果进行定量检测，根据证实为副溶血性弧菌的阳性管数，查最可能数（MPN）检索表（见附录五），报告每克（毫升）副溶血性弧菌的 MPN 值。副溶血性弧菌菌落生化性状和其他弧菌的鉴别情况分别见表 15-9 和表 15-10。

表 15-8　副溶血性弧菌的抗原

O 群	K 型
1	1, 5, 20, 25, 26, 32, 38, 41, 56, 58, 60, 64, 69
2	3, 28
3	4, 5, 6, 7, 25, 29, 30, 31, 33, 37, 43, 45, 48, 54, 56, 57, 58, 59, 72, 75
4	4, 8, 9, 10, 11, 12, 13, 34, 42, 49, 53, 55, 63, 67, 68, 73
5	15, 17, 30, 47, 60, 61, 68
6	18, 46
7	19
8	20, 21, 22, 39, 41, 70, 74
9	23, 44
10	24, 71
11	19, 36, 40, 46, 50, 51, 61
12	19, 52, 61, 66
13	65

表 15-9　副溶血性弧菌的生化性状

项目	结果	项目	结果
革兰氏染色镜检	阴性，无芽孢	葡萄糖产气	−
氧化酶	+	乳糖	−
动力	+	H₂S	−
蔗糖	−	赖氨酸脱羧酶	+
葡萄糖产酸	+	V-P	−
甘露醇	+	ONPG	−

注：+，阳性；−，阴性。

表 15-10　副溶血性弧菌与其他弧菌的鉴别

菌株名称	氧化酶	赖氨酸	精氨酸	鸟氨酸	明胶	脲酶	V-P	42℃生长	蔗糖	D-纤维二糖	乳糖	阿拉伯胶糖	D-甘露糖	D-甘露醇	ONPG	嗜盐性试验 氯化钠含量				
																0	3%	6%	8%	10%
副溶血性弧菌（*V. parahaemolyticus*）	+	+	−	+	+	V	−	+	−	V	−	+	+	+			+	+	+	−
创伤弧菌（*V. vulnificus*）	+	+	−	+	+	−		+		+	+	−	+	V			+	+	−	−
溶藻性弧菌（*V. alginolyticus*）	+	+	−	+	+		+		+			+	+	+			+	+	+	+
霍乱弧菌（*V. cholerae*）	+	+	−	+	+	−	V		+		+			+		+	+	−	−	−
拟态弧菌（*V. mimicus*）	+	+	−	+		−					+			+		+	+	−	−	−
河弧菌（*V. fluvialis*）	+	−	+	−	+	−		V			+			+			+	+	V	−
弗尼斯弧菌（*V. furnissii*）	+	−	+	−	+	−		+			+			+			+	+	+	−
梅氏弧菌（*V. etschnikovii*）	−	+	+	−	+		+	V			+			+			+	+	V	−
霍利斯弧菌（*V. hollisae*）	+	−	−	−	−		−	nd						+			+	+	−	−

注：+表示阳性；−表示阴性；nd 表示未试验；V 表示可变。

附 录

附录一　常用染色液、指示剂及试剂的配制

一、染色液

1. 齐氏石炭酸品红染液

A 液：碱性品红 0.3g、95%乙醇 10mL。

B 液：石炭酸（苯酚）5.0g、蒸馏水 95mL。

将 A、B 两液混合摇匀过滤。

2. 吕氏碱性美蓝液

A 液：美蓝（甲烯蓝、次甲基蓝、亚甲蓝，含染料 90%以上）0.3g、95%乙醇 30mL。

B 液：KOH（0.01%质量比）100mL。

将 A、B 两液混合摇匀使用。

3. 革兰氏染色液

（1）草酸铵结晶紫液　A 液：结晶紫（含染料 90%以上）2.0g、95%乙醇 20mL。B 液：草酸铵 0.8g、蒸馏水 80mL。

将 A、B 两液充分溶解后混合静置 24h 过滤使用。

（2）革兰氏碘液　碘 1g、碘化钾 2g、蒸馏水 300mL，配制时先将碘化钾溶于 5～10mL 水中，再加入碘，使其溶解后，加水至 300mL。

（3）95%乙醇

（4）0.25%番红溶液　2.5%番红的乙醇溶液 10mL、蒸馏水 100mL，混合过滤。

4. 石炭酸品红染液

3%碱性品红酒精溶液 10mL、3%石炭酸水溶液 90mL，两液混合后即成。

5.3%盐酸酒精

浓盐酸 3mL、95%酒精 97mL，配制时，将浓盐酸加入到酒精中，混匀即成。

6. 布氏杆菌细胞壁固定液

饱和苦味酸液 75mL、福尔马林液 25mL、冰醋酸 5mL，三液混合配制而成。

7. 结晶紫染色液

配法与革兰氏染液中草酸铵结晶紫的配法相同。

8.7.6%孔雀绿染色液

孔雀绿 7.6g、蒸馏水 100mL，此为孔雀绿饱和水溶液，配制时尽量溶解，过滤使用。

9.0.5%番红染液

番红花红（或番红、沙黄）2.5%的酒精溶液 20mL、蒸馏水 100mL，混合过滤。

10. 银盐鞭毛染色液

A 液：单宁酸 5g、$FeCl_3$ 1.5g、福尔马林（1.5%）2.0mL NaOH（1%）1.0mL、蒸馏水 100mL。

将单宁酸和 $FeCl_3$ 溶于水中后加入福尔马林和 NaOH，过滤后使用。

B 液：$AgNO_3$ 2g、蒸馏水 100mL。

待 $AgNO_3$ 溶解后，取出 10mL 备用，向其余的 90mL $AgNO_3$ 溶液中滴加浓 NH_4OH，形成很浓厚的沉淀，再继续滴加 NH_4OH 到刚刚溶解沉淀成为澄清溶液为止。再将备用的 $AgNO_3$ 慢慢滴入，则出现薄雾，但轻轻摇动后，薄雾状的沉淀又消失，再滴入 $AgNO_3$，直到摇动后，仍呈现轻微而稳定的薄雾状沉淀为止。如雾重，则银盐沉淀析出，不宜使用。

11. 李夫森氏鞭毛染色液

A 液：NaCl 1.5g、蒸馏水 100mL。

B 液：单宁酸（鞣酸）3g、蒸馏水 100mL。

C 液：碱性品红 1.2g、95%乙醇 200mL。

临用前将 A、B、C 三种染液等量混合。分别保存的染液在冰箱保存几个月，室温保存几个星期仍有效。但混合液应立即使用。

12.1%黑素液

水溶性黑色素 10g、甲醛 0.5mL、蒸馏水 1000mL，将水溶性黑色素全部溶于蒸馏水中，置沸水浴中 30min 后，滤纸过滤两次，补加水至 1000mL，最后加 0.5mL 甲醛备用。

13. 姬姆萨氏染液

姬姆萨氏染料 0.6g、甘油 50mL、甲醇 50mL，配制时将染料加于甘油中，置 55～60℃水浴中 1.5～2h 后，加入甲醇，再静置 1d 以上，过滤即成姬姆萨氏原液。

临染色前，于每毫升中性或碱性蒸馏水（若蒸馏水偏酸，用1%碳酸钾液调pH）中加入上述原液一滴，即成姬姆萨氏染色液。

14. 瑞特氏染液

瑞特氏染料0.1g、甲醇60mL，配制时，将染料置于玛瑙乳钵中，徐徐加入甲醇，研磨使其溶解，并装入有色中性玻璃瓶中，静置一夜，次日过滤即成。此染色液置于暗处，其保存期为数月。

15. 刚果红染液

刚果红0.5g、蒸馏水100mL，配制时，将刚果红溶解在蒸馏水中即成。

16. 阿尔伯特氏染液

（1）甲液　甲苯胺蓝0.15g、孔雀绿0.2g，溶解于2mL 95%酒精中，加入蒸馏水100mL、冰醋酸1mL，放置24h，滤纸过滤即成。

（2）乙液　先将碘化钾3g溶于10mL蒸馏水中，再加碘2g，溶解后加蒸馏水至300mL。

17. 庞特氏染液

甲苯胺蓝0.1g、1号刃天青0.1g、美蓝0.1g，分别溶于95%的酒精中，再加蒸馏水120mL、冰醋酸1mL，混匀即成。

18. 苏丹黑B染液

苏丹黑B 0.5g、70%酒精100mL。

19. 碘液

碘2g、碘化钾4g、蒸馏水100mL，配制方法与革兰氏碘液相同。

20. 乳酸-苯酚-棉蓝染液

乳酸（相对密度1.21）10mL、甘油20mL、苯酚10g、棉蓝0.02g、蒸馏水10mL，将苯酚加入蒸馏水中加热溶化，再加入乳酸和甘油，最后加入棉蓝，溶解即成。

21. 磷钨酸负染色液（PTA）

取磷钨酸（钠、钾）1.2g，双蒸水100mL，用10% NaOH/KOH调pH为6.5～7.0，溶液经过滤后使用，室温下可长期保存，也可用磷钨酸钠或磷钨酸钾配制。

22. Bouin氏液（常用的混合固定液）

苦味酸饱和液（1.22%）75mL、福尔马林25mL、冰醋酸5mL，混匀即成。

23. 苏木精-伊红染液

（1）苏木精染液

① 称取0.5g苏木精、5.0g铵矾或钾矾、0.1g碘酸钠，升温溶于70mL蒸馏水中；

② 加入30mL甘油和2mL冰乙酸，充分混匀后过滤即成母液，母液可长期

保存；

③ 用蒸馏水以 1：20 稀释母液即成工作液。工作液可较长时间储存，但每次染色前应过滤，去除氧化膜。

（2）伊红染液　伊红有醇溶性与水溶性之分。取 0.5g 伊红溶于 100mL 70%乙醇或蒸馏水，即成工作液。

（3）盐酸酒精分化液　浓盐酸 0.5～1mL、75%酒精 99mL，混匀即成。

二、指示剂

1. 麝香草酚蓝或百里酚蓝

变色范围：pH 1.2～2.8，颜色由红变黄。常用浓度为 0.04%，配制时称 0.1g 指示剂溶于 100mL、20%乙醇中。

2. 溴酚蓝

变色范围：pH3.0～4.6，颜色由黄变蓝。常用浓度为 0.04%。配制时称 0.1g 指示剂，加 14.9mL 0.01mol/L NaOH，加蒸馏水至 250mL，或称 0.1g 指示剂溶于 100mL 20%乙醇中。

3. 溴甲酚绿

变色范围：pH3.8～5.4，颜色由黄变蓝，常用浓度为 0.04%。配制时称 0.1g 指示剂，加 14.3mL 0.01mol/L NaOH，加蒸馏水至 250mL。

4. 甲基红

变色范围：pH4.2～6.3，颜色由红变黄，常用浓度为 0.04%。配制时称 0.1g 指示剂，加 150mL 95%乙醇溶解，再加蒸馏水至 250mL。

5. 石蕊

变色范围：pH5.0～8.0，颜色由红变蓝，常用浓度为 0.045%～1.0%。配制时称 0.5～1.0g 指示剂溶于 100mL 蒸馏水中。

6. 溴甲酚紫

变色范围：pH5.2～6.8，颜色由黄变紫。常用浓度为 0.04%。配制时称 0.1g 指示剂，加 18.5mL 0.01mol/L NaOH，加蒸馏水至 250mL。

7. 溴麝香草酚蓝或溴百里酚蓝

变色范围：pH6.0～7.6，颜色由黄变蓝。常用浓度为 0.04%。配制时称 0.1g 指示剂，加 16mL 0.01mol/L NaOH，加蒸馏水至 250mL。或称 0.1g 指示剂溶于 100mL、20%乙醇中。

8. 0.05%溴麝香草酚蓝溶液（氨基氮测定用）

称 0.05g 溴麝香草酚蓝，溶于 100mL 20%乙醇中。

9. 酚红

变色范围：pH6.8～8.4，颜色由黄变红。常用浓度为 0.02%。配制时称 0.01g 指示剂，加 28.2mL 0.01mol/L NaOH，加蒸馏水至 500mL。

10. 中性红

变色范围：pH6.8～8.0，颜色由红变黄。常用浓度为 0.04%。配制时称 0.1g 指示剂，加 70mL 乙醇，加蒸馏水至 250mL。

11. 酚酞

变色范围：pH8.2～10.0，颜色由无色变红色。常用浓度为 0.1%，配制时称 0.1g 指示剂，加 100mL 60%乙醇。

12. 0.5%酚酞溶液（氨基氮测定用）

称 0.5g 酚酞，溶于 100mL 60%乙醇中。

13. 甲基橙

变色范围：pH3.1～4.4，颜色由红色变橙黄色，常用浓度为 0.04%。称 0.1g 甲基橙，加 3mL 0.1mol/L NaOH，加蒸馏水至 250mL。

三、试剂

1. 甲基红试验试剂（M.R.试剂）

甲基红 0.1g、95%酒精 300mL、蒸馏水 200mL。

2. 乙酰甲基甲醇试验试剂（V.P.试剂）

Ⅰ液：5% α-萘酚酒精溶液　称取 5g α-萘酚，用无水酒精溶液定容至 1000mL。

Ⅱ液：40%KOH 溶液　称取 4g KOH，蒸馏水溶解定容至 100mL。

3. 2,3-丁二醇试剂（测定多黏菌素 E 发酵种子液用）

① 5%碳酸胍水溶液

② 5% α-萘酚无水乙醇溶液

③ 40%氢氧化钾

乙酰甲基甲醇还原时生成 2,3-丁二醇。

4. 碘液

淀粉水解试验和测定多黏菌素 E 发酵液糊精时使用，与革兰氏碘液相同，配制方法见附录一。

5. 吲哚试剂

对二甲基氨基苯甲醛 2g、95%乙醇 190mL、浓盐酸 40mL。

6. 氨试剂（奈斯勒试剂）

Ⅰ液：碘化钾 10.0g、蒸馏水 100mL、碘化汞 20.0g。

Ⅱ液：氢氧化钾 20.0g、蒸馏水 100mL。

将 10g 碘化钾溶于 50mL 蒸馏水中，在此溶液中加碘化汞颗粒。待溶解后，再加 KOH 并补足蒸馏水，然后再将澄清的液体倒入棕色瓶贮存。

7. 格里斯氏试剂（亚硝酸盐试剂）

A 液：对氨基苯磺酸 0.5g、稀醋酸（10%左右）150mL。

B 液：萘胺 0.1g、蒸馏水 20mL、稀醋酸（10%左右）150mL。

附录二　溶液与缓冲液的配制

一、溶液及缓冲液

1. 2%伊红溶液

称取 2g 伊红 Y，加蒸馏水至 100mL，0.10MPa 灭菌 20min，然后将 2mL 2%伊红溶液在无菌条件下加入 100mL 牛肉膏蛋白胨培养基中，摇匀放凉即可；或将配制好的 2%伊红溶液直接加入牛肉膏蛋白胨培养基中，然后再行灭菌。

2. 0.5%美蓝溶液

称取 0.5g 美蓝，加蒸馏水至 100mL，121℃灭菌 20min，然后将 1mL 美蓝溶液在无菌条件下加入牛肉膏蛋白胨培养基中，摇匀放冷即可；或将配制好的 0.5%美蓝溶液直接加入牛肉膏蛋白胨培养基中，然后再行灭菌即可。

3. 1%淀粉溶液

称取可溶性淀粉 1g，先用少量蒸馏水调成糊状，倾入煮沸的蒸馏水中，定容至 100mL。

4. 5%碳酸氢钠溶液（俗称苏打水）

称取碳酸氢钠 5g，溶于 100mL 蒸馏水中。

5. 酒精稀释法

用 95%酒精配制 75%酒精。如果将两种浓度的酒精配制成某种浓度酒精溶液时，可用十字交叉法。

$$
\begin{matrix}
A & & X \\
 & W & \\
B & & Y
\end{matrix}
$$

A：被稀释的乙醇浓度；

B：用来稀释 A 液的乙醇浓度（%），如用水时，B=0；

W：要求稀释成的乙醇浓度（%）；

Y：（A−W）取 B 液所用体积；

X：（W−B）取 A 液所用体积。

或采用直接稀释法，如用工业或医用 95%酒精配制成 75%酒精，则可取 75mL、95%酒精加入 20mL 蒸馏水即可。

6. 10% FeCl₃ 溶液

称取 FeCl₃·6H₂O 10g，溶解于蒸馏水中，定容至 100mL。

7. 0.85% 生理盐水

称取 NaCl 0.85g，溶解于 100mL 蒸馏水中，121℃灭菌 15～20min。

8. 1mol/L HCl

用酸滴定管按附表 1 量取浓盐酸，配成所需浓度的盐酸，如配制 1mol/L HCl，先量取体积分数为 38%的浓盐酸，再用蒸馏水稀释定容至 1000mL，小心摇匀即可。

附表 1　盐酸配制法

项目	相对密度 1.19	相对密度 1.16
体积分数	38%	32%
加浓 HCl/mL	82.5	98.3
加蒸馏水/mL	917.5	901.7

9. 1mol/L NaOH 溶液

称取 40g NaOH，溶于蒸馏水并稀释定容至 1000mL，用 β-苯二甲酸氢钾进行标定。

10. 0.2mol/L NaOH 溶液

称取 0.8g 干燥的 NaOH，溶于蒸馏水并定容至 100mL。

11. 0.100mol/L NaOH 溶液

将所配 0.20mol/L NaOH 溶液稀释 1 倍，然后以 0.100mol/L 盐酸标定液标定，准确调整其浓度至 0.100mol/L。

12. 无菌液体石蜡

取医用液体石蜡油装入锥形瓶中，装量不超过锥形瓶总体积的 1/4，塞上棉塞，外包扎牛皮纸，121℃灭菌 30min，连续灭菌 2 次，再置 105～110℃干燥箱中烘烤 2h 或在 40℃恒温箱中放置 2 周，除去石蜡油中的水分，经无菌检查后备用。

13. 无菌甘油

取丙三醇(亦称甘油，AR)适量装入锥形瓶中，装量不宜超过锥形瓶体积的 1/4，塞上棉塞，外包扎牛皮纸，121℃灭菌 15～20min，取出后置 40℃恒温箱中 2 周，蒸发除去甘油中的水分，经无菌检查后备用。

14. 脱脂牛奶

将新鲜牛奶煮沸，冷却后除去表层油脂，反复操作 3～4 次，然后用脱脂棉过滤，最后 3000r/min 离心 15min，再除去上层油脂。也可将煮沸牛奶放 0℃冰箱过夜，次日将漂浮于液面的脂肪除去，反复数次，直至油脂除尽。若用脱脂奶粉，可配制成 20%乳液。上述脱脂牛奶分装于小锥形瓶中，塞上棉塞，外包扎牛皮纸，115℃灭菌 30min，经无菌检查后备用。

15. pH4.5 醋酸缓冲液

0.51g $CaSO_4$、6.8g 醋酸，加水稀释至 1L。

16. 100mmol/L Tris（三羟甲基氨基甲烷）-HCl 缓冲液（pH7.6）

三羟甲基氨基甲烷分子量为 121.4，先配制成 0.2mol/L Tris-HCl 缓冲液（称取 24.28g 三羟甲基氨基甲烷，加入 37.5mL 0.1mol/L HCl，加蒸馏水稀释，并定容至 1000mL，112℃灭菌 20min），用时用无菌蒸馏水稀释 1 倍。

17. 巴比妥缓冲液（pH7.4）

取巴比妥钠 4.42g，加水使溶解并稀释至 400mL，用 2mol/L 盐酸溶液调节 pH 值至 7.4，过滤，即得。

18. 磷酸盐缓冲液

磷酸二氢钾（KH_2PO_4）34.0g、蒸馏水 500～1000mL、pH 7.2。

配制方法　①贮存液：称取 34.0g 磷酸二氢钾溶于 500mL 蒸馏水中，用大约 175mL 的 1mol/L 氢氧化钠溶液调节 pH，用蒸馏水稀释至 1000mL 后贮存于冰箱。②稀释液：取贮存液 1.25mL，用蒸馏水稀释至 1000mL，分装于适宜容器中，121℃高压灭菌 15～20min。

19. 质粒提取溶液 I

将 2.5mL 1mol/L 的 Tris-HCl 缓冲液、2mL 0.5mol/L EDTA（乙二胺四乙酸）、4.5mL 1.11mol/L 葡萄糖加入 100mL 烧杯中，定容至 100mL，115℃灭菌 30min，4℃冰箱储存。

20. 质粒提取溶液 II

在 100mL 烧杯里加 10mL 10%的 SDS（十二烷基硫酸钠），10mL 2mol/L 的 NaOH，定容至 100mL，需现用现配。

21. 质粒提取溶液 III

称量 29.4g 乙酸钾于烧杯中，量取 11.5mL 冰醋酸加入烧杯中，定容至 100mL，121℃灭菌 15～20min，4℃冰箱储存。

22. 10×TAE（Tris-乙酸）溶液

称取 Tris 48.4g，EDTA•Na_2•$2H_2O$ 7.44g 于 1L 烧杯中，向烧杯中加入约 800mL 去离子水，充分搅拌溶解，加入 11.4mL 冰醋酸充分搅拌，用去离子水定容至 1L 后，室温保存，使用时以去离子水稀释 10 倍成 1×TAE 电泳缓冲液。

23. pH 8.0 的 TE 缓冲液

精确量取 1mL 1mol/L 的 Tris-HCl、0.2mL 0.5mol/L 的 EDTA 于烧杯中，调节 pH 值为 8.0，以无菌水定容至 100mL，121℃灭菌 15～20min，室温储存。

24. 20μg/mL RNase A 溶液

称取 20μg RNase A 粉末，加入 1mL pH 8.0 的 TE 缓冲液中充分溶解。

25. 1%的琼脂糖

称取 1g 琼脂糖粉加入含 100mL 1×TAE 电泳缓冲液的三角锥形瓶中，在锥形瓶的瓶口上盖上保鲜膜或牛皮纸，以减少水分蒸发。在微波炉中加热，使溶液沸腾后保持 1min 左右，使琼脂糖充分溶解，取出室温放置，待其稍冷却即可。

26. 10%的 SDS 溶液

称取 10g 十二烷基硫酸钠（SDS）溶于 80mL 去离子水中，待其完全溶解，用盐酸调 pH 到 7.2，定容到 100mL。

27. 3mol/L 的醋酸钠溶液

称取无水醋酸钠 246g，溶于 800mL 去离子水中，待其充分溶解后定容至 1000mL。

28. 5%的 CTAB/NaCl 溶液

精确量取 5g CTAB 于烧杯中，再精确量取 100mL 0.5mol/L 的 NaCl 溶液倒入烧杯中，65℃加热溶解，室温储存。

29. 20mg/mL 的蛋白酶 K

称取 20mg 蛋白酶 K，溶于 1mL 无菌去离子水中。

30. 20mg/mL 的 X-gal 溶液

称取 20mg 5-溴-4-氯-3-吲哚-β-D 半乳糖苷（X-gal），溶于 1mL 无菌去离子水中，-20℃避光保存。

31. 200mg/mL 的 IPTG 溶液

称取 200mg 异丙基-β-D-硫代半乳糖苷（IPTG），溶于 1mL 无菌去离子水中，-20℃保存。

32. 1mol/L 的 Tris 溶液

称取 121.14g Tris，溶于 800mL 无菌水中，定容至 1000mL。

33. 1mol/L 的马来酸液

称取 116.07g 马来酸溶于 800mL 无菌水中，定容至 1000mL。

34. 0.05mol/L 的 Ttris-马来酸缓冲液

取 5mL 1mol/L 的马来酸液、5mL 1mol/L Tris 溶液，混合后用 NaOH 调 pH 值至 7.2，以无菌水定容至 100mL。

35. TENP 缓冲液

称取 6.057g Tris、6.724g 乙二胺四乙酸二钠、5.85g NaCl 和 10g 聚乙烯吡咯烷酮（PVP），溶于 800mL 无菌水中，定容至 1000mL，并调整 pH 为 10.0。

36. PBS 缓冲液

称取 8g NaCl、0.2g KCl、1.44g Na_2HPO_4 和 0.24g KH_2PO_4，溶于 800mL 蒸馏水中，调节溶液的 pH 值至 7.4，最后加蒸馏水定容至 1L，121℃下高压蒸汽灭菌 15～20min，保存于室温或 4℃冰箱中。

37. DNA 提取缓冲液

称取 12.114g Tris、33.62g 乙二胺四乙酸二钠、38.014g $Na_3PO_4 \cdot 12H_2O$、87.75g NaCl 和 1g 十六烷基三甲基溴化铵（CTAB），充分溶解于 800mL 蒸馏水中，调节溶液的 pH 值至 8.0，最后加蒸馏水定容至 1L。

二、抗生素溶液

1. 链霉素溶液（10000U/mL）

标准链霉素制品为 10000000 U/瓶，先准备好 100mL 无菌水，在无菌条件下用无菌移液管吸取 0.5mL 无菌水加入链霉素标准制品瓶中，待链霉素溶解后取出加至另一无菌锥形瓶中，如上操作反复用无菌水洗链霉素标准制品瓶 5 次，最后将所剩余无菌水全部转移至链霉素溶液中，此链霉素溶液为 10000U/mL。

2. 氨苄青霉素溶液（8mg/mL 和 25mg/mL）

称取氨苄青霉素（医用粉剂）8mg 和 25mg，分别溶于 1mL 无菌蒸馏水中，临用时配制。或临用时再经滤膜过滤器过滤除菌。

3. 标准多黏菌素 E 溶液

标准多黏菌素 E 制品为 1mg 约有 360U。准确称取多黏菌素 E 标准品 55.56mg，用无菌 1/15mol/L pH6.0 磷酸缓冲液溶解定容至 100mL，即配制成 10000U/mL 的多黏菌素 E 标准母液，在 4℃下保存备用。

将 10000U/mL 多黏菌素 E 母液用无菌 1/15mol/L pH6.0 的磷酸缓冲液稀释成 600U/mL、800U/mL、1000U/mL、1200U/mL、1400U/mL。用滤膜过滤器过滤除菌，贮存于无菌试管或三角瓶中，最好临用前配制。

4. 土霉素溶液（8mg/mL）

称取土霉素（医用粉剂）8mg，溶于 1mL 无菌蒸馏水中，临用时配制。

5. 丝裂霉素 C 母液（0.3mg/mL）

称取 3mg 丝裂霉素 C，溶于 10mL 无菌蒸馏水中，制成 0.3mg/mL 丝裂霉素 C 母液；诱导溶源性细菌释放噬菌体时，每 20mL 细菌培养物中加 0.2mL 丝裂霉素 C

母液，使终浓度为 3μg/mL。

三、消毒药剂

1. 结晶紫液（1%）

称取 1g 结晶紫研碎后，加少量 95%酒精继续研磨，至完全溶解。加蒸馏水稀释成 100mL，即配成 1%的水溶液。俗称紫药水，对 G$^+$细菌作用较强。

2. 碘酊溶液（碘酒）

称取 2g 碘和 1.5g 碘化钾，置于 100mL 量杯中，加少量 50%酒精，搅拌待其溶解后，再用 50%酒精稀释至 100mL，即得碘酊溶液。

3. 过氧化氢溶液（3%~10%）

俗称双氧水，系无色无臭的水状液体，通常含 30%的 H$_2$O$_2$。用无菌蒸馏水稀释成 10 倍或 3 倍即可。临用前配制。

4.5%石炭酸液

石炭酸（苯酚）50g、蒸馏水 1000mL。配制时先将石炭酸在水浴锅内加热溶解，称取 50g，倒入 1000mL 蒸馏水中。

5.2%～5%来苏尔溶液

来苏尔水是肥皂乳化甲酚的混合液。配制 2%的来苏尔溶液用于皮肤消毒，配制 3%～5%来苏尔溶液用来处理微生物实验的废弃物品。量取 5mL 来苏尔水，用无菌蒸馏水稀释至 100mL，即配成 5%（1：20）的来苏尔原液。

四、组织培养试剂

1. Hank's 用液的制备

（1）组成　Hank's 用液的组成成分见附表 2。

附表 2　Hank's 用液的组成成分

名称	成分	含量
A 液	NaCl	80.0g
	KCl	4.0g
	CaCl$_2$	1.4g
	MgSO$_4$·7H$_2$O	2.0g
	双蒸水	约 450mL
B 液	Na$_2$HPO$_4$	0.6g
	KH$_2$PO$_4$	0.6g
	葡萄糖	10.0g
	双蒸水	约 450mL
C 液	1%酚红溶液	16mL

注：1%酚红溶液配制，酚红 1.0g，在乳钵内加入 1mol/L NaOH 溶液 4～7mL，研磨使其完全溶解，再加双蒸水至 100mL，高压消毒，在室温或 4℃贮存。

（2）制法　依次在水中溶解上述成分；将 B 液慢慢地加到 A 液中，同时不断搅拌；然后加入 C 液；加双蒸水到 1000mL；加压过滤除菌（或加氯仿 2mL），4℃贮存。

2. 0.25%胰蛋白酶配制

胰蛋白酶 0.25g、Hank's 液 100mL。将胰蛋白酶溶于 Hank's 液中，待完全溶解后，用 0.22μm 滤膜过滤，检验无菌后才能使用。无菌分装小瓶，每瓶 5mL 低温冻结保存。使用时，以 7%NaHCO₃ 调节 pH 到 7.6～7.8。

3. DMEM 生长液

① 将 1000mL DMEM 合成培养基全部倒入一容器中，用少量双蒸水将袋内残留培养基洗下，并入容器加双蒸水（水温 20～30℃）到 950mL，轻微搅拌至充分溶解。

② 加入 3.7g 碳酸氢钠（用 CO_2 培养箱），密闭培养用 2～2.5g。

③ 轻微搅拌溶解，加双蒸水至 1L。

④ 用 1mol/L 氢氧化钠溶液或 1mol/L 盐酸溶液调 pH 至 7.2～7.4（pH 在过滤时会上升 0.1～0.3，因而调节 pH，使它比最终想要的 pH 低 0.2～0.3）。

⑤ 用 0.22μm 滤膜正压过滤除菌。

⑥ 溶液应在 2～8℃下避光保存。

⑦ 配制好的培养液用前加入 100 IU/mL 青霉素和 100μg/mL 链霉素，并加 10%犊牛血清以及谷氨酰胺等。

4. 双抗配制

青霉素 100 万单位、链霉素 1g、Hank's 液 100mL。将青霉素、链霉素溶解于 100mL Hank's 溶液中，此为双抗溶液，无菌操作，分装小瓶，每瓶 1mL，低温冻结保存。使用时每 100mL 营养液中加双抗 1mL，即每毫升营养液中含青霉素 100 IU、链霉素 100μg。

5. 谷氨酰胺溶液

① L-谷氨酰胺 12.0g 溶于 400mL 双蒸水中。

② 加压过滤除菌。

③ 分装成 50mL。

④ –20℃贮存。

此液不加在母液里，在配使用液（即生长液或维持液）时加入。

6. 小牛血清

血清种类较多，包括小牛血清、胎牛血清、马血清、兔血清等，目前使用的主要是小牛血清和胎牛血清。使用前应在 56℃ 30min 灭活处理，以破坏补体。灭活处理后的血清促生长能力有所下降，但它可以安全地贮存于 4℃。未加热的血清不稳定，应保存于–20℃。

7. 7% NaHCO₃ 溶液配制

NaHCO₃ 7g、双蒸水 100mL。将 NaHCO₃ 溶于双蒸水中，置水浴锅中加热溶解，0.11MPa 10min 灭菌后，无菌操作分装小瓶，每瓶 1mL，4℃ 保存。

附录三　常用培养基配制

一、细菌培养基

（一）细菌常用培养基

1. 营养（普通）肉汤

牛肉膏 0.5g、蛋白胨 1.0g、NaCl 0.5g、水 100mL，pH7.2，121℃灭菌 15～20min。

2. 营养（普通）琼脂

牛肉膏 0.5g、蛋白胨 1.0g、NaCl 0.5g、琼脂 1.5～2g、水 100mL，pH7.2，121℃灭菌 15～20min。

3. 半固体培养基

牛肉膏 0.5g、蛋白胨 1.0g、NaCl 0.5g、琼脂 0.5～0.8g、水 100mL，pH7.2，121℃灭菌 20min。

4. LB 培养基

胰化蛋白胨 1g、酵母提取物 0.5g、NaCl 1g、琼脂 1.5～2g、水 100mL，121℃灭菌 15～20min。

需要时也可在 LB 培养基中加入 0.1%葡萄糖。

5. 阿什比（ashby）无氮培养基

甘露醇（或蔗糖或葡萄糖）10g、K₂HPO₄ 0.2g、MgSO₄·7H₂O 0.2g、NaCl 0.2g、CaSO₄·2H₂O 0.2g、CaCO₃ 5.0g、琼脂 20g、蒸馏水 1000mL，pH7.0～7.2，115℃灭菌 30min。

6. 乳酸菌培养基

（1）MRS 琼脂　蛋白胨 10g、牛肉膏 10g、酵母浸膏 5g、葡萄糖 20g、tween80 1mL、K₂HPO₄ 2g、醋酸钠 5g、柠檬酸铵 2g、MgSO₄·7H₂O 0.2g、MnSO₄·4H₂O 0.2g、琼脂 18g、蒸馏水 1000mL，115℃灭菌 30min。

（2）番茄汁琼脂培养基　胰胨（tryptone）10g、番茄汁 200mL、酵母浸膏 10g、琼脂 15g，加蒸馏水至 1000mL，121℃灭菌 15～20min。

（3）乳糖琼脂培养基　牛肉膏 5g、乳糖 5g、蛋白胨 10g、葡萄糖 10g、酵母膏溶粉 5g、NaCl 5g、琼脂 15g，115℃灭菌 30min。

（4）麦芽汁培养基（富集乳酸菌）　取大麦芽一定数量，粉碎，加 4 倍于麦芽量的 60℃的水，在 55～60℃下，保温糖化，不断搅拌，经 3～4h 后，用纱布过滤，除去残渣，煮沸后再重复用滤纸或脱脂棉过滤一次，即得澄清的麦芽汁（每 1000g 麦芽粉能制得 15～18°Bx 麦芽汁 3500～4000mL），加水稀释成 10～12°Bx 的麦芽汁，固体麦芽汁培养基还要加琼脂 2%。自然 pH，115℃灭菌 30min。

7. 葡萄糖碳酸钙培养基（分离醋酸菌）

葡萄糖 1.5%、酵母膏 1%、$CaCO_3$ 1.5%、琼脂 2%，自然 pH，115℃灭菌 30min。

8. 麦芽汁碳酸钙培养基

麦芽汁（10°Bx）100mL、碳酸钙（预先灭菌）1g、琼脂 2g，自然 pH，115℃灭菌 30min。

9. 米曲汁碳酸钙乙醇培养基（分离醋酸菌）

米曲汁（10～12°Bx）100mL、$CaCl_2$ 1g、琼脂 2g、95%乙醇 3～4mL，自然 pH，115℃灭菌 30min。配制时，不加乙醇，灭菌后再加入乙醇。

10. BTB 肉汤培养基（分离产谷氨酸菌）

蛋白胨 1%、牛肉膏 0.5%、NaCl 0.5%、葡萄糖 0.1%、0.4%溴百里酚蓝（BTB）、酒精溶液 2.5%（体积比）、琼脂 2%，pH7.0～7.2，115℃灭菌 30min。配制时待校正后，再加入 BTB 试剂。

11. 谷氨酸菌初筛培养基

葡萄糖 5%、K_2HPO_4 0.1%、$MgSO_4 \cdot 7H_2O$ 0.05%、玉米浆 0.2%、$FeSO_4$ 2×10^{-6}、$MnSO_4$ 2×10^{-6}、尿素 1.2%，pH7.0～7.2，分装大试管，用纱布做塞，115℃灭菌 30min。

注：尿素要单独灭菌，115℃维持 15min。

12. 谷氨酸菌种子培养基

葡萄糖 5%、玉米浆 0.5%、K_2HPO_4 0.1%、$MgSO_4 \cdot 7H_2O$ 0.05%、$FeSO_4$ 2×10^{-6}、$MnSO_4$ 2×10^{-6}、尿素 1.2%，pH6.8～7.2，分装大试管，用纱布做塞，115℃灭菌 30min。

注：尿素要单独灭菌，115℃维持 15min。

13. 乙醇醋酸盐培养基（分离己酸菌）

醋酸钠 8g、$MgCl_2$ 200mg、NH_4Cl 500mg、$MnSO_4$ 2.5mg、$CaSO_4$ 10mg、$FeSO_4$ 5mg、钼酸钠 2.5mg、生物素 5mg、对氨基苯甲酸 100μg、蒸馏水 1000mL，自然 pH，121℃灭菌 15～20min，冷却后，无菌加入乙醇 25mL。

14. 淀粉培养基（分离淀粉酶生产菌）

牛肉膏 0.5%、蛋白胨 0.5%、NaCl 0.5%、可溶性淀粉 2%、琼脂 1.8%，pH7.2，121℃灭菌 15～20min。配制时，先用少量水将淀粉调成糊状，在火上加热，边搅拌边加水及其他成分，溶化后补足水分。

15. 酪素培养基（分离蛋白酶生产菌）

KH_2PO_4 0.036%、$MgSO_4 \cdot 7H_2O$ 0.05%、$ZnCl_2$ 0.0014%、Na_2HPO_4 0.107%、NaCl 0.016%、$CaCl_2$ 0.0002%、$FeSO_4$ 0.0002%、酪素 0.4%、Trypticase（胰酶解酪蛋白）0.005%、琼脂 2%，pH6.5～7.0，121℃灭菌 15～20min。

16. BCG 牛乳营养琼脂（分离乳酸菌）

脱脂乳粉 10g 溶于 50mL 水中，加入 1.6%溴甲酚绿酒精溶液 0.01mL，115℃灭菌 30min；另取 2g 琼脂溶于 50mL 水中，加酵母膏 1g，溶解后调 pH 至 6.8，121℃灭菌 15～20min。趁热将两部分无菌混合均匀。

17. 甘露醇酵母汁培养基（培养根瘤菌）

甘露醇 10.0g、K_2HPO_4 0.5g、NaCl 0.1g、酵母汁 100mL、$MgSO_4 \cdot 7H_2O$ 0.20g、$CaCO_3$ 3.0g、蒸馏水 900mL，pH7.2，115℃灭菌 30min。

酵母汁制法：称干酵母 100g，加蒸馏水 1000mL，煮沸 1h 后，121℃灭菌 15～20min。冷却后置冰箱中保存。待酵母完全沉淀后，取上层溶液，即得酵母汁。

18. 加入结晶紫或刚果红的根瘤菌培养基

在上述根瘤菌培养基中加十万分之一的结晶紫或两万五千分之一的刚果红。

（1）结晶紫液配制使用法　称取 1g 结晶紫研碎后，加少量 95%酒精细研，至完全溶解。加蒸馏水稀释成 100mL 得 1%结晶紫液，每 1000mL 培养基加 1mL 1%结晶紫液，即相当于十万分之一。

（2）刚果红液配制使用法　将 0.4g 刚果红溶于 100mL 蒸馏水中，得 0.4%刚果红液。每 1000mL 培养基加 10mL 0.4%刚果红液，即相当于二万五千分之一。

以上两液可低温贮存备用。

19. 苏云金杆菌分离培养基

（1）BPA 培养基　牛肉膏 5g、蛋白胨 10g、乙酸钠 34g、蒸馏水 1000mL，pH7.2～7.4，121℃灭菌 15～20min。

（2）BP 培养基　牛肉膏 3g、蛋白胨 5g、NaCl 5g、琼脂 18g、蒸馏水 1000mL，自然 pH，121℃灭菌 15～20min。

20. 光合细菌培养基

NH_4Cl 1g、$NaHCO_3$ 1g、K_2HPO_4 0.2g、CH_3COONa 1～5g、$MgSO_4 \cdot 7H_2O$ 0.2g、酵母浸汁 0.1g、NaCl 0.5～2.0g、无机盐类溶液 10mL、蒸馏水 1000mL，pH7，121℃灭菌 15～20min。

$NaHCO_3$：制成 5%的 $NaHCO_3$ 水溶液，经细菌过滤器除菌后，取 20mL 加至灭菌培养基中混合。

无机盐类溶液：$FeCl \cdot 6H_2O$ 5mg、$CuSO_4 \cdot 5H_2O$ 0.05mg、H_3BO_3 1mg、

MnCl·4H₂O 0.05mg、ZnSO₄·7H₂O 1mg、Co(NO₃)₂·6H₂O 0.5mg、蒸馏水 1000mL。

21. 产甲烷细菌培养基

NH_4Cl 1g、$MgCl_2$·$6H_2O$ 0.2g、K_2HPO_4·$3H_2O$ 0.4g、酵母膏 2g、胰酶酪素水解物 2g、微量元素溶液 10mL、维生素溶液 10mL、半胱氨酸盐 0.5g、刃天青 0.001g、醋酸钠 10g、蒸馏水 1000mL，pH7.2，121℃灭菌 15～20min。

用亨盖特（Hugate，1969）预还原法制备培养基：在容积为 25mL 的厌氧管中装 10mL 培养液，在 121℃灭菌 15～20min。

22. 伊红美蓝琼脂培养基（肠道细菌鉴别）

蛋白胨 10g、乳糖 10g、磷酸氢二钾 2g、琼脂 15～18g、2%伊红水溶液 20mL、0.5%美蓝水溶液 13mL、蒸馏水 1000mL，pH 7.2～7.4，115℃灭菌 30min。

23. 麦康凯培养基（肠道细菌鉴别）

蛋白胨 20g、氯化钠 5g、乳糖 10g、琼脂 14g、猪胆盐 5g、中性红 0.03g、结晶紫 0.001g、水 1000mL，pH 7.1，115℃灭菌 30min。

（二）细菌生理生化反应用培养基

1. 淀粉培养基

蛋白胨 1g、牛肉膏 0.5g、可溶性淀粉 0.2g、琼脂 1.5～2g、蒸馏水 100mL，pH7.2。配制时，应先把淀粉用少量蒸馏水调成糊状，再加入到融化好的培养基中，121℃灭菌 20min。

2. 油脂培养基

蛋白胨 1g、牛肉膏 0.5g、香油或花生油 1g、中性红（1.6%水溶液）约 0.1mL、琼脂 1.5～2g、蒸馏水 100mL，pH7.2，121℃灭菌 15～20min。

配制时注意事项：不能使用变质油；油和琼脂及水先加热；调 pH 后，再加入中性红使培养基成红色为止；分装培养基时，需不断搅拌使油脂均匀分布于培养基中。

3. 明胶液化培养基

培养基成分与牛肉膏蛋白胨培养基相同，但凝固剂改用明胶（12%～18%），115℃灭菌 15min。

4. 石蕊牛乳培养基

① 牛乳脱脂：用新鲜牛奶（注意牛奶中不要掺水，否则会影响实验结果），反复加热，除去脂肪。每次加热 20～30min，冷却后除去脂肪，在最后一次冷却后，用吸管从底层吸出牛奶，弃去上层脂肪。

② 将脱脂牛奶的 pH 调至中性。

③ 用 1%～2%石蕊液，将牛奶调至呈淡紫色偏蓝为止。

石蕊液的配制：石蕊颗粒 80g，40%乙醇 300mL。配制时，先把石蕊颗粒研碎，然后倒入一半体积的 40%乙醇溶液中，加热 1min，倒出上层清液，再加入另一半体积的 40%乙醇溶液中再加热 1min，再倒出上层清液，将两部分溶液合并，并过滤。如果总体积不足 300mL，可添加 40%乙醇，最后加入 0.1mol/L HCl 溶液，搅拌，使溶液呈紫红色。

④ 将配好的石蕊牛乳在 115℃灭菌 30min。

5. 糖或醇发酵培养基

蛋白胨 1g、葡萄糖（或其他糖或醇）1g、蒸馏水 100mL，pH7.4。配制时将蛋白胨先加热溶解，调到 pH7.4 之后，加入溴甲酚紫溶液（1.6%水溶液），待呈紫色，再加入葡萄糖（或其他糖），使之溶解，分装试管，最后将杜氏小管倒置放入试管中，115℃灭菌 30min。

6. 葡萄糖蛋白胨培养基（*M.R.*和 *V.P.*试验用）

葡萄糖 0.5g、蛋白胨 0.5g、K_2HPO_4 0.5g、蒸馏水 100mL，pH7.2～7.4。配制时依次将药品溶解，再调 pH，然后过滤分装于小试管中，115℃灭菌 30min。作 *V.P.*试验用的培养基应注意蛋白胨的规格。

7. 柠檬酸盐培养基

柠檬酸钠 0.2g、K_2HPO_4 0.05g、NH_4NO_3 0.2g、琼脂 1.5～2g、蒸馏水 100mL、1%溴麝香草酚蓝（酒精溶液）1mL 或 0.04%苯酚红 1mL，配制时除指示剂外，所有药品混合后加热溶解，调 pH6.8～7.0。过滤，加指示剂，分装，115℃灭菌 30min，制成斜面。

8. 柠檬酸铁铵半固体培养基（H_2S 试验用）

蛋白胨 2g、NaCl 0.5g、柠檬酸铁铵 0.05g、$Na_2S_2O_3 \cdot 5H_2O$ 0.05g、琼脂 0.5～0.8g、蒸馏水 100mL，pH7.2，121℃灭菌 15～20min。

9. 牛肉膏蛋白胨液体培养基（产氨试验用）

其培养基成分与牛肉膏蛋白胨培养基相同（不加琼脂）。但配制时，一定要预先检查蛋白胨的质量，即在试管中加入少量的蛋白胨和水，然后加入几滴奈斯勒试剂，如果无黄色沉淀，则可使用。如出现黄色沉淀，表示游离氨太多，则不能使用。

10. 苯丙氨酸斜面

酵母膏 0.3g、Na_2HPO_4 0.1g、DL-苯丙氨酸 0.2g（或 L-苯丙氨酸 0.1g）、NaCl 0.5g、琼脂 1.5～2g、蒸馏水 100mL，pH7.0，115℃灭菌 10min。配制时调 pH 后，分装于试管中，灭菌后摆成斜面。

11. 氨基酸脱羧酶试验培养基

蛋白胨 5g、酵母浸膏 3g、葡萄糖 1g、蒸馏水 1000mL、1.6%溴甲酚紫乙醇溶液 1mL、L-氨基酸或 DL-氨基酸 5g 或 10g，pH6.8。配制时除氨基酸以外的成分加热溶解后，分装每瓶 100mL，分别加入各种氨基酸（L-赖氨酸、L-精氨酸和 L-鸟氨酸），按 0.5%加入；若用 DL-型氨基酸，按 1%加入，再行校正 pH 至 6.8，对照培养基不加氨基酸，分装于灭菌的小试管内，每管 0.5mL，上面滴加一层液体石蜡，115℃灭菌 10min。

12. 硝酸盐还原试验培养基

蛋白胨 1g、NaCl 0.5g、KNO₃ 0.1～0.2g、蒸馏水 100mL，pH7.4，121℃灭菌 15～20min。配制时硝酸钾需用分析纯试剂，装培养基的器皿也需要特别洁净。

二、真菌培养基

（一）酵母菌常用培养基

1. 豆芽汁培养基

将黄豆用水浸泡一夜，放在室内（20℃左右），上面盖湿布，每天冲洗 1～2 次，弃去腐烂不发芽者，待发芽至 3cm 左右即可。取 10g 豆芽，加 100mL 水，煮沸半小时后，纱布过滤，加入蔗糖 5%，自然 pH，115℃灭菌 30min。

2. 麦芽糖培养基

蛋白胨 10g、麦芽糖 20g、酵母膏（或酵母酶溶粉）5g、琼脂 15～18g、蒸馏水 1000mL，115℃灭菌 30min。

3. 玉米粉琼脂培养基

黄玉米粉 50g，先用少量水调成糊状，再逐渐加水至 1000mL，搅匀后置 80～90℃的水浴里保持 1.5h 后过滤（中间搅拌 3～4 次），滤液补加水至 1000mL，加琼脂 15g，加热融化后趁热用脱脂棉过滤，分装于试管或三角瓶内，115℃灭菌 30min。

4. 麦芽汁培养基

10°Bx 麦芽汁 1000mL、琼脂 20g、115℃灭菌 30min。取定量的大麦芽，粉碎，加 4 倍于麦芽质量的 60℃的热水，在 55～60℃条件下保温糖化 3～4h，并不断搅拌，然后用纱布过滤，滤液经煮沸后再用滤纸或脱脂棉过滤一次，即得澄清的麦芽汁（每 1000g 麦芽粉能制得 15°～18°Bx 麦芽汁 3500～4000mL），再加水稀释成 10°Bx 的麦芽汁。

5. 麦氏培养基（醋酸钠培养基）

葡萄糖 0.1g、KCl 0.18g、酵母汁 0.25g、醋酸钠 0.82g、琼脂 2.0g、蒸馏水 100mL，自然 pH，115℃灭菌 30min。

6. 酵母蛋白胨葡萄糖培养基（YED）

葡萄糖 2g、胰蛋白胨 2g、酵母提取物 1g、蒸馏水 100mL，pH5.0～5.5，115℃灭菌 30min。

7. 不含维生素的合成培养基

葡萄糖 5g、MgSO₄·7H₂O 0.07g、K₂HPO₄ 0.1g、CaCl₂ 0.04g、(NH₄)₂SO₄ 0.1g、

蒸馏水 1000mL，pH5.5～6.0，115℃灭菌 30min。

（二）霉菌常用培养基

1. 察氏（czapek）培养基（适合多数霉菌）

蔗糖 3g、$NaNO_3$ 0.3g、K_2HPO_4 0.1g、KCl 0.05g、$MgSO_4 \cdot 7H_2O$ 0.05g、$FeSO_4$ 0.001g、琼脂 1.5～2g、水 100mL，自然 pH，115℃灭菌 30min。

2. 马铃薯葡萄糖（PDA）培养基

去皮马铃薯 200g，切成小块，加 1000mL 水煮沸 30min，双层纱布过滤，滤液中加入 2%葡萄糖，补充蒸发掉的水分。固体培养基加 2%琼脂。自然 pH，115℃灭菌 30min。

3. 豆芽汁葡萄糖培养基

豆芽浸汁（10g 黄豆芽加水煮沸 30min 后过滤）100mL、葡萄糖 3g、琼脂 1.5～2g，自然 pH，115℃灭菌 30min。

4. 马丁（martin）培养基（分离真菌用）

葡萄糖 1g、蛋白胨 0.5g、$KH_2PO_4 \cdot 3H_2O$ 0.1g、$MgSO_4 \cdot 7H_2O$ 0.05g、孟加拉红（1mg/mL）0.33mL、琼脂 1.5～2g、水 100mL，自然 pH，115℃灭菌 30min。再加下列试剂：2%去氧胆酸钠溶液 2mL（预先灭菌，临用前加入）、链霉素溶液（200U/mL）0.33mL（临用前加入）。

5. 葡萄糖豆汁培养基

豆汁 100mL、酵母膏 2g、葡萄糖 3g，自然 pH，115℃灭菌 30min。

豆汁制备：取黄豆 100g，加水 1000mL，煮 30～40min，取汁备用。

6. 2%淀粉蔡氏培养基

淀粉 2%，$NaNO_3$ 0.3%、KCl 0.05%、K_2HPO_4 0.1%、$FeSO_4$ 0.001%、$MgSO_4$ 0.5%，pH6.7，121℃灭菌 15～20min。

7. 酸性蔗糖培养基

蔗糖 15%、（NH_4）NO_3 0.2%、KH_2PO_4 0.1%、$MgSO_4 \cdot 7H_2O$ 0.25%、1mol/L 盐酸 1.7%（体积比），115℃灭菌 10min。

8. 米曲汁培养基

① 蒸米。称取大米 20g，洗净后浸泡 24h，淋干，装入三角瓶，加棉塞，高压灭菌。

② 接种培养。大米灭菌后，待冷却至 28～32℃时，以无菌操作接入米曲霉的孢子，充分摇匀，置于 30～32℃培养 24h 后，摇动 1 次，再培养 5～6h 后，再摇动 1 次，2d 后，米曲成熟。

③ 将培养好的米曲取出，用纸包好，放入烘箱，40～42℃干燥 6～8h。用 1 份米

曲加 4 份水，于 55℃糖化 3～4h，然后煮沸过滤，测糖度，调节糖度为 10～12°Bx，加琼脂 2%，115℃灭菌 15min。

（三）真菌生理生化反应用培养基

1.12.5%豆芽汁

黄豆芽 125g 加水 1L，煮沸半小时，过滤后补足水至 1L。115℃灭菌 30min。

2.0.6%酵母浸汁

加 60g 干酵母粉于 1L 水中，必要时加一些蛋清以澄清滤液，121℃灭菌 15～20min，趁热用双层滤纸过滤；115℃灭菌 30min。

3. 同化碳源基础培养基

KH_2PO_4 0.5%、KH_2PO_4 0.1%、$MgSO_4 \cdot 7H_2O$ 0.05%、酵母膏 0.02%、水洗琼脂 2%，121℃灭菌 15～20min。

4. 同化碳源液体培养基

$(NH_4)_2SO_4$ 0.5%、KH_2PO_4 0.1%、$CaCl_2 \cdot 2H_2O$ 0.05%、$MgSO_4 \cdot 7H_2O$ 0.01%、$NaCl$ 0.01%、酵母膏 0.02%、糖或其他碳源 0.5%。用蒸馏水配制，培养基过滤后分装小试管，每管 3mL，115℃灭菌 30min。

5. 同化氮源基础培养基（酵母无氮合成培养基）

葡萄糖 2%、KH_2PO_4 0.1%、$MgSO_4 \cdot 7H_2O$ 0.05%、酵母膏 0.02%，水洗琼脂 2%，用蒸馏水配制，过滤后装大试管，每管 20mL，115℃灭菌 30min。

6. 产脂培养基

葡萄糖 5g、10% 豆芽汁 100mL，分装于 50mL 三角瓶中，每瓶 20mL，115℃灭菌 30min。

7. 霉菌完全合成培养基

蔗糖 100g、$MgSO_4 \cdot 7H_2O$ 0.5g、NH_4NO_3 3g、$FeSO_4$ 0.1g、KH_2PO_4 2g、蒸馏水 1000mL，115℃灭菌 30min。

（1）缺少碳源培养基　从完全培养基的成分中除去蔗糖（为了补偿培养基中的渗透压，可加入适量的氯化钠）。

（2）缺少氮源培养基　从完全培养基中除去硝酸铵。

（3）缺磷培养基　在完全培养基中，以同一物质的量的氯化钾代替磷酸二氢钾。

（4）缺硫培养基　在完全培养基中，以同一物质的量的氯化镁和三氯化铁代替硫酸镁和硫酸亚铁。

（5）缺钾培养基　在完全培养基中，以同一物质的量的磷酸二氢钠代替磷酸二氢钾。

（6）缺镁培养基　在完全培养基中，以同一物质的量的硫酸钠代替硫酸镁。

（7）缺铁培养基　在完全培养基中，以同一物质的量的硫酸钠代替硫酸亚铁。

（8）含微量元素的培养基　在完全培养基中，加入 0.01%硫酸锌或硫酸锰。

8. 延胡索酸发酵用培养基

葡萄糖 100g、$MgSO_4 \cdot 7H_2O$ 0.10g、KH_2PO_4 0.15g、KH_2PO_4 3.0g、K_2HPO_4 0.15g、$CaCl_2$ 0.10g、$FeCl_3$ 痕量、$CaCO_3$ 30～50g、蒸馏水 1000mL，115℃灭菌 30min。

9. 乳酸发酵用培养基

葡萄糖 150g、$MgSO_4 \cdot 7H_2O$ 0.25g、$ZnSO_4$ 0.44g、KH_2PO_4 0.3～0.6g、尿素 0.522g、蒸馏水 1000mL，115℃灭菌 30min。

三、放线菌常用培养基

1. 高氏 1 号合成培养基（适宜多数放线菌，孢子生长良好，保藏菌种）

可溶性淀粉 20g、NaCl 0.5g、KNO_3 1g、$K_2HPO_4 \cdot 3H_2O$ 0.5g、$MgSO_4 \cdot 7H_2O$ 0.5g、$FeSO_4 \cdot 7H_2O$ 0.01g、琼脂 15～20g、水 1000mL，pH7.2～7.4，121℃灭菌 15～20min。

2. 高氏 2 号培养基（菌丝生长良好）

蛋白胨 0.5%、葡萄糖 1%、氯化钠 0.5%，pH7.2～7.4，115℃灭菌 30min。

3. 马铃薯蔗糖培养基（适宜分离和保存菌种）

取新鲜马铃薯，挖掉芽眼，洗净，切片，称取 200g 放入 1000mL 的自来水中，煮沸 30min，滤去残渣，滤液中加入 2%蔗糖和 2%琼脂，加热溶化后补足水分，115℃灭菌 30min。

4. 卵蛋白培养基

卵蛋白 0.25g、$Fe_2(SO_4)_3$ 痕量、葡萄糖 1g、K_2HPO_4 0.5g、$MgSO_4 \cdot 7H_2O$ 0.2g、琼脂 20g、蒸馏水 1000mL，pH6.8～7.0，卵蛋白用 0.1mol/L 的 NaOH 数毫升（加 1 滴酚酞）溶解。115℃灭菌 30min。

四、噬菌体检测培养基

1. 上层培养基

葡萄糖 1%、尿素 0.25%、玉米浆 0.5%、蛋白胨 0.5%、K_2HPO_4 0.05%、硫酸镁 0.02%、琼脂 1%、自来水 100mL，pH6.8～7.0，115℃灭菌 30min。

2. 下层培养基

葡萄糖 1%、蛋白胨 1%、牛肉膏 1%、NaCl 0.5%、琼脂 2%、自来水 100mL，pH6.8～7.0，115℃灭菌 30min。

3. 蛋白胨水培养基

蛋白胨 1g、NaCl 0.5g、蒸馏水 100mL，pH7.6，121℃灭菌 15～20min。

五、微生物育种用培养基

1. 细菌基本培养基

葡萄糖 0.5%、$(NH_4)_2SO_4$ 0.2%、柠檬酸钠 0.1%、$MgSO_4 \cdot 7H_2O$ 0.02%、KH_2PO_4 0.6%、K_2HPO_4 0.4%、处理琼脂 2%、蒸馏水配制，pH7.0～7.2，115℃灭菌 30min。

注：处理琼脂的制作方法：先将琼脂条用低于 45℃的温水浸泡 1～2d，除去可溶性杂质、无机盐、生长素和色素，然后放在自来水中流水冲洗 2～3 次，至颜色变白为止；拧干，在 95%乙醇中浸泡过夜，次日取出，拧干乙醇；把洗净的琼脂放在两层纱布中间，铺成薄层，晾干后备用。

2. 细菌完全培养基

葡萄糖 0.5%、牛肉膏 0.3%、蛋白胨 1%、$MgSO_4 \cdot 7H_2O$ 0.2%、琼脂 2%，pH7.2，115℃灭菌 30min。

3. YNB（酵母氮源基础）培养基

YNB 由以下 A、B、C 三种溶液组成。

A 液，维生素混合液：维生素 B_1 1000mg、烟酸 400mg、吡哆醇 400mg、生物素 20mg、泛酸钙 2000mg、核黄素 200mg、肌醇 10000mg、对氨基苯甲酸 200mg、去离子水 1000mL。

B 液，微量元素液：H_3BO_4 500mg、$MnSO_4 \cdot 7H_2O$ 200mg、$ZnSO_4 \cdot 7H_2O$ 400mg、$CuSO_4 \cdot 5H_2O$ 40mg、$FeCl_3 \cdot 6H_2O$ 100mg、Na_2MnO_4 200mg、去离子水 1000mL。

C 液，其他无机盐液：KI 0.1mg、$CaCl_2 \cdot 2H_2O$ 0.1mg、K_2HPO_4 0.15mg、KH_2PO_4 0.85mg、$MgSO_4 \cdot 7H_2O$ 0.5mg、NaCl 0.1mg、去离子水 1000mL。

配制方法：取 A 液 1mL、B 液 1mL、C 液 10mL、去离子水 1000mL 混合，调 pH 为 6.5，即成。

注：配制 YNB 时，先分别将已灭菌分装的 A、B 液各 1mL 与 C 液 10mL，在无菌条件下混合，再将已灭菌的$(NH_4)_2SO_4$ 按 0.5%的量加入所需液体培养基的去离子水中，混匀即可。配制糖发酵培养基时，方法同上，只是按 2%浓度加入不同的糖液。

4. YPAD 培养基

酵母膏 1%、葡萄糖 2%、蛋白胨 2%、盐酸腺嘌呤 0.04%，pH 为 5.5～6.0，115℃灭菌 30min。

5. 酵母生孢子培养基

（1）含微量元素培养基　醋酸钠 0.82g 或 $NaAC \cdot 3H_2O$ 1.36g、KCl 0.186g、微量元素溶液 0.1mL、琼脂 2g、蒸馏水 100mL，121℃灭菌 15～20min。

微量元素溶液：$Na_2B_4O_7 \cdot 10H_2O$ 0.8mg、$(NH_4)_6Mo_7O_{24} \cdot 4H_2O$ 1.9mg、KI 10mg、$Fe_2(SO_4)_3 \cdot 6H_2O$ 22.8mg、$MnCl_2 \cdot 74H_2O$ 3.6mg、$ZnSO_4 \cdot 7H_2O$ 30.8mg、$CuSO_4 \cdot 5H_2O$ 39mg、蒸馏水 100mL，加入 1mol/L 盐酸至不再浑浊为止。

（2）棉子糖培养基　醋酸钠 0.4g、棉子糖 0.04g、琼脂 2g、蒸馏水 100mL，pH6.0，115℃灭菌 30min。

（3）胰蛋白胨培养基　NaCl 0.062g、醋酸钠 0.5g、胰蛋白胨 0.25g、琼脂 2g、蒸馏水 100mL，pH6～7，115℃灭菌 30min。

6. YEPD 培养基

葡萄糖 2g、胰蛋白胨 2g、酵母提取物 1g、蒸馏水 100mL、pH 5.0～5.5，115℃灭菌 30min。

六、微生物检测用培养基

1. 平板计数琼脂（PCA）

胰蛋白胨 5.0g、酵母浸膏 2.5g、葡萄糖 1.0g、琼脂 15g、蒸馏水 1000mL，pH 7.0±0.2。

配制方法　将上述成分加入蒸馏水中，煮沸溶解，校正 pH。分装试管或锥形瓶，121℃高压灭菌 15min。

2. 月桂基硫酸盐胰蛋白胨（LST）肉汤

胰蛋白胨或胰酪胨 20.0g、氯化钠 5.0g、乳糖 5.0g、磷酸氢二钾 2.75g、磷酸二氢钾 2.75g、月桂基硫酸钠 0.1g、蒸馏水 1000mL，pH 6.8±0.2。

配制方法　将上述成分溶解于蒸馏水中，调节 pH。分装到有玻璃小倒管的试管中，每管 10mL。121℃高压灭菌 15min。

3. 煌绿乳糖胆盐（BGLB）肉汤

蛋白胨 10.0g、乳糖 10.0g、牛胆粉溶液 200mL、0.1%煌绿水溶液 13.3mL，pH 7.2±0.1。

配制方法　将蛋白胨、乳糖溶于约 500mL 蒸馏水中，加入牛胆粉溶液 200mL（将 20.0g 脱水牛胆粉溶于 200mL 蒸馏水中，调节 pH 至 7.0～7.5），用蒸馏水稀释至 975mL，调节 pH，再加入 0.1%煌绿水溶液 13.3mL，用蒸馏水补足到 1000mL，用棉花过滤后，分装到有玻璃小倒管的试管中，每管 10mL。121℃高压灭菌 15min。

4. 结晶紫中性红胆盐琼脂

蛋白胨 7.0g、酵母膏 3.0g、乳糖 10.0g、氯化钠 5.0g、胆盐或 3 号胆盐 1.5g、中性红 0.03g、结晶紫 0.002g、琼脂 15～18g、蒸馏水 1000mL，pH 7.4±0.1。

配制方法　将上述成分溶解于蒸馏水中，静置几分钟，充分搅拌，调节 pH。煮沸 2min，待培养基冷却至 45～50℃，倾注平板。使用前临时制备，不得超过 3h。

5. 缓冲蛋白胨水（BPW）

蛋白胨 10g、氯化钠 5g、磷酸氢二钠($Na_2HPO_4 \cdot 12H_2O$) 9.0g、磷酸二氢钾 1.5g、

蒸馏水 1000mL，pH 7.2。

配制方法　按各成分加入蒸馏水中，搅拌混匀，静置约 10min，煮沸溶解，调节 pH，121℃高压灭菌 15min。

6. 四硫磺酸钠煌绿（TTB）增菌液

①基础液。蛋白胨 10.0g、牛肉膏 5.0g、氯化钠 3.0g、碳酸钙 45.0g、蒸馏水 1000mL，pH 7.0±0.2。配制时除碳酸钙外，将各成分加入蒸馏水中，煮沸溶解，再加入碳酸钙，调节 pH，121℃高压灭菌 20min。②硫代硫酸钠溶液。硫代硫酸钠（$Na_2S_2O_3 \cdot 5H_2O$）50.0g，蒸馏水加至 100mL，121℃高压灭菌 20min。③碘溶液。碘片 20.0g、碘化钾 25.0g，蒸馏水加至 100mL。配制时将碘化钾充分溶解于少量的蒸馏水中，再加入碘片，振摇玻璃瓶至碘片全部溶解，加蒸馏水至规定总量，贮于棕色玻璃瓶内，塞紧瓶盖备用。④煌绿水溶液。煌绿 0.5g、蒸馏水 100mL，溶解后存放暗处，不少于 1d，使其自然灭菌。⑤牛胆盐溶液。牛胆盐 10.0g、蒸馏水 100mL，煮沸溶解，121℃高压灭菌 20min。

配制方法　基础液 900mL、硫代硫酸钠溶液 100mL、碘溶液 20mL、煌绿水溶液 2mL、牛胆盐溶液 50mL。临用前按上述顺序，以无菌操作依次加入基础液中，每加入一种成分，均应摇匀后再加入另一种成分。分装于灭菌瓶中，每瓶 100mL。

7. 亚硒酸盐胱氨酸（SC）增菌液

蛋白胨 5.0g、乳糖 4.0g、磷酸氢二钠 10.0g、亚硒酸氢钠 4.0g、L-胱氨酸 0.01g、蒸馏水 1000mL，pH 7.0±0.2。

配制方法　除亚硒酸氢钠和 L-胱氨酸外，将各成分加入蒸馏水中，煮沸溶解，待冷至 55℃以下，以无菌操作加入亚硒酸氢钠和 1g/L L-胱氨酸溶液 10mL（称取 0.1g L-胱氨酸，加 1mol/L 氢氧化钠溶液 15mL，使溶解，再加无菌蒸馏水至 100mL 即成，如为 DL-胱氨酸，用量应加倍），摇匀，调节 pH。

8. 亚硫酸铋（BS）琼脂

蛋白胨 10.0g、牛肉膏 5.0g、葡萄糖 5.0g、硫酸亚铁 0.3g、磷酸氢二钠 4.0g、煌绿 0.025g（或 5.0g/L 水溶液 5.0mL）、柠檬酸铋铵 2.0g、亚硫酸钠 6.0g、琼脂 18.0～20.0g、蒸馏水 1000mL，pH 7.5±0.2。

配制方法　将前三种成分溶解于 300mL 蒸馏水中（制作基础液），硫酸亚铁和磷酸氢二钠分别加入 20mL 和 30mL 蒸馏水中，柠檬酸铋铵和亚硫酸钠分别加入另一 20mL 和 30mL 蒸馏水中，琼脂加入 600mL 蒸馏水中。然后分别搅拌均匀，煮沸溶解。冷至 80℃左右时，先将硫酸亚铁和磷酸氢二钠混匀，倒入基础液中，混匀。再将柠檬酸铋铵和亚硫酸钠混匀，倒入基础液中，混匀。调节 pH，随即倾入琼脂液中，混合均匀。冷至 50～55℃，加入煌绿（或煌绿水溶液），补充蒸馏水至 1000mL，充分混匀，立即倾注平板。

注：此培养基不需高压灭菌。制备过程不宜过分加热，以免降低其选择性。应在临用前一天制备，贮存于室温暗处，超过48h不宜使用。

9. HE 琼脂

蛋白胨 12.0g、牛肉膏 3.0g、乳糖 12.0g、蔗糖 12.0g、水杨酸 2.0g、胆盐 20.0g、氯化钠 5.0g、琼脂 18.0～20.0g、蒸馏水 1000mL、0.4%溴麝香草酚蓝溶液 16.0mL、andrade 指示剂 20.0mL、甲液 20.0mL、乙液 20.0mL，pH 7.5 ± 0.2。

配制方法　将前七种成分溶解于 400mL 蒸馏水中作为基础液；将琼脂加入 600mL 蒸馏水中。分别搅拌均匀，煮沸溶解。加甲液（硫代硫酸钠 34.0g、柠檬酸铁铵 4.0g、蒸馏水 100mL）和乙液（去氧胆酸钠 10.0g、蒸馏水 100mL）于基础液内，校正 pH。再加入 andrade 指示剂（酸性品红 0.5g、1mol/L 氢氧化钠溶液 16.0mL、蒸馏水 100mL。将品红溶解于蒸馏水中，加入氢氧化钠溶液，数小时后如品红未完全褪色，再加氢氧化钠溶液 1～2mL），并与琼脂液合并，待冷至 50～55℃，倾注平板。

注：此培养基不可高压灭菌，在制备过程中不宜过分加热，避免降低其选择性。

10. 木糖赖氨酸脱氧胆盐（XLD）琼脂

酵母膏 3.0g、L-赖氨酸 5.0g、木糖 3.75g、乳糖 7.5g、蔗糖 7.5g、去氧胆酸钠 2.5g、柠檬酸铁铵 0.8g、硫代硫酸钠 6.8g、氯化钠 5.0g、琼脂 15.0g、酚红 0.08g、蒸馏水 1000mL，pH 7.4 ± 0.2。

配制方法　除酚红和琼脂外，将其他成分加入 400mL 蒸馏水中，煮沸溶解，调节 pH。另将琼脂加入 600mL 蒸馏水中，煮沸溶解。将两种溶液混合均匀，再加入指示剂，待冷至 50～55℃，倾注平板。

注：本培养基不可高压灭菌，在制备过程中不宜过分加热，避免降低其选择性，贮存于室温暗处。本培养基宜于前一天制备，第二天使用。

11. 三糖铁（TSI）琼脂

蛋白胨 20.0g、牛肉膏 5.0g、乳糖 10.0g、蔗糖 10.0g、葡萄糖 1.0g、硫酸亚铁铵 $[Fe(NH_4)_2(SO_4)_2 \cdot 6H_2O]$ 0.2g、酚红 0.025g、氯化钠 5.0g、硫代硫酸钠 0.2g、琼脂 12.0g、蒸馏水 1000mL，pH 7.4 ± 0.2。

配制方法　除酚红和琼脂外，将其他成分加入蒸馏水中，煮沸溶解，调节 pH。另将琼脂加入 600mL 蒸馏水中，煮沸溶解。将两种溶液混合均匀，再加入指示剂，混匀，分装试管，每管 2～4mL，121℃高压灭菌 10min 或 115℃高压灭菌 15min，灭菌后制成高层斜面，呈橘红色。

12. 蛋白胨水、靛基质试剂

蛋白胨水　蛋白胨（或胰蛋白胨）20.0g、氯化钠 5.0g、蒸馏水 1000mL，pH 7.4

± 0.2。

配制方法　将各种成分加入蒸馏水中，煮沸溶解，调节 pH，分装于小试管内。121℃高压灭菌 15min。

靛基质试剂

柯凡克试剂：将 5g 对二甲氨基苯甲醛溶解于 75mL 戊醇中，然后缓慢加入浓盐酸 25mL。

欧-波试剂：将 1g 对二甲氨基苯甲醛溶解于 95mL 95%乙醇内，然后缓慢加入浓盐酸 20mL。

试验方法　挑取少量培养物接种，36℃±1℃培养 1~2d，必要时可培养 4~5d。加入柯凡克试剂约 0.5mL，轻摇试管，阳性者于试剂层呈深红色；或加入欧-波试剂约 0.5mL，使其沿管壁流下，覆盖于培养液表面，阳性者于液面接触处呈玫瑰红色。

注：蛋白胨中应含有丰富的色氨酸。每批蛋白胨购入后，应用已知菌种鉴定后方可使用。

13. 尿素琼脂

蛋白胨 1.0g、氯化钠 5.0g、葡萄糖 1.0g、磷酸二氢钾 2.0g、0.4%酚红 3mL、琼脂 20.0g、蒸馏水 1000mL、20%尿素溶液 100mL，pH 7.2 ± 0.2。

配制方法　除尿素、琼脂和酚红外，将其他成分加入 400mL 蒸馏水中，煮沸溶解，调节 pH。另将琼脂加入 600mL 蒸馏水中，煮沸溶解。将两种溶液混合均匀，再加入指示剂，分装。121℃高压灭菌 15min。冷至 50~55℃，加入经除菌过滤的尿素溶液，尿素的最终浓度为 2%。分装于灭菌试管内，放成斜面备用。

试验方法　挑取琼脂培养物接种，36℃±1℃培养 24h。观察结果。尿素酶阳性者由于产碱使培养基变为红色。

14. 氰化钾（KCN）培养基

蛋白胨 10.0g、氯化钠 5.0g、磷酸二氢钾 0.225g、磷酸氢二钠 5.64g、蒸馏水 1000mL、0.5%氰化钾溶液 20mL。

配制方法　将除氰化钾以外的成分加入蒸馏水中，煮沸溶解，分装后 121℃高压灭菌 15min。放在冰箱内使其充分冷却。每 100mL 培养基加入 0.5%氰化钾溶液 2.0mL（最终浓度为 1:10000），分装于无菌试管内，每管约 4mL，立刻用无菌橡皮塞塞紧，放在 4℃冰箱内，至少可保存两个月。同时，将不加氰化钾的培养基作为对照培养基，分装于试管内备用。

试验方法　将琼脂培养物接种于蛋白胨水内成为稀释菌液，挑取 1 环接种于氰化钾（KCN）培养基，并另挑取 1 环接种于对照培养基，36℃±1℃培养 1~2d，观察结果。如有细菌生长即为阳性（不抑制），无细菌生长为阴性（抑制）。

注：氰化钾是剧毒药物，使用时应小心，切勿沾染，以免中毒。夏天分装培养基应在冰箱内进行。试验失败的主要原因是封口不严，氰化钾逐渐分解，产生氢氰酸气体逸出，以致药物浓度降低，细菌生长，因而造成

假阳性反应。试验时对每一环节都要特别注意。

15. 赖氨酸脱羧酶试验培养基

蛋白胨 5.0g、酵母浸膏 3.0g、葡萄糖 1.0g、蒸馏水 1000mL、1.6%溴甲酚紫乙醇溶液 1.0mL、L-氨基酸或 DL-氨基酸 0.5g/100mL 或 1g/100mL，pH 6.8 ± 0.2。

配制方法　除赖氨酸以外的成分加热溶解后，分装每瓶 100mL，分别加入赖氨酸。L-赖氨酸按 0.5%加入，DL-赖氨酸按 1%加入，调节 pH。对照培养基不加赖氨酸。分装于无菌的小试管内，每管 0.5mL，上面滴加一层液体石蜡，115℃高压灭菌 10min。

试验方法　从琼脂斜面上挑取培养物接种，36℃±1℃培养 18～24h，观察结果。氨基酸脱羧酶阳性者由于产碱，培养基应呈紫色。阴性者无碱性产物，但因葡萄糖产酸而使培养基变为黄色。对照管应为黄色。

16. 糖发酵管

牛肉膏 5.0g、蛋白胨 10.0g、氯化钠 3.0g、磷酸氢二钠（$Na_2HPO_4 \cdot 12H_2O$）2.0g、2%溴麝香草酚蓝溶液 12.0mL、蒸馏水 1000mL，pH 7.4 ± 0.2。

配制方法　①葡萄糖发酵管按上述成分配好后，调节 pH。按 0.5%加入葡萄糖，分装于有一个倒置小管的小试管内，121℃高压灭菌 15min。②其他各种糖发酵管可按上述成分配好后，分装每瓶 100mL，121℃高压灭菌 15min。另将各种糖分别配成 10%溶液，同时高压灭菌。将 5mL 糖溶液加入 100mL 培养基内，以无菌操作分装于小试管内。

注：蔗糖不纯，加热后会自行水解者，应采用过滤法除菌。

试验方法　从琼脂斜面上挑取少量培养物接种，36℃ ±1℃培养，一般观察 2～3d，迟缓反应需观察 14～30d。

17. ONPG 培养基

邻硝基苯-β-D-半乳糖苷（2-nitrophenyl-β-D-galactopyranoside，ONPG）60.0mg、0.01mol/L 磷酸钠缓冲液（pH7.5）10.0mL、1%蛋白胨水（pH7.5）30.0mL。

配制方法　将 ONPG 溶于缓冲液内，加入蛋白胨水，过滤除菌，分装于 10mm×75mm 试管内，每管 0.5mL，用橡皮塞塞紧。

试验方法　自琼脂斜面上挑取培养物 1 满环接种，36℃ ±1℃培养 1～3h 和 24h，观察结果。如果产生 β-半乳糖苷酶，则于 1～3h 变黄色，如无此酶则 24h 不变色。

18. 半固体琼脂

牛肉膏 0.3g、蛋白胨 1.0g、氯化钠 0.5g、琼脂 0.35～0.4g、蒸馏水 100mL，pH 7.4 ± 0.2。

配制方法　将各种成分加入水中，煮沸溶解，调节 pH。分装小试管。121℃高压灭菌 15min。直立凝固备用。

注：供动力观察、菌种保藏、H 抗原位相变异试验等用。

19. 丙二酸钠培养基

酵母浸膏 1.0g、硫酸铵 2.0g、磷酸氢二钾 0.6g、磷酸二氢钾 0.4g、氯化钠 2.0g、丙二酸钠 3.0g、0.2%麝香溴草酚蓝溶液 12.0mL、蒸馏水 1000mL，pH 6.8 ± 0.2。

配制方法　先将酵母浸膏和盐类溶解于水，校正 pH，再加入指示剂，分装于试管内。121℃高压灭菌 15min。

试验方法　用新鲜的琼脂培养物接种，36℃ ±1℃培养 48h，观察结果。阳性者培养基由绿色变为蓝色。

20. 10%氯化钠胰酪胨大豆肉汤

胰酪胨（或胰蛋白胨）17.0g、植物蛋白胨（或大豆蛋白胨）3.0g、氯化钠 100.0g、磷酸氢二钾 2.5g、丙酮酸钠 10.0g、葡萄糖 2.5g、蒸馏水 1000mL，pH 7.3 ± 0.2。

配制方法　将上述成分混合，加热，搅拌溶解，调节 pH。分装，每瓶 225mL。121℃ 高压灭菌 15min。

21. 7.5%氯化钠肉汤

蛋白胨 10.0g、牛肉膏 5.0g、氯化钠 75.0g、蒸馏水 1000mL，pH 7.4。

配制方法　将上述成分加热溶解，调节 pH。分装，每瓶 225mL。121℃高压灭菌 15min。

22. 血琼脂平板

豆粉琼脂（pH 7.4～7.6）100mL、脱纤维羊血（或兔血）5～10mL。

配制方法　加热溶化琼脂，冷却至 50℃，无菌操作加入脱纤维羊血，摇匀，倾注平板。

23. Baird-Parker 琼脂平板

胰蛋白胨 10.0g、牛肉膏 5.0g、酵母膏 1.0g、丙酮酸钠 10.0g、甘氨酸 12.0g、氯化锂（LiCl·6H$_2$O）5.0g、琼脂 20.0g、蒸馏水 950mL，pH 7.0 ± 0.2。

配制方法　将上述成分加到蒸馏水中，加热至完全溶解，调节 pH。分装，每瓶 95mL。121℃ 高压灭菌 15min。临用时加热溶化琼脂，冷至 50℃，每 95mL 加入预热至 50℃的卵黄亚碲酸钾增菌剂（30%卵黄盐水 50mL 与过滤除菌的 1%亚碲酸钾溶液 10mL 混合，保存于冰箱内）5mL，摇匀后倾注平板。培养基应是致密不透明的。使用前在冰箱储存不得超过 48h。

24. 脑心浸出液（BHI）肉汤

胰蛋白胨 10.0g、氯化钠 5.0g、磷酸氢二钠（Na$_2$HPO$_4$·12H$_2$O）2.5g、葡萄糖 2.0g、牛心浸出液 500mL，pH 7.4 ± 0.2。

配制方法　加热溶解，调节 pH。分装 16mm×160mm 试管，每管 5mL。121℃ 高压灭菌 15min。

25. 兔血浆

取 3.8%柠檬酸钠溶液（取柠檬酸钠 3.8g，加蒸馏水 100mL，溶解后过滤，装瓶，121℃高压灭菌 15min）1 份，加兔全血 4 份，混合静置（或以 3000r/min 离心 30min），使血液细胞数量下降，即可得血浆。

26. 营养琼脂小斜面

蛋白胨 10.0g、牛肉膏 3.0g、氯化钠 5.0g、琼脂 15.0～20.0g、蒸馏水 1000mL，pH 7.2～7.4。

配制方法　将除琼脂外的各成分溶解于蒸馏水内，加入 15%氢氧化钠溶液约 2mL 调节 pH 至 7.2～7.4。加入琼脂，加热溶化，分装 13mm×130mm 试管，121℃高压灭菌 15min。

27. 3%氯化钠碱性蛋白胨水

蛋白胨 10.0g、氯化钠 30.0g、蒸馏水 1000mL，pH 8.5 ± 0.2。

配制方法　将各成分溶于蒸馏水中，调节 pH。121℃ 高压灭菌 10min。

28. 硫代硫酸盐-柠檬酸盐-胆盐-蔗糖（TCBS）琼脂

蛋白胨 10.0g、酵母浸膏 5.0g、柠檬酸钠（$C_6H_5O_7Na_3 \cdot 2H_2O$）10.0g、硫代硫酸钠（$Na_2S_2O_3 \cdot 5H_2O$）10.0g、氯化钠 10.0g、牛胆汁粉 5.0g、柠檬酸铁 1.0g、胆酸钠 3.0g、蔗糖 20.0g、溴麝香草酚蓝 0.04g、琼脂 15.0g、蒸馏水 1000mL，pH 8.6±0.2。

配制方法　将各成分加入蒸馏水中，加热至完全溶解，调节 pH。冷至 50℃左右倾注平板备用。

29. 3%氯化钠胰蛋白胨大豆琼脂

胰蛋白胨 15.0g、大豆蛋白胨 5.0g、氯化钠 30.0g、琼脂 15.0g、蒸馏水 1000mL，pH 7.3 ± 0.2。

配制方法　将各成分溶于蒸馏水中，调节 pH。121℃ 高压灭菌 10min。

30. 3%氯化钠三糖铁琼脂

蛋白胨 15.0g、月示蛋白胨 5.0g、牛肉膏 3.0g、酵母浸膏 3.0g、氯化钠 30.0g、乳糖 10.0g、蔗糖 10.0g、葡萄糖 1.0g、硫酸亚铁（$FeSO_4$）0.2g、硫代硫酸钠（$Na_2S_2O_3$）0.3g、苯酚红 0.024g、琼脂 12.0g、蒸馏水 1000mL，pH 7.4 ± 0.2。

配制方法　将各成分加入蒸馏水中，加热溶解，调节 pH。分装试管，121℃高压灭菌 15min。制成高层斜面，斜面长 3～5cm，高层深度为 2～3cm。

31. 嗜盐性试验培养基

胰蛋白胨 10.0g、氯化钠按不同量加入、蒸馏水 1000mL，pH 7.2 ± 0.2。

配制方法　将各成分溶解于蒸馏水中，调节 pH，共配制 5 瓶，每瓶 100mL。每瓶分别加入不同量的氯化钠：①不加，②3g，③6g，④8g，⑤10g。分装试管，121℃高压灭菌 15min。

32. 3%氯化钠甘露醇试验培养基

牛肉膏 5.0g、蛋白胨 10.0g、氯化钠 30.0g、磷酸氢二钠（Na$_2$HPO$_4$·12H$_2$O）2.0g、甘露醇 5.0g、溴麝香草酚蓝 0.024g、蒸馏水 1000mL，pH 7.4±0.2。

配制方法　将各成分溶解于蒸馏水中，调节 pH，分装小试管，121℃高压灭菌 15min。

试验方法　从琼脂斜面上挑取培养物接种，36℃±1℃培养不少于 24h，观察结果。甘露醇阳性者培养物呈黄色，阴性者为绿色或蓝色。

33. 3%氯化钠赖氨酸脱羧酶试验培养基

蛋白胨 5.0g、酵母浸膏 3.0g、葡萄糖 1.0g、溴甲酚紫 0.02g、L-赖氨酸 5.0g、氯化钠 30.0g、蒸馏水 1000mL，pH 6.8±0.2。

配制方法　除赖氨酸以外的成分加热溶解后，调节 pH。再按 0.5%的比例加入赖氨酸，对照培养基不加赖氨酸。分装小试管，每管 0.5mL，121℃高压灭菌 15min。

试验方法　从琼脂斜面上挑取培养物接种，36℃±1℃培养不少于 24h，观察结果。赖氨酸脱羧酶阳性者由于产碱中和葡萄糖产酸，故培养基应呈紫色。阴性者无碱性产物，但因葡萄糖产酸而使培养基变为黄色。对照管应为黄色。

34. 3%氯化钠 *M.R.-V.P.*培养基

多胨 7.0g、葡萄糖 5.0g、磷酸氢二钾（K$_2$HPO$_4$）5.0g、氯化钠 30.0g、蒸馏水 1000mL，pH 6.9±0.2。

配制方法　将各成分溶解于蒸馏水中，调节 pH，分装试管，121℃高压灭菌 15min。

35. 3%氯化钠溶液

氯化钠 30.0g、蒸馏水 1000mL，pH 7.2±0.2。

配制方法　将氯化钠溶解于蒸馏水中，调节 pH，分装试管，121℃高压灭菌 15min。

36. 我妻氏血琼脂

酵母浸膏 3.0g、蛋白胨 10.0g、氯化钠 70.0g、磷酸氢二钾（K$_2$HPO$_4$）5.0g、甘露醇 10.0g、结晶紫 0.001g、琼脂 15.0g、蒸馏水 1000mL，pH 8.0±0.2。

配制方法　将各种成分加入蒸馏水中，加热溶解，调节 pH。加热至 100℃，保持 30min，冷至 45～50℃，与 50mL 预先洗涤的新鲜人或兔红细胞（含抗凝剂）混合，倾注平板。干燥平板，尽快使用。

37. 氧化酶试剂

N,N,N',N'-四甲基对苯二胺盐酸盐 1.0g、蒸馏水 100mL。

配制方法　将 *N,N,N',N'*-四甲基对苯二胺盐酸盐溶于蒸馏水中，2～5℃冰箱内避光保存，在 7d 之内使用。

试验方法 用洁净玻璃棒或一次性接种针挑取新鲜（24h）菌落，涂布在用氧化酶试剂湿润的滤纸上。如果滤纸在 10s 之内呈现粉红或紫红色，即为氧化酶试验阳性；不变色为氧化酶试验阴性。

附录四　微生物学实验中常用数据表

一、常用消毒剂

常用消毒剂见附表 3。

附表 3　常用消毒剂

名称	浓度	使用范围	注意问题
氯化汞	0.05%～0.1%	植物组织和虫体外部消毒	腐蚀金属器皿
甲醛（福尔马林）	10mL/m³	接种室消毒	用于熏蒸
来苏水（煤酚皂液）	3%～5%	接种室消毒，擦洗桌面及器械	杀菌力强
新洁尔灭（苯扎溴铵）	0.25%	皮肤及器皿消毒	对芽孢无效
高锰酸钾	0.1%	皮肤及器皿消毒	应现用现配
生石灰	1%～3%	消毒地面及排泄物	腐蚀性强
硫柳汞	0.01%～0.1%	生物制品防腐，皮肤消毒	多用于抑菌
石炭酸（苯酚）	3%～5%	接种室消毒（喷雾），器皿消毒	杀菌力强
漂白粉	2%～5%	皮肤消毒	腐蚀金属伤皮肤
乙醇	70%～75%	皮肤消毒	对芽孢无效
硫黄	15g/m³	熏蒸，空气消毒	腐蚀金属

二、常用干燥剂

常用干燥剂见附表 4。

附表 4　常用干燥剂

用途	常用干燥剂名称
气体的干燥	石灰，无水 $CaCl_2$，P_2O_5，浓 H_2SO_4，KOH
流体的干燥	P_2O_5，浓 H_2SO_4，无水 $CaCl_2$，无水 K_2CO_3 KOH，无水 Na_2SO_4，无水 $MgSO_4$，无水 $CaSO_4$，金属钠

用途	常用干燥剂名称
干燥剂中的吸水	P_2O_5，浓 H_2SO_4，无水 $CaCl_2$，硅胶
有机溶剂蒸汽干燥	石蜡片
酸性气体的干燥	石灰，KOH，NaOH
碱性气体的干燥	浓 H_2SO_4，P_2O_5

三、相对密度糖度换算表

相对密度糖度换算见附表 5。

附表 5　相对密度糖度换算表

波美度/°Bé	相对密度	糖度/°Bx	波美度/°Bé	相对密度	糖度/°Bx
1	1.007	1.8	24	1.200	43.9
2	1.015	3.7	25	1.210	45.8
3	1.002	5.5	26	1.220	47.7
4	1.028	7.2	27	1.231	49.6
5	1.036	9.0	28	1.241	51.5
6	1.043	10.8	29	1.252	53.5
7	1.051	12.6	30	1.263	55.4
8	1.059	14.5	31	1.274	57.3
9	1.067	16.2	32	1.286	59.3
10	1.074	18.0	33	1.2697	61.2
11	1.082	19.8	34	1.309	63.2
12	1.091	21.7	35	1.321	65.2
13	1.099	23.5	36	1.333	67.1
14	1.107	25.3	37	1.344	68.9
15	1.116	27.2	38	1.356	70.8
16	1.125	29.0	39	1.368	72.7
17	1.134	30.8	40	1.380	74.5
18	1.143	32.7	41	1.392	76.4
19	1.152	34.6	42	1.404	78.2
20	1.161	36.4	43	1.417	80.1
21	1.171	38.3	44	1.429	82.0
22	1.180	40.1	45	1.442	83.8
23	1.190	42.0	46	1.455	85.7

附录五　最可能数检索表

最可能数检索表见附表6。

附表6　最可能数（MPN）检索表

阳性管数			MPN	95%可信限		阳性管数			MPN	95%可信限	
0.1mL(g)	0.01mL(g)	0.001mL(g)		下限	上限	0.1mL(g)	0.01mL(g)	0.001mL(g)		下限	上限
0	0	0	<3.0	—	9.5	2	2	0	21	4.5	42
0	0	1	3.0	0.15	9.6	2	2	1	28	8.7	94
0	1	0	3.0	0.15	11	2	2	2	35	8.7	94
0	1	1	6.1	1.2	18	2	3	0	29	8.7	94
0	2	0	6.2	1.2	18	2	3	1	36	8.7	94
0	3	0	9.4	3.6	38	3	0	0	23	4.6	94
1	0	0	3.6	0.17	18	3	0	1	38	8.7	110
1	0	1	7.2	1.3	18	3	0	2	64	17	180
1	0	2	11	3.6	38	3	1	0	43	9	180
1	1	0	7.4	1.3	20	3	1	1	75	17	200
1	1	1	11	3.6	38	3	1	2	120	37	420
1	2	0	11	3.6	42	3	1	3	160	40	420
1	2	1	15	4.5	42	3	2	0	93	18	420
1	3	0	16	4.5	42	3	2	1	150	37	420
2	0	0	9.2	1.4	38	3	2	2	210	40	430
2	0	1	14	3.6	42	3	2	3	290	90	1,000
2	0	2	20	4.5	42	3	3	0	240	42	1,000
2	1	0	15	3.7	42	3	3	1	460	90	2,000
2	1	1	20	4.5	42	3	3	2	1100	180	4,100
2	1	2	27	8.7	94	3	3	3	>1100	420	—

注：1. 本表采用3个稀释度[0.1mL(g)、0.01mL(g)和0.001mL(g)]，每稀释度3管。

2. 表内所列检样量如改用1mL(g)、0.1mL(g)和0.01mL(g)时，表内数字应相应降低10倍，如改用0.01mL(g)、0.001mL(g)和0.0001mL(g)时，则表内数字应相应增加10倍，其余可类推。

附录六　常见沙门氏菌抗原表

常见沙门菌抗原如附表7所示。

附表7 常见沙门菌抗原

菌名	拉丁菌名	O 抗原	H 抗原 第1相	H 抗原 第2相
A 群				
甲型副伤寒沙门菌	*S. paratyphi A*	1, 2, 12	a	[1,5]
B 群				
基桑加尼沙门菌	*S. kisangani*	<u>1</u>,4,[5],12	a	1,2
阿雷查瓦莱塔沙门菌	*S. arechavaleta*	4,[5],12	a	1,7
马流产沙门菌	*S. abortus-equi*	4,12	—	e,n,x
乙型副伤寒沙门菌	*S. paratyphi B*	<u>1</u>,4,[5],12	b	1,2
利密特沙门菌	*S. limete*	<u>1</u>,4,12,[27]	b	1,5
阿邦尼沙门菌	*S. abony*	<u>1</u>,4,[5],12,27	b	e,n,x
维也纳沙门菌	*S. wien*	<u>1</u>,4,12, [27]	b	l,w
伯里沙门菌	*S. bury*	4,12, [27]	c	z_6
斯坦利沙门菌	*S. stanley*	<u>1</u>,4,[5],12, [27]	d	1,2
圣保罗沙门菌	*S. saint paul*	<u>1</u>,4,[5],12	e,h	1,2
里定沙门菌	*S. reading*	<u>1</u>,4,[5],12	e,h	1,5
彻斯特沙门菌	*S. chester*	<u>1</u>,4,[5],12	e,h	e,n,x
德尔卑沙门菌	*S. derby*	<u>1</u>,4,[5],12	f,g	[1,2]
阿贡纳沙门菌	*S. agona*	<u>1</u>,4,[5],12	f,g,s	[1,2]
埃森沙门菌	*S. essen*	4,12	g,m	—
加利福尼亚沙门菌	*S. california*	4,12	g,m,t	z_{67}
金斯敦沙门菌	*S. kingston*	<u>1</u>,4,[5],12, [27]	g,s,t	[1,2]
布达佩斯沙门菌	*S. budapest*	<u>1</u>,4,12, [27]	g,t	—
鼠伤寒沙门菌	*S. typhimurium*	<u>1</u>,4,[5],12	i	1,2
拉古什沙门菌	*S. lagos*	<u>1</u>,4,[5],12	i	1,5
布雷登尼沙门菌	*S. bredeney*	<u>1</u>,4,12, [27]	l,v	1,7
基尔瓦沙门菌 II	*S. kilwa II*	4,12	l,w	e,n,x
海德尔堡沙门菌	*S. heidelberg*	<u>1</u>,4,[15],12	r	1,2
印第安纳沙门菌	*S. indiana*	<u>1</u>,4,12	z	1,7
斯坦利维尔沙门菌	*S. stanleyville*	<u>1</u>,4,[5],12, [27]	Z_4,Z_{23}	[1,2]
伊图里沙门菌	*S. ituri*	<u>1</u>,4,12	Z_{10}	1,5
C₁ 群				
奥斯陆沙门菌	*S. oslo*	6,7,<u>14</u>	a	e,n,x
爱丁堡沙门菌	*S. edinburg*	6,7,<u>14</u>	b	1,5
布隆方丹沙门菌 II	*S. bloemfontein II*	6,7	b	[e,n,x]:z_{42}
丙型副伤寒沙门菌	*S. paratyphi C*	6,7,[Vi]	c	1,5
猪霍乱沙门菌	*S. choleraesuis*	6,7	c	1,5
猪伤寒沙门菌	*S. typhisuis*	6,7	c	1,5
罗米他沙门菌	*S. lomita*	6,7	e,h	1,5
布伦登卢普沙门菌	*S. braenderup*	6,7,<u>14</u>	e,h	e,n,z_{15}

菌名	拉丁菌名	O 抗原	H 抗原	
			第1相	第2相
C₁ 群				
里森沙门菌	S. rissen	6,7,14	f,g	—
蒙得维的亚沙门菌	S. montevideo	6,7,14	g,m,[p],s	[1,2,7]
里吉尔沙门菌	S. riggil	6,7	g,[t]	—
奥雷宁堡沙门菌	S. oranieburg	6,7,14	m,t	[2,5,7]
奥里塔蔓林沙门菌	S. oritamerin	6,7	i	1,5
汤卜逊沙门菌	S. thompson	6,7,14	k	1,5
康科德沙门菌	S. concord	6,7	l,v	1,2
伊鲁木沙门菌	S. irumu	6,7	l,v	1,5
姆卡巴沙门菌	S. mkamba	6,7	l,v	1,6
波恩沙门菌	S. bonn	6,7	l,v	e,n,x
波茨坦沙门菌	S. potsdam	6,7,14	l,v	e,n,z₁₅
格但斯克沙门菌	S. gdansk	6,7,14	l,v	z₆
维尔肖沙门菌	S. virchow	6,7,14	r	1,2
婴儿沙门菌	S. infantis	6,7,14	r	1,5
巴布亚沙门菌	S. papuana	6,7	r	e,n,z₁₅
巴累利沙门菌	S. bareilly	6,7,14	y	1,5
哈特福德沙门菌	S. hartford	6,7	y	e,n,x
三河岛沙门菌	S. mikawasima	6,7,14	y	e,n,z₁₅
姆班达卡沙门菌	S. mbandaka	6,7,14	z₁₀	e,n,z₁₅
田纳西沙门菌	S. tennessee	6,7,14	z₂₉	[1,2,7]
布伦登卢普沙门菌	S.braenderup	6,7,14	e,h	e,h,z₁₅
耶路撒冷沙门菌	S.jerusalem	6,7,14	z₁₀	l,w
C₂ 群				
习志野沙门菌	S. narashino	6,8	a	e,n,x
名古屋沙门菌	S. nagoya	6,8	b	1,5
加瓦尼沙门菌	S. gatuni	6,8	b	e,n,x
慕尼黑沙门菌	S. muenchen	6,8	d	1,2
曼哈顿沙门菌	S. manhattan	6,8	d	1,5
纽波特沙门菌	S. newport	6,8,20	e,h	1,2
科特布斯沙门菌	S. kottbus	6,8	e,h	1,5
茨昂威沙门菌	S. tshiongwe	6,8	e,h	e,n,z₁₅
林登堡沙门菌	S. lindenburg	6,8	i	1,2
塔科拉迪沙门菌	S. takoradi	6,8	i	1,5
波那雷恩沙门菌	S. bonariensis	6,8	i	e,n,x
利齐菲尔德沙门菌	S. litchfield	6,8	l,v	1,2
病牛沙门菌	S. bovismorbificans	6,8,20	r,[i]	1,5
查理沙门菌	S. chailey	6,8	z₄,z₂₃	e,n,z₁₅

菌名	拉丁菌名	O 抗原	H 抗原 第 1 相	H 抗原 第 2 相
C₃ 群				
巴尔多沙门菌	*S. bardo*	8	e,h	1,2
依麦克沙门菌	*S. emek*	8,20	g,m,s	—
肯塔基沙门菌	*S. kentucky*	8,20	i	z_6
D 群				
仙台沙门菌	*S. sendai*	1,9,12	a	1,5
伤寒沙门菌	*S. typhi*	9,12,[Vi]	d	—
塔西沙门菌	*S. tarshyne*	9,12	d	1,6
伊斯特本沙门菌	*S. eastbourne*	1,9,12	e,h	1,5
以色列沙门菌	*S. israel*	9,12	e,h	e,n,z_{15}
肠炎沙门菌	*S. enteritidis*	1,9,12	g,m	[1,7]
布利丹沙门菌	*S. blegdam*	9,12	g,m,q	—
沙门菌 II	*Salmonella II*	1,9,12	g,m,[s],t	[1,5,7]
都柏林沙门菌	*S. dublin*	1,9,12 [Vi]	g,p	—
芙蓉沙门菌	*S. seremban*	9,12	i	1,5
巴拿马沙门菌	*S. panama*	1,9,12	l,v	1,5
戈丁根沙门菌	*S. goettingen*	9,12	l,v	e,n,z_{15}
爪哇安纳沙门菌	*S. javiana*	1,9,12	l,z_{28}	1,5
鸡-雏沙门菌	*S.gallinarum-pullorum*	1,9,12	—	—
E₁ 群				
奥凯福科沙门菌	*S. okefoko*	3,10	c	z_6
瓦伊勒沙门菌	*S. vejle*	3, {10}, {15}	e,h	1,2
明斯特沙门菌	*S. muenster*	3, {10} {15} {15,34}	e,h	1,5
鸭沙门菌	*S. anatum*	3, {10} {15} {15,34}	e,h	1,6
纽兰沙门菌	*S. newlands*	3, {10}, {15,34}	e,h	e,n,x
火鸡沙门菌	*S. meleagridis*	3, {10} {15} {15,34}	e,h	l,w
雷根特沙门菌	*S. regent*	3,10	f,g,[s]	[1,6]
西翰普顿沙门菌	*S. westhampton*	3, {10} {15} {15,34}	g,s,t	—
阿姆德尔尼斯沙门菌	*S .amounderness*	3,10	i	1,5
新罗歇尔沙门菌	*S. new-rochelle*	3,10	k	l,w
恩昌加沙门菌	*S. nchanga*	3, {10} {15}	l,v	1,2
新斯托夫沙门菌	*S. sinstorf*	3,10	l,v	1,5
伦敦沙门菌	*S. london*	3, {10} {15}	l,v	1,6
吉韦沙门菌	*S. give*	3, {10} {15} {15,34}	l,v	1,7
鲁齐齐沙门菌	*S. ruzizi*	3,10	l,v	e,n,z_{15}

菌名	拉丁菌名	O 抗原	H 抗原	
			第 1 相	第 2 相
E1 群				
乌干达沙门菌	S. uganda	3,{10}{15}	l,z_{13}	1,5
乌盖利沙门菌	S. ughelli	3,10	r	1,5
韦太夫雷登沙门菌	S. weltevreden	3,{10}{15}	r	z_6
克勒肯威尔沙门菌	S. clerkenwell	3,10	z	l,w
列克星敦沙门菌	S. lexington	3,{10}{15}{15,34}	z_{10}	1,5
E4 群				
萨奥沙门菌	S. sao	1,3,19	e,h	e,n,z_{15}
卡拉巴尔沙门菌	S. calabar	1,3,19	e,h	1,w
山夫登堡沙门菌	S. senftenberg	1,3,19	g,[s],t	—
斯特拉特福沙门菌	S. stratford	1,3,19	i	1,2
塔克松尼沙门菌	S. taksony	1,3,19	i	z_6
索恩堡沙门菌	S. schoeneberg	1,3,19	z	e,n,z_{15}
F 群				
昌丹斯沙门菌	S. chandans	11	d	[e,n,x]
阿柏丁沙门菌	S. aberdeen	11	i	1,2
布里赫姆沙门菌	S. brijbhumi	11	i	1,5
威尼斯沙门菌	S. veneziana	11	i	e,n,x
阿巴特图巴沙门菌	S. abaetetuba	11	k	1,5
鲁比斯劳沙门菌	S. rubislaw	11	r	e,n,x
其他群				
浦那沙门菌	S. poona	<u>1</u>,13,22	z	1,6
里特沙门菌	S. ried	<u>1</u>,13,22	z_4,z_{23}	[e,n.z_{15}]
密西西比沙门菌	S. mississippi	<u>1</u>,13,23	b	1,5
古巴沙门菌	S. cubana	<u>1</u>,13,23	z_{29}	—
苏拉特沙门菌	S .surat	[1],6,14,[25]	r,[i]	e,n,z_{15}
松兹瓦尔沙门菌	S. sundsvall	[1],6,14,[25]	z	e,n,x
非丁伏斯沙门菌	S. hvittingfoss	16	b	e,n,x
威斯敦沙门菌	S. weston	16	e,h	z_6
上海沙门菌	S. shanghai	16	l,v	1,6
自贡沙门菌	S. zigong	16	l,w	1,5
巴圭达沙门菌	S. baguida	21	z_4,z_{23}	—
迪尤波尔沙门菌	S. dieuoppeul	28	i	1,7
卢肯瓦尔德沙门菌	S. luckenwalde	28	z_{10}	e,n,z_{15}

菌名	拉丁菌名	O 抗原	H 抗原	
			第 1 相	第 2 相
其他群				
拉马特根沙门菌	*S. ramatgan*	30	k	1,5
阿德莱沙门菌	*S. adelaide*	35	f,g	—
旺兹沃思沙门菌	*S. wandsworth*	39	b	1,2
雷俄格伦德沙门菌	*S. riogrande*	40	b	1,5
莱瑟沙门菌Ⅱ	*S. lethe Ⅱ*	41	g,t	—
达莱姆沙门菌	*S. dahlem*	48	k	e,n,z$_{15}$
沙门菌Ⅲb	*Salmonella Ⅲb*	61	l,v	1,5,7

注：关于表内符号的说明。

{ }：{ }内 O 因子具有排他性。在血清型中{ }内的因子不能与其他{ }内的因子同时存在，例如在 O：3,10 群中当菌株产生 O:15 或 O:15,34 因子时它替代了 O:10 因子。

[ ]：O（无下划线）或 H 因子的存在或不存在与噬菌体转化无关，例如 O:4 群中的[5]因子。H 因子在[ ]内时表示在野生菌株中罕见，例如绝大多数 *S.paratyphi* A 具有一个位相（a），罕有第 2 相（1,5）菌株。因此，用 1,2,12:a:[1,5] 表示。

＿：下划线时表示该 O 因子是由噬菌体溶原化产生的。

参考文献

[1]　蔡信之, 黄君红. 微生物学实验: 4 版[M]. 北京: 科学出版社, 2019.

[2]　沈萍, 陈向东. 微生物学实验: 5 版[M]. 北京: 高等教育出版社, 2018.

[3]　王德强, 王英明, 周德庆. 微生物学实验教程[M]. 北京: 高等教育出版社, 2019.

[4]　朱旭芬. 现代微生物学实验技术[M]. 浙江: 浙江大学出版社, 2011.

[5]　蔡信之, 黄君红. 微生物学实验[M]. 北京: 科学出版社, 2010.

[6]　曾小兰. 食品微生物及其检验技术[M]. 北京: 中国轻工业出版社, 2010.

[7]　魏明奎, 段鸿斌. 食品微生物检验技术[M]. 北京: 化学工业出版社, 2011.

[8]　袁丽红. 微生物学实验[M]. 北京: 化学工业出版社, 2010.

[9]　梁红, 梁雪莲. 生物技术综合实验教程[M]. 北京: 化学工业出版社, 2011.

[10]　钱存柔, 黄仪秀. 微生物学实验教程[M]. 北京: 北京大学出版社, 2008.

[11]　刘国生, 微生物学实验技术[M]. 北京: 科学出版社, 2007.

[12]　GB 4789.2—2022.

[13]　GB 4789.3—2016.

[14]　GB 4789.4—2016.

[15]　GB 4789.10—2016.

[16]　GB 4789.7—2013.

[17]　国家药典委员会.中华人民共和国药典: 第 3 部[M]. 北京: 中国医药科技出版社, 2020.